水利水电工程建设安全生产管理

王　昊　崔　魁　张维杰　韩仲凯　孙钰雯　等编著

黄河水利出版社
·郑州·

内容提要

本书共分8章，从我国水利水电工程安全生产管理的实际需要出发，结合安全生产法律法规、标准规范的要求，不仅介绍了水利水电工程建设安全生产法律法规、标准规范和安全生产管理基本理论，还详细介绍了水利水电工程建设项目安全管理、施工现场安全管理、职业健康、应急管理、事故管理等内容，同时结合当前工程建设安全智慧化管理发展现状编写了水利水电工程建设智慧管理一章，为工程建设安全管理模式的创新以及安全管理水平的提升提供参考。

本书可作为水利水电工程施工单位安全管理人员学习、培训教材，也可作为高等院校相关专业教学及水利水电工程建设参建单位安全生产教育参考用书。

图书在版编目(CIP)数据

水利水电工程建设安全生产管理/王昊等编著. --郑州：黄河水利出版社，2024.1

ISBN 978-7-5509-3815-1

Ⅰ.①水… Ⅱ.①王… Ⅲ.①水利水电工程-安全管理 Ⅳ.①TV513

中国国家版本馆CIP数据核字(2024)第009680号

组稿编辑：王路平　电话：0371-66022212　E-mail：hhslwlp@163.com
　　　　　田丽萍　　　　66025553　　　　912810592@qq.com

责任编辑：陈彦霞　　　　责任校对：周　倩
封面设计：张心怡　　　　责任监制：常红昕
出版发行：黄河水利出版社
　　地址：河南省郑州市顺河路49号　邮政编码：450003
　　网址：www.yrcp.com　E-mail：hhslcbs@126.com
　　发行部电话：0371-66020550
承印单位：河南新华印刷集团有限公司
开本：787 mm×1 092 mm　1/16
印张：18.25
字数：430千字
版次：2024年1月第1版　　印次：2024年1月第1次印刷

定价：160.00元

前　言

安全生产是关系人民群众生命财产安全的大事，是经济社会协调健康发展的标志，是党和政府对人民利益高度负责的要求。党的十八大以来，习近平总书记对安全生产工作空前重视。习近平总书记曾在不同场合对安全生产工作发表重要讲话，多次作出重要批示，深刻论述安全生产红线、安全发展战略、安全生产责任制等重大理论和实践问题，对安全生产提出了明确要求，为推进安全生产法治化指明了方向。党的二十大报告首次用专章对"推进国家安全体系和能力现代化，坚决维护国家安全和社会稳定"作出论述，首次用专节来部署提高公共安全治理水平。具体战略性、策略性地指出："坚持安全第一、预防为主，建立大安全大应急框架，完善公共安全体系，推动公共安全治理模式向事前预防转型。"安全生产是公共安全范畴之首！水利水电工程安全生产事关人民群众生命财产安全和社会稳定大局，必须强化红线意识，完善安全生产责任体系，严格落实主体责任，全面构建安全生产长效管理机制，推进参建各方进一步加强安全生产管理。

当前，正处于水利改革发展的重要战略机遇期，水利基础设施建设安全管理是我国当前乃至今后更长时期一项重要的工作任务。随着水利水电工程建设的数量和规模不断扩大，建设过程中各类事故隐患和安全风险交织叠加，安全生产基础薄弱、安全管理制度不健全、生产经营单位主体责任落实不力、施工安全管理不到位、人员安全意识淡薄、应急救援能力不强等问题依然存在，生产安全事故易发多发，水利水电工程安全生产形势依然不容乐观。为适应水利水电工程建设发展的迫切需要，提高水利水电工程建设管理人员尤其是水利水电施工企业三类人员安全生产管理水平，我们组织编写了《水利水电工程建设安全生产管理》一书，既可作为水利水电工程施工单位安全管理人员学习、培训教材，又可作为高等院校相关专业教学及水利水电工程建设参建单位安全生产教育参考用书。

全书共分8章，从我国水利水电工程安全生产管理的实际需要出发，结合安全生产法律法规、标准规范的要求，不仅介绍了水利水电工程建设安全生产法律法规、标准规范和安全生产管理基本理论，还详细介绍了水利水电工程建设项目安全管理、施工现场安全管理、职业健康、应急管理、事故管理等内容，同时结合当前工程建设安全智慧化管理发展现状编写了水利水电工程建设智慧管理一章。此外，作为本书的一大亮点，我们将书中涉及的部分政策法规的解读、专有名词概念的解释、企业相关制度和台账表格示例等进行了汇总梳理，作为知识链接，以二维码的形式呈现，供读者查阅。

本书主要撰写人员为王昊、崔魁、张维杰、韩仲凯、孙钰雯、张立新、侯蕾、李福仲、安凯军、张钊、牛景涛、张倩、崔勇、邹晓庆、王典鹤等。在撰写过程中得到山东农业大学、山东水利职业学院等单位有关领导的大力支持和专家的热情帮助与指导，在此表示衷心的感谢！本书在编写过程中参阅了大量文献，在此对文献的作者表示感谢！

由于作者水平有限，书中难免有不妥之处，敬请同行专家和读者批评指正。

作者

2023 年 12 月

本书互联网全部资源二维码

目　录

第一章　安全生产管理基础知识

党的十八大以来,习近平总书记对安全生产工作空前重视。习近平总书记曾在不同场合对安全生产工作发表重要讲话,多次作出重要批示,深刻论述安全生产红线、安全发展战略、安全生产责任制等重大理论和实践问题,对安全生产提出了明确要求,为推进安全生产法治化指明了方向。"要始终把人民生命安全放在首位。"正如习近平总书记所说,安全生产为人民群众筑牢安全屏障、撑起生命绿荫。习近平总书记强调,公共安全是社会安定、社会秩序良好的重要体现,是人民安居乐业的重要保障。安全生产必须警钟长鸣、常抓不懈。

第一节　安全生产管理基本概念

一、安全生产、安全生产管理

(一)安全生产

码 1-1　PPT:水利工程安全管理现状

《水利水电工程施工通用安全技术规程》(SL 398—2007)中将"安全生产"定义为:消除或控制生产过程中的危险源和危险因素,保证施工生产顺利进行。

根据现代系统安全工程的观点,安全生产是指在社会生产活动中,通过人、机、物料、环境的和谐运作,使生产过程中潜在的各种事故风险和伤害因素始终处于有效控制状态,切实保护劳动者的生命安全和身体健康。所以,我国的安全生产理念为"以人为本,安全发展",《中华人民共和国安全生产法》(简称《安全生产法》)中指明安全生产工作应当坚持"安全第一、预防为主、综合治理"的方针。

党的二十大报告首次用专章对"推进国家安全体系和能力现代化,坚决维护国家安全和社会稳定"作出论述,首次用专节来部署提高公共安全治理水平。具体战略性、策略性地指出:"坚持安全第一、预防为主,建立大安全大应急框架,完善公共安全体系,推动公共安全治理模式向事前预防转型。"安全生产是公共安全范畴之首。

(二)安全生产管理

安全生产管理是管理的重要组成部分,是安全科学的一个分支。所谓安全生产管理,就是针对人们在生产过程中的安全问题,运用有效的资源,发挥人们的智慧,通过人们的努力,进行有关决策、计划、组织和控制等活动,实现生产过程中人与机器设备、物料、环境的和谐,达到安全生产的目标。其管理的基本对象是企业的员工(企业中的所有人员)、设备设施、物料、环境、财务、信息等各个方面。安全生产管理包括安全生产法治管理、行政管理、监督检查、工艺技术管理、设备设施管理、作业环境和条件管理等方面。安全生产管理目标是减少和控制危害和事故,尽量避免生产过程中所造成的人身伤害、财产损失、环境污染以及其他损失。安全生产管理漫画如图 1-1 所示。

图 1-1　安全生产管理漫画

二、危险、危险源与重大危险源

（一）危险

《水利安全生产标准化通用规范》（SL/T 789—2019）中将“危险”定义为：可能导致伤害、疾病、财产损失、环境破坏的根源或状态。

风险是指生产安全事故或健康损害事件发生的可能性和后果的组合。一般用风险度来表示危险的程度，即风险度=可能性×严重性。可能性，是指事故（事件）发生的概率。严重性，是指事故（事件）一旦发生后，将造成的人员伤害和经济损失的严重程度。

（二）危险源

《水利水电工程施工安全管理导则》（SL 721—2015）中将“危险源”定义为：可能导致人身伤害、健康损害、财产损失、环境破坏或这些情况组合的根源或状态。

根据危险源在事故发生、发展中的作用，一般把危险源划分为两大类，即第一类危险源和第二类危险源。

第一类危险源是指生产过程中存在的、可能发生意外释放的能量，包括生产过程中各种能量源、能量载体或危险物质。第一类危险源决定了事故后果的严重程度，它具有的能量越多，发生事故的后果越严重。例如，油库、炸药库等属于第一类危险源。

第二类危险源是指导致能量或危险物质约束或限制措施破坏或失效的各种因素。广义上包括物的故障、人的失误、环境不良以及管理缺陷等因素。第二类危险源决定了事故发生的可能性，它出现得越频繁，发生事故的可能性越大。例如，没有正确穿戴防护用品进入施工现场等。

在安全管理工作中，第一类危险源客观上已经存在并且在设计、建设时已经采取了必要的控制措施，因此企业安全工作重点是第二类危险源的控制问题。

（三）重大危险源

为了对危险源进行分级管理，防止重大事故发生，提出了重大危险源的概念。

《安全生产法》中将“重大危险源”定义为：长期地或者临时地生产、搬运、使用或者储存危险物品，且危险物品的数量等于或者超过临界量的单元（包括场所和设施）。

《水利水电工程施工安全管理导则》(SL 721—2015)中将“重大危险源”定义为:可能导致人员死亡、严重伤害、财产严重损失、环境严重破坏或这些情况组合的根源或状态。

为科学辨识与评价水利水电工程施工的危险源及其风险等级,有效防范施工生产安全事故,根据有关法律法规,水利部组织制定并发布了《水利水电工程施工危险源辨识与风险评价导则(试行)》,并在附件2中列出了水利水电工程施工重大危险源清单(指南),作为重大危险源辨识的重要参考。

三、事故、事故隐患

(一)事故

《生产安全事故报告和调查处理条例》(国务院令第493号)将“生产安全事故”定义为:生产经营活动中发生的造成人身伤亡或者直接经济损失的事件。《水利水电工程施工通用安全技术规程》(SL 398—2007)将“伤亡事故(工伤事故)”定义为:人体生理机能部分或全部丧失的事故。

根据事故的性质或者等级,可以划分成不同类型。

(1)依据《企业职工伤亡事故分类》(GB 6441—86),综合考虑起因物、引起事故的诱导性原因、致害物、伤害方式等,将企业工伤事故分为20类:物体打击、车辆伤害、机械伤害、起重伤害、触电、淹溺、灼烫、火灾、高处坠落、坍塌、冒顶片帮、透水、放炮、火药爆炸、瓦斯爆炸、锅炉爆炸、容器爆炸、其他爆炸、中毒和窒息及其他伤害。常见的安全生产事故见图1-2。

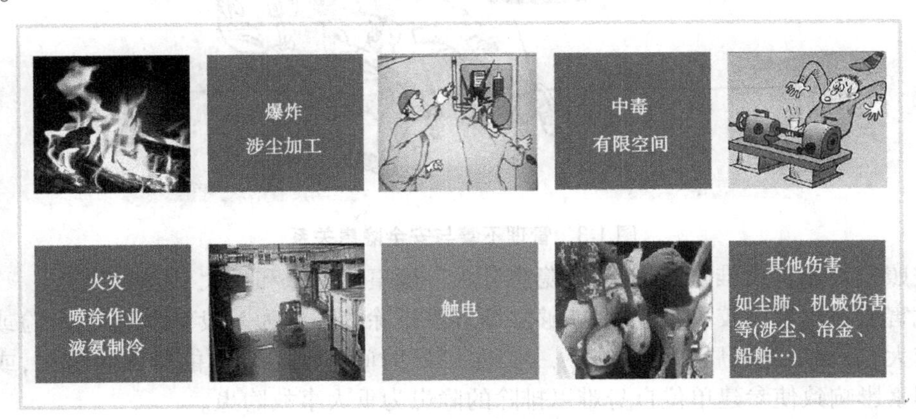

图1-2　常见的安全生产事故

(2)依据《生产安全事故报告和调查处理条例》(国务院令第493号),根据生产安全事故造成的人员伤亡或者直接经济损失,事故一般分为特别重大事故、重大事故、较大事故、一般事故4个等级,具体划分如下:

①特别重大事故,是指造成30人以上死亡,或者100人以上重伤(包括急性工业中毒,下同),或者1亿元以上直接经济损失的事故;

②重大事故,是指造成10人以上30人以下死亡,或者50人以上100人以下重伤,或者5 000万元以上1亿元以下直接经济损失的事故;

③较大事故,是指造成 3 人以上 10 人以下死亡,或者 10 人以上 50 人以下重伤,或者 1 000 万元以上 5 000 万元以下直接经济损失的事故;

④一般事故,是指造成 3 人以下死亡,或者 10 人以下重伤,或者 1 000 万元以下直接经济损失的事故。

注:该等级标准中所称的"以上"包括本数,所称的"以下"不包括本数。在衡量一个事故等级时按照最严重的情况进行划分。

(二)事故隐患

《水利水电工程施工安全管理导则》(SL 721—2015)中将"事故隐患"定义为:生产经营单位违反安全生产法律、法规、规章、标准和安全生产管理制度的规定,或者因其他因素在生产经营活动中存在的可能导致不安全事件或事故发生的物的不安全状态、人的不安全行为、环境的不安全因素和生产工艺、管理上的缺陷。管理不善与安全隐患关系见图 1-3。

图 1-3 管理不善与安全隐患关系

按照危险或整改难度大小,事故隐患分为一般事故隐患和重大事故隐患。

危害或整改难度较小,发现后能够立即整改排除的隐患为一般事故隐患;危险或整改难度较大,需要全部或局部暂停施工,并经过一定时间整改治理方能排除的隐患,或者因外部因素影响致使参建单位自身难以排除的隐患为重大事故隐患。

为进一步完善水利安全生产双重预防机制建设,准确判定、及时整改水利工程生产安全重大事故隐患,防范生产安全事故发生,结合水利行业实际,水利部印发了《水利工程生产安全重大事故隐患清单指南(2023 年版),包含水利工程建设项目生产安全重大事故隐患清单指南和水利工程运行管理生产安全重大事故隐患清单指南。

第二节　安全生产管理的原理

安全生产管理原理是从生产管理的共性出发,对生产管理中安全工作的实质内容进行科学分析、综合、抽象概括所得出的安全生产管理规律。安全生产管理作为管理的主要组成部分,既服从管理的基本原理和原则,又有其特殊的原理和原则。安全生产管理的原理主要有系统原理、人本原理、强制原理、预防原理和责任原理。安全生产原则是指在生产管理原理的基础上,指导安全生产管理活动的通用规则。

码 1-2　视频:系统原理

一、系统原理

(一)系统原理的定义

系统原理是指人们在从事管理工作时,运用系统的观点、理论和方法对管理活动进行充分分析,以达到管理的优化目的,即用系统论的观点、理论和方法来认识和处理管理中出现的问题。

系统是指由若干个相互联系、相互作用的要素组成的具有特定结构和功能的有机整体。一个系统包括若干个子系统和要素,如安全生产管理系统是生产管理的一个子系统,安全生产管理系统又包括各级安全管理机构、安全防护设施设备、安全管理制度、安全操作规程以及各类安全生产管理信息等。

系统理论认为现代管理的管理对象总是处于各个不同的大系统之中,任何一个管理对象均可看成一个系统,在分析和解决问题时,应从整体出发去研究事物间的联系。

安全贯穿生产活动的方方面面,水利水电工程建设安全生产管理是全方位、全天候和涉及全体人员的管理。

(二)系统原理的运用原则

运用系统原理时应遵循整分合原则、反馈原则、封闭原则和动态相关性原则。

1. 整分合原则

整分合原则是指为了实现高效的管理,必须在整体规划下明确分工,在分工的基础上进行有效的综合。

在整分合原则中,整体把握是前提,科学分工是关键,组织综合是保证。没有整体目标的指导,分工就会盲目而混乱;离开分工,整体目标就难以高效地实现。如果只有分工,没有综合与协作,就会出现分工各环节脱节等问题。因此,高效的管理必须遵循整分合原则。

水利水电工程建设全员安全生产责任制就是整分合原则在水利水电工程建设的应用。各级领导、职能部门、工程技术人员、岗位作业人员在生产“整体把握、科学分工、组织综合”的同时,对生产安全也要“整体把握、科学分工、组织综合”,制定各级安全生产责任清单,层层落实,全面协调,实现全面的安全管理。

那么在制定整体目标和进行宏观决策时,必须将安全生产纳入其中,并将其作为一项重要内容考虑;然后在此基础上对安全管理活动进行科学分工,明确每个人的安全职责;最后通过协调控制,实现有效的组织综合。

2. 反馈原则

反馈原则是指被控制过程对控制机构的反作用,即由控制系统把信息输送出去,又把其作用结果返送回来,并对信息的再输出发生影响,起到控制作用,以达到预定的目的。

反馈普遍存在于各种系统之中,是管理中的一种普遍现象,是管理系统达到预期目标的主要条件，其最终目标就是要求决策管理者对客观变化作出应有的反应。成功、高效的安全生产管理，必须通过灵活、准确、快速反馈，及时捕获各种信息，快速采取行动。

在水利水电工程建设过程中，施工现场会存在一些不安全因素，如没有正确穿戴劳保用品、禁止吸烟作业区作业时吸烟等不安全行为。现场工作人员要及时捕捉这些信息，并将其反馈给安全管理人员和有关领导，以便根据反馈信息，采取完善安全管理制度、加强作业人员安全教育培训等措施，保障生产建设安全运行，这便是对反馈原则的应用。

3. 封闭原则

封闭原则是指在任何一个管理系统内部，管理手段、管理过程等必须构成一个连续封闭的回路，才能形成有效的管理活动。

水利水电工程建设施工现场的安全检查工作流程如图 1-4 所示，包括制定水利水电工程建设施工现场安全管理制度、制定安全检查方案、实施检查、检查结果统计与分析、整改与验收、持续改进等流程，整个过程形成封闭回路。

在水利水电工程建设施工过程中，各安全生产管理机构、制度和方法之间，必须紧密联系，形成封闭的回路，这样才能实现有效的安全管理。

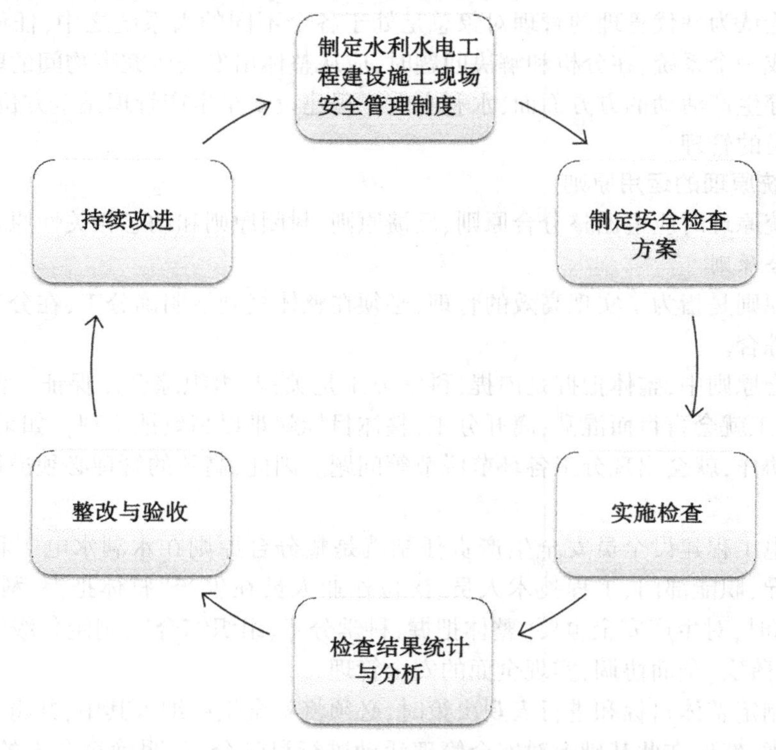

图 1-4　水利水电工程建设施工现场的安全检查工作流程

4. 动态相关性原则

动态相关性原则是指任何安全管理系统的正常运转，不仅受到系统自身条件和因素的制约，还受到其他有关系统的影响，并随着时间、地点以及人们的不同努力程度而发生变化。因此，要提高安全生产管理的效果，必须掌握各个管理对象要素之间的动态相关特征，充分利用各要素之间的相互作用。

水利水电施工企业的安全生产管理中，动态相关性原则可从下列两个角度考虑：

(1)系统内各要素之间的动态相关性是事故发生的根本原因。构成管理系统的各要素处于动态之中并且相互影响和制约，事故才有可能发生。

(2)为了避免事故的发生，搞好安全生产管理，就必须掌握与安全生产有关的各对象要素间的动态相关性特征，充分利用相关因素的作用。

在水利水电工程建设施工现场，处理员工违章作业时，管理者不仅要考虑员工的自身问题，还应考虑物与环境的状态、劳动作业安排、安全管理制度、安全教育培训等问题，甚至考虑员工的家庭和社会生活的影响，从而有针对性地解决员工违章问题。

二、人本原理

(一)人本原理的定义

人本原理是指组织的各项管理活动，都应以调动和激发人的积极性、主动性和创造性为根本，追求人的全面发展的一项管理原理。在管理活动中坚持以人为核心，以人的权力为根本，强调人的主观能动性。

以人为本有下列两层含义：

(1)一切管理活动均是围绕着人来展开的。人既是管理的主体(管理者)，又是管理的客体(被管理者)，每个人都处在一定的管理层次下，离开人就无所谓管理。

(2)人在管理活动中的主观能动性。在管理活动中，作为管理对象的诸要素(资金、物质、时间、信息等)和管理系统的诸环节(组织机构、规章制度等)，都是需要人去掌管、运作、推动和实施的。通过激励调动和发挥人的积极性和创造性，实现预定的目标。

《安全生产法》第三条第二款规定：安全生产工作应当以人为本。这就要求在安全生产管理活动中把人放在第一位，使全体成员明确组织目标和自身职责，尽量发挥人的自觉性和自我实现精神，强调人的主动性和创造性，充分发挥人的主观能动性。做好企业安全管理，避免工伤事故与职业病的发生，充分保护人的安全与健康，是人本原理的直接体现。

(二)人本原理的运用原则

1. 能级原则

现代管理认为，单位和个人都具有一定的能量，并且可以按照能量的大小顺序排列，形成管理的能级，就像原子中电子的能级一样。在管理系统中，建立一套合理能级，根据单位和个人能量的大小安排工作，发挥不同能级的能量，保证结构的稳定性和管理的有效性，这就是能级原则。

稳定的管理能级结构一般分为决策层、管理层、执行层、操作层4个层次，如图1-5所示。4个层次能级管理层不同，使命各异，必须划分清楚，不可混淆。

水利水电施工企业4个层次的人员与分工：

(1)决策层——公司领导，确定整个公司的方针政策。

(2)管理层——中层管理人员，运用各种管理技术来贯彻落实上级领导精神。

(3)执行层——班组长，贯彻执行管理指令，直接调动和组织人、财、物等管理内容。

(4)操作层——现场作业人员，从事操作和完成各项具体任务。

在水利水电施工企业安全生产管理中运用能级原则时应该做到3点：一是能级的确定必须保证管理结构具有最大的稳定性；二是人才的配备必须对应，根据单位和个人能量的大小安排工作，使人各尽其才，各尽所能；三是责、权、利应做到能级对等，在赋予责任的同时授予权力和给予利益，才能使其能量得到相应能级的发挥。

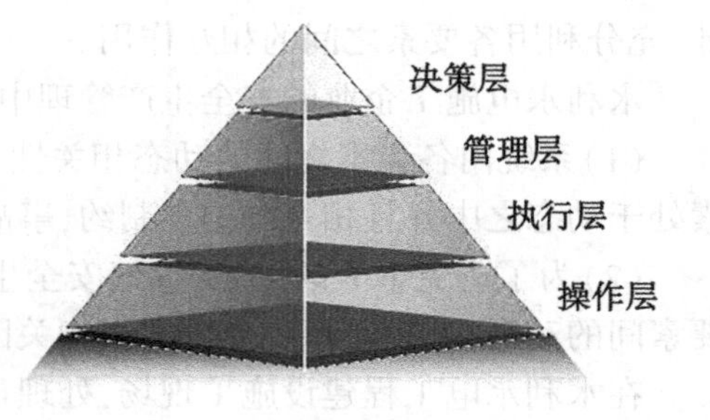

图1-5　管理能级结构4个层次

2. 动力原则

推动管理活动的基本力量是人，管理必须有能够激发人的工作能力的动力，这就是动力原则。对于管理系统，有三种动力，即物质动力、精神动力和信息动力。

(1)物质动力是以适当的物质利益刺激人的行为动机。物质动力是根本动力，不仅是物质刺激，更重要的是经济效益。

(2)精神动力是运用理想、信念、鼓励等精神力量刺激人的行为动机。精神动力可以补偿物质动力的缺陷，并且在特定的情况下，它也可以成为决定性动力。物质越丰富，越要给人精神鼓励。

(3)信息动力则是通过信息的获取与交流使人产生奋起直追或领先他人的动机。

科学地实行按劳分配，根据每个人贡献大小给予相应的工资收入、奖金、生活待遇，为员工提供良好的物质工作环境和生活条件，这些都是动力原则在实际工作中的应用。

水利水电工程建设各参建单位在安全生产管理中运用动力原则时，首先，要注意综合协调运用3种动力；其次，要正确认识和处理个体动力与集体动力的辩证关系；再次，要处理好暂时动力与持久动力之间的关系；最后，则应掌握好各种刺激量的阈值。只有这样，水利水电工程建设安全生产管理才能取得良好效果。

3. 激励原则

激励原则就是利用某种外部诱因的刺激，调动人的积极性和创造性，以科学的手段，激发人的内在潜力，使其充分发挥积极性、主动性和创造性。

人发挥其积极性的动力来源于内在动力、外部压力和工作吸引力。内在动力指人本身具有的奋斗精神；外部压力指外部施加于人的某种力量；工作吸引力指能够使人产生兴趣和爱好的某种力量。

水利水电工程建设各单位运用激励原则时，要采用符合人的心理活动和行为活动规律的各种有效的激励措施和手段，并且要因人而异，科学合理地选择激励方法和激励强度，从而最大程度地激发人的潜力。

三、强制原理

(一)强制原理定义

强制原理是指采取强制管理的手段控制人的意愿和行动，使个人的活动、行为等受到安全生产管理要求的约束，从而实现有效的安全生产管理。

一般来说,管理均带有一定的强制性。管理是管理者对被管理者施加作用和影响,并要求被管理者服从其意志,满足其要求,完成其规定的任务的活动,这显然带有强制性。强制性管理可以有效地控制被管理者的行为,将其调动到符合整体管理利益和目的的轨道上来。安全生产管理更需要强制性,这是基于下列3个原因:

(1)事故损失的偶然性。由于事故的发生及其造成的损失具有偶然性,并不一定马上会产生灾害性的后果,这样会使人忽视安全工作,使得不安全行为和不安全状态继续存在,直至发生事故。

(2)人的冒险心理。这里所谓的冒险是指某些人为了获得某种利益而甘愿冒受到伤害的风险。持有这种心理的人不恰当地估计了事故潜在的可能性,心存侥幸,冒险心理往往会使人产生有意识的不安全行为。

(3)事故损失的不可挽回性。这一原因可以说是安全生产管理需要强制性的根本原因。事故损失一旦发生,往往会造成永久性的损害,尤其是人的生命和健康,更是无法挽回。

安全生产管理强制性的实现,离不开严格合理的安全生产法律法规、标准规范和管理制度。同时,还要有强有力的安全生产管理和监督体系,以保证被管理者始终按照行为规范进行活动,一旦其行为超出规范的约束,就要有严厉的惩处措施。

(二)强制原理的运用原则

1.安全第一原则

安全第一原则就是要求在进行生产和其他活动的同时,把安全工作放在一切工作的首要位置。当生产和其他工作与安全发生矛盾时,要以安全为主,生产和其他工作要服从安全。

作为强制原理范畴中的一个原则,安全第一应该成为企业的统一认识和行动准则,各级领导和全体员工在从事各项工作中都要以安全为根本,把安全生产作为衡量企业工作好坏的一项基本内容,作为一项有“否决权”的指标,不安全不准进行生产。

水利水电工程建设各参建单位在安全生产管理中,坚持安全第一原则,就要建立和健全各级安全生产责任制,从组织上、思想上、制度上切实把安全工作摆在首位,常抓不懈,形成“标准化、制度化、经常化”的安全工作体系。

2.监督原则

监督原则是指在安全工作中,为了使安全生产法律法规得到落实,必须明确安全生产监督职责,对企业生产中的守法和执法情况进行监督。

只要求执行系统自动贯彻实施安全生产法律法规,而缺乏强有力的监督系统去监督执行,安全生产法律法规的强制力是难以发挥的。在这种情况下,必须建立专门的安全生产管理机构,配备合格的安全生产管理人员,赋予必要的强制力,以保证其履行监督职责,才能保证安全管理工作落到实处。

监督原则的应用在实际安全管理中具有重要的作用。水利主管部门设有相应的安全管理部门,对水利水电运行管理单位和水利水电工程建设单位负有安全监督检查责任[《水利安全生产监督管理办法(试行)》(水监督〔2021〕412号)]。在水利水电工程建设安全生产管理工作中,必须授权专门的部门和人员行使监督、检查和惩罚的职责,对各单位工作人员的守法和执行情况进行监督,追究和惩戒违章失职行为,以保证水利水电工程建设的正常进行。

四、预防原理

(一)预防原理的定义

预防原理是指安全生产管理工作应当以预防为主,通过有效的管理和技术手段,防止人的不安全行为和物的不安全状态出现,从而使事故发生的概率降到最低。

为了做好预防工作,水利水电施工企业一方面要重视经验的积累,对既成事故和大量的未遂事故(险肇事故)进行统计分析,从中发现规律,做到有的放矢;另一方面要采用科学的安全分析、评价方法,对生产中人和物的不安全因素及其后果做出准确的判断,从而实施有效的对策,预防事故的发生。

(二)预防原理的运用原则

1. 偶然损失原则

偶然损失原则是指事故所产生的后果(人员伤亡、健康损害、物质损失等)以及后果的严重程度都是随机的,是难以准确预测的。反复发生的同类事故,并不一定产生相同的后果。

美国学者海因里希通过对跌倒人身事故进行调查统计发现,对于跌倒这样的事故,如果反复发生,则存在这样的后果:在330次跌倒中,无伤害300次,轻伤29次,重伤1次。这就是著名的海因里希法则,也被称为1:29:300法则。该法则指出了事故与伤害后果之间存在着偶然性的原则。

根据事故损失的偶然性,可得到安全生产管理上的偶然损失原则:无论事故是否造成了损失,为了防止事故损失的发生,必须采取措施防止事故再次发生。偶然损失原则强调,在安全生产管理实践中,必须重视包括险肇事故在内的各类事故,这样才能真正防止事故发生。

2. 因果关系原则

因果关系原则是指事故的发生是许多因素互为因果连续发生的最终结果,只要诱发事故的因素存在,发生事故就是必然的,只是时间或早或迟而已。

一个因素是前一因素的结果,又是后一因素的原因,环环相扣,导致事故的发生。事故的因果关系决定了事故发生的必然性,即事故因素及其因果关系的存在决定了事故或早或迟发生,但必然会发生。

在水利水电工程建设安全生产管理中,要从事故的因果关系中认识必然性,发现事故发生的规律,变不安全条件为安全条件,把事故消灭在早期起因阶段。

3. 3E原则

3E原则是针对造成人的不安全行为和物的不安全状态的原因所采取的三种防止对策,即工程技术(engineeing)对策、教育(educatin)对策和强制(enforcement)对策。

(1)工程技术对策是运用工程技术手段消除生产设施设备的不安全因素,改善作业环境条件,完善防护与报警装置,实现生产条件的安全和卫生,如消除危险源、限制能量或危险物质、隔离等。

（2）教育对策是提供各种层次、各种形式和内容的教育和训练，使职工牢固树立"安全第一"的思想，掌握安全生产所必需的知识和技能，如安全态度教育、安全知识教育（管理、技术）和技能教育等。

（3）强制对策是利用安全生产法律法规、标准规范以及规章制度等必要的强制性手段约束人们的行为，从而达到消除不重视安全、违章作业等现象的目的，如安全检查、安全审查等。

在应用3E原则时，应该针对造成人的不安全行为和物的不安全状态的原因，综合、灵活地运用这三种对策，不要片面强调其中某一个对策。具体改进的顺序：首先是工程技术对策，然后是教育对策，最后是强制对策。

4. 本质安全化原则

本质安全化原则是指从一开始和本质上实现了安全化，就可从根本上消除事故发生的可能性，从而达到预防事故发生的目的。

以双手操作式安全装置为例，双手操作式安全装置是将滑块的下行程运动与对双手的限制联系起来，强制操作者必须双手同时推按操作器时滑块才向下运动。此间，如果操作者有一只手离开或双手都离开操作器，滑块就会停止下行程或超过下死点，使双手没有机会进入危险区域，从而避免受到伤害。

本质安全化的概念不仅可应用于设备、设施的本质安全化，还可以扩展到工程建设项目，新技术、新工艺、新材料的应用，甚至包括人们的日常生活等各个领域。

五、责任原理

安全生产管理的责任原理是指在安全生产管理活动中，为实现管理过程的有效性，管理工作需要在合理分工的基础上，明确规定各级部门和个人必须完成的工作任务和必须承担的相应责任。责任原理与整分合原则相辅相成，有分工就必须有各自的责任，否则所谓的分工就是"分"而无"工"。

责任通常可以从下列两个层面来理解：

（1）责任主体方对客体方承担必须承担的任务，完成必须完成的使命和工作，如员工的义务、岗位职责等。

（2）责任主体没有完成分内的工作而应承担的后果或强制性义务，如担负责任、承担后果等。

责任既包含个人的责任，又包含单位（集体）的责任。在安全生产管理实践中，通常所说的"安全生产责任制""事故责任问责制""一岗双责""权责对等"等都反映了安全生产管理的责任原理。

此外，国际上推行的SA8000即社会责任标准，是责任原理的具体体现。SA8000是全球首个道德规范国际标准，是以保护劳动环境和条件、保障劳工权利等为主要内容的管理标准体系，其主要内容包括对童工、强迫性劳动、健康与安全、结社自由和集体谈判权、歧视、惩戒性措施、工作时间、工资报酬、管理系统等方面的要求。其中，与安全相关的有下列内容：

码1-3　文档：SA8000社会责任标准

(1)企业不应使用或者支持使用童工,不得将其置于不安全或不健康的工作环境或条件下。

(2)企业应具备避免各种工业与特定危害的知识,为员工提供健康、安全的工作环境,采取足够的措施,最大限度地降低工作中的危害隐患,尽量防止意外或伤害的发生;为所有员工提供安全卫生的生活环境,包括干净的浴室、厕所,可饮用的水,洁净安全的宿舍,卫生的食品存储设备等。

(3)企业支付给员工的工资不应低于法律规定或行业的最低标准,必须足以满足员工基本需求,对工资的扣除不能是惩罚性的。

SA8000规定了企业必须承担的对社会和利益相关者的责任,其中有许多与安全生产紧密相关。目前,我国的许多企业均发布了年度社会责任报告。

在安全生产管理活动中,应运用责任原理,建立健全安全生产责任制,在责、权、利、能四者相匹配的前提下,构建落实安全生产责任的保障机制,促使安全生产责任落实到位,并强制性地实施安全问责,做到奖罚分明,激发和引导员工的责任心。

第三节 安全生产管理体制

一、安全生产方针

安全生产方针是指政府对安全生产工作总的要求,是安全生产工作的方向。当前,我国的安全生产方针是"安全第一、预防为主、综合治理",这一方针是在总结安全工作的基础上逐步形成的。

(一)历史沿革

我国的安全生产方针大致经历了三次变化,即"生产必须安全、安全为了生产""安全第一、预防为主""安全第一、预防为主、综合治理"。从我国安全生产方针的演变,也可以看出我国安全生产工作在不同时期的工作目标和工作原则。

新中国成立以来,党和国家十分重视安全生产工作。1952年,毛泽东主席指出:在实施增产节约的同时,必须注意职工的安全、健康和必不可少的福利事业。同年,第二次全国劳动保护工作会议提出了"生产必须安全、安全为了生产"的安全生产方针,会议还提出了"要从思想上、设备上、制度上和组织上加强劳动保护工作,达到劳动保护工作的计划化、制度化、群众化和纪律化"的目标和任务。1983年,《国务院批转劳动人事部、国家经委、全国总工会关于加强安全生产和劳动安全监察工作的报告的通知》(国发〔1983〕85号)中提出:在安全第一、预防为主的思想指导下,搞好安全生产,是经济管理、生产管理部门和企业领导的本职工作,也是不可推卸的责任。1987年,在全国劳动安全监察会议上,进一步明确提出"安全第一、预防为主"的方针。2002年颁布实施的《安全生产法》首次以法律条文的形式,将"安全第一、预防为主"确定为我国安全生产工作的基本方针。

2005年,中共中央第十六届五中全会通过的《中共中央关于制定国民经济和社会发展第十一个五年规划的建议》指出:坚持安全第一、预防为主、综合治理,落实安全生产责任制,强化企业安全生产责任,健全安全生产监管体制,严格安全执法,加强安全生产设施建设。把“综合治理”列入安全生产方针。2021年修订颁布的《安全生产法》第三条以法律条文的形式，将“安全第一、预防为主、综合治理”确定为我国安全生产工作新的基本方针。

（二）内涵

（1）安全第一。

安全第一是指在生产经营活动中，在处理保证安全与实现生产经营活动的其他各项目标的关系上，要始终把安全特别是从业人员和其他人员的人身安全放在首要位置，实行“安全优先”的原则。在确保安全的前提下，努力实现生产经营的其他目标。当安全工作与其他活动发生冲突与矛盾时，其他活动要服从安全，绝不能以牺牲人的生命、健康、财产为代价换取发展和效益。安全第一，体现了以人为本的思想，是预防为主、综合治理的统帅，没有安全第一的思想，预防为主就失去了思想支撑，综合治理就失去了整治依据。

（2）预防为主。

预防为主就是把预防生产安全事故的发生放在安全生产工作的首位。预防为主是安全生产方针的核心和具体体现，是实施安全生产的根本途径，也是实现安全第一的根本途径。只有把安全生产的重点放在建立安全风险分级管控及事故隐患排查治理双重预防体系上，超前防范，才能有效避免和减少事故，实现安全第一。对于安全生产管理，主要不是在发生事故后去组织抢救，进行事故调查，找原因、追责任、堵漏洞，而是要谋事在先，尊重科学，探索规律，采取有效的事前控制措施，千方百计预防事故的发生，做到防患于未然，将事故消灭在萌芽状态。虽然人类在生产活动中还不可能完全杜绝安全事故的发生，但只要思想重视，预防措施得当，绝大部分事故特别是重大事故是可以避免的。

（3）综合治理。

综合治理就是综合运用法律、经济、行政手段，从发展规划、行业管理、安全投入、科技进步、经济政策、教育培训、安全文化以及责任追究等方面着手，建立安全生产长效机制。综合治理，秉承“安全发展”的理念，从遵循和适应安全生产的规律出发，运用法律、经济、行政等手段，多管齐下，并充分发挥社会、职工、舆论的监督作用，形成标本兼治、齐抓共管的格局。综合治理，是一种新的安全管理模式，它是保证“安全第一、预防为主”的安全管理目标实现的重要手段和方法，只有不断健全和完善综合治理工作机制，才能有效贯彻安全生产方针。将“综合治理”纳入安全生产方针，标志着对安全生产的认识上升到一个新的高度，是贯彻落实科学发展观的具体体现。

二、安全生产原则

2021年修订颁布的《安全生产法》第三条规定：安全生产工作实行管行业必须管安全、管业务必须管安全、管生产经营必须管安全。

管行业必须管安全，明确了负有安全监管职责的政府部门、应急管理部门和各级人民政府的职能部门都负有监督管理职责，要在各自的职责范围以内对负责的行业和领域的安全生产工作实行监督管理；管业务必须管安全，明确了除企业主要负责人是第一责任人以外，其他的副职都要根据分管的业务对安全生产工作负一定的职责，承担一定的责任。比如一个水利水电工程施工企业，董事长和总经理是主要负责人，那么他就是企业安全生产第一责任人。下设很多副职,像分管人力资源的副总经理,对分管的人力资源领域的安全负责任。下属企业里面,由于安全管理团队配备的不到位、缺人导致的事故,人力资源的副总经理是要负责任的。管生产经营必须管安全,明确了抓生产的同时必须兼顾安全,否则出了事故以后,企业管生产的人员也要承担责任。

三、安全生产工作机制

2021 年修订颁布的《安全生产法》第三条规定:建立生产经营单位负责、职工参与、政府监管、行业自律和社会监督的机制。安全生产工作建立这一工作机制,目的是形成安全生产齐抓共管的合力。

(一)生产经营单位负责

生产经营单位是生产经营活动的主体,必然是安全生产工作的实施者、落实者和承担者。因此,要抓好安全生产工作就必须落实生产经营单位的安全生产主体责任。具体来讲,生产经营单位应当依照法律法规规定履行安全生产法定职责和义务,依法依规加强安全生产,加大安全投入,健全安全管理机构,加强对从业人员的培训,保持安全设施设备的完好有效。

(二)职工参与

职工参与,就是通过安全生产教育提高广大职工的自我保护意识和安全生产意识,有权对本单位的安全生产工作提出建议。对本单位安全生产工作中存在的问题,有权提出批评、检举和控告,有权拒绝违章指挥和强令冒险作业。应充分发挥工会、共青团、妇联组织的作用,依法维护和落实生产经营单位职工对安全生产的参与权与监督权,鼓励职工监督举报各类安全隐患,对举报者予以奖励。

(三)政府监管

政府监管就是要切实履行政府监管部门安全生产管理和监督职责。健全完善安全生产综合监管与行业监管相结合的工作机制,强化安全生产监管部门对安全生产的综合监管,全面落实行业主管部门的专业监管、行业管理和指导职责。各部门要加强协作,形成监管合力,在各级政府统一领导下,严厉打击违法生产、经营等影响安全生产的行为,对拒不执行监管监察指令的生产经营单位,要依法依规从重处罚。

(四)行业自律

行业自律主要是指行业协会等行业组织要自我约束,一方面各个行业要遵守国家法律、法规和政策,另一方面行业组织要通过行规行约制约本行业生产经营单位的行为。通过行业自律,促使相当一部分生产经营单位能从自身安全生产的需要和保护从业人员生命健康的角度出发,自觉开展安全生产工作,切实履行生产经营单位的法定职责和社会责任。

(五)社会监督

社会监督就是要充分发挥社会监督的作用,任何单位和个人有权对违反安全生产的行为进行检举和控告。发挥新闻媒体的舆论监督作用。有关部门和地方要进一步畅通安全生产的社会监督渠道,设立举报电话,接受人民群众的公开监督。

四、新时代大安全大应急框架

习近平总书记在党的二十大报告设专章“推进国家安全体系和能力现代化,坚决维护国家安全和社会稳定”,并提出:建立大安全大应急框架,完善公共安全体系,推动公共安全治理模式向事前预防转型。进入新时代,必须按照建立大安全大应急框架的要求,建立健全与中国式现代化要求相适应的国家应急管理体系和能力。

(一)建立大安全大应急框架的时代背景

从党的十八大开始,中国特色社会主义进入新时代,公共安全与应急管理发生历史性变革。

一是我国社会主要矛盾已经转化为人民日益增长的美好生活需要和不平衡不充分的发展之间的矛盾。平安是老百姓解决温饱后的第一需求,是极重要的民生,也是第一位的发展环境。必须坚持人民至上、生命至上。

二是党中央加强对国家安全工作的集中统一领导,把坚持总体国家安全观纳入坚持和发展中国特色社会主义基本方略。把统筹发展和安全纳入“十四五”时期我国经济社会发展的指导思想。

三是我国社会治理模式不断加强完善。坚持党委领导、政府负责、民主协商、社会协同、公众参与、法治保障、科技支撑,建设人人有责、人人尽责、人人享有的社会治理共同体。

四是习近平总书记提出:“坚持以防为主、防抗救相结合,坚持常态减灾和非常态救灾相统一,从注重灾后救助向注重灾前预防转变,从应对单一灾种向综合减灾转变,从减少灾害损失向减轻灾害风险转变”(简称“两个坚持,三个转变”)。

五是中共中央印发《深化党和国家机构改革方案》,习近平总书记亲自向国家综合性消防救援队伍授旗并致训词,强调“对党忠诚、纪律严明、赴汤蹈火、竭诚为民”。我国应急管理体系和能力现代化不断推进,国家应急能力建设不断加强优化统筹。

六是科技进步,特别是现代信息技术助力应急管理水平不断提升。

七是中国特色社会主义法治体系不断完善。

八是共建“一带一路”倡议,以构建人类命运共同体为己任。

(二)建立大安全大应急框架的“八个必须”

习近平同志早在浙江省工作时,就率先提出“平安浙江”和“大平安”的理念。从前述建立大安全大应急框架的时代背景可以看出,从“大平安”到“大安全大应急”,从“平安浙江”到“更高水平的平安中国”,这是人民日益增长的美好生活需要和我国发展所处的历史方位决定的,是国家安全、公共安全所面临的新的风险挑战和形势任务决定的。

1.必须以总体国家安全观为统领,以建设更高水平的平安中国为目标

国家安全是民族复兴的根基,社会稳定是国家强盛的前提。实现中华民族伟大复兴的中国梦,保证人民安居乐业,国家安全是头等大事。我们必须坚定不移贯彻总体国家安全观,把维护国家安全贯穿党和国家工作各方面全过程,以新安全格局保障新发展格局。我们应当有推进国家安全体系和能力现代化的大视野,有建设更高水平平安中国的大目标,有走出一条中国特色国家安全道路的大气魄。

2. 必须坚持以人民为中心，完善公共安全体系

公共安全连着千家万户，确保公共安全事关人民群众生命财产安全、事关改革发展稳定大局。公共安全是国家安全的重要体现，一头连着经济社会发展，一头连着千家万户，是最基本的民生。完善公共安全体系是“国之大者”，我们应当努力为人民安居乐业、社会安定有序、国家长治久安编织全方位、立体化的公共安全网，坚持人民至上、生命至上，有大作为、大担当。

3. 必须防范化解重大风险挑战，推动公共安全治理模式向事前预防转型

公共安全面临诸多重大风险挑战：自然灾害的突发性、异常性和复杂性增加，极端性凸显；安全生产处在脆弱期、爬坡期、过坎期，形势依然严峻，任务艰巨性凸显；我国高风险的城市、低设防的农村并存，城市脆弱性凸显；公共安全风险复杂化、多样化，突发性更加凸显；科技进步、信息技术蓬勃发展带来新机遇与新挑战，特别是网络安全风险凸显，放大性更加明显；世界百年未有之大变局加速演变，不稳定性和不确定性更加明显。总之，维护国家主权安全、发展利益的任务更加艰巨，维护改革发展稳定大局任重道远。

我们必须把防风险摆在突出位置，着力增强风险防控意识和能力。必须从建立健全长效机制入手，推进思路理念、方法手段、体制机制的创新，推动公共安全治理模式向事前预防转型。而且，我们中华民族几千年来形成的安全文化理念是“防为上，救次之，戒为下”“居安思危，思则有备，有备无患”。全球防灾减灾的发展态势也是提高灾害风险意识，减少灾害风险，提升灾害治理能力，建设韧性城市、韧性社会。所以，我们必须贯彻落实习近平总书记强调的“两个坚持、三个转变”，必须贯彻实施《中华人民共和国突发事件应对法》（简称《突发事件应对法》）、《安全生产法》等法律法规都明确的预防为主的方针。

4. 必须坚持系统观念和系统思维

应急管理是针对自然灾害、事故灾难、公共卫生事件和社会安全等各类突发事件，从预防与应急准备、监测与预警、应急处置与救援、事后恢复与重建等方面着手的全灾种、全过程、全方位、全社会的管理。应急管理是一项关系人类生存与发展的系统工程。我们应当把应急管理作为国家安全体系和国家治理体系的重要组成部分，统筹兼顾、系统谋划、整体推进，坚持系统治理、依法治理、综合治理、源头治理。处理好全局和局部、中央与地方、部门与部门、政府与社会、“防”与“救”、单一减灾与综合减灾、当前和长远等关系。

必须坚持党中央对应急管理工作的集中统一领导，充分发挥我国应急管理体系的特色和优势，形成统一指挥、专常兼备、反应灵敏、上下联动的中国特色应急管理体制，建成统一领导、权责一致、权威高效的国家应急能力体系。必须在党中央集中统一领导下，加强部门配合、条块结合、军民融合、区域联合、资源整合，平时应急、战时应战。完善各司其职、各负其责、相互配合、齐抓共管的协同监管机制，理清责任链条，提高履责效能，把地方单位的工作融入党和国家事业大棋局，做到既为一域争光、更为全局添彩。

5. 必须坚持底线思维，立足应对大灾巨灾

我国是世界上自然灾害最严重的国家之一。全世界有记载的 10 个特别重大自然灾害中（死亡几十万甚至上百万人），就有 6 次发生在我国（其中 3 次是破坏性地震，3 次是洪涝干旱灾害）。仅 2008 年上半年我国就发生了南方低温雨雪冰冻灾害和“5 · 12”汶川

特大地震两大巨灾。特别是进入“十四五”时期，突发事件呈现出伤亡大、损失大、影响大、复杂性加剧和新风险新隐患增多、防控难度加大等新特点。所以，我们必须牢固树立底线思维、极限思维，切实增强重大风险预测预警能力，有切实管用的应对预案及具体可操作的举措。必须立足于防大汛、抗大险、救大灾，做好同时应对两个或两个以上特别重大突发事件的准备，切实提高防灾减灾救灾和重大突发公共事件处置保障能力，准备经受风高浪急甚至惊涛骇浪的重大考验。

6. 必须提高干部应对危机与风险能力

各级领导干部应当按照党中央和习近平总书记的要求，牢固树立忧患意识，切实承担起“促一方发展、保一方平安”的政治责任，要有“时时放心不下”的责任感，做到忠诚干净、勇于负责、敢于担当、果断决策。提高应急处突能力，包括提高研判力、决策力、掌控力、协调力、舆论引导力和学习能力等。加强实践锻炼、专业训练，着力增强防风险、迎挑战、抗打压能力，带头担当作为，做到平常时候看得出来、关键时刻站得出来、危难关头豁得出来，真正做到对党忠诚、纪律严明、赴汤蹈火、竭诚为民。

7. 必须建设人人有责、人人尽责、人人享有的社会治理共同体

习近平总书记强调：“现代化的本质是人的现代化”“要坚持群众观点和群众路线，拓展人民群众参与公共安全治理的有效途径”。人民群众既是大安全大应急保护的主体，又是搞好大安全大应急要依靠的主体。大量实践证明：第一响应者、第一时间非常重要。提高公众的忧患意识，普及灾害中自救和互救常识，是减少突发事件发生概率及降低损失的最有效、最经济、最安全的办法。我们应当大力提高国民素质，大力培育安全文化，大力普及灾害中自救和互救常识，筑牢防灾减灾的人民防线，建设人人有责、人人尽责、人人享有的社会治理共同体。

8. 必须携手推动构建人类命运共同体

习近平总书记指出，“中国秉持共商共建共享的全球治理观”“坚持共建共享，建设一个普遍安全的世界”。改革开放以来，特别是提出“一带一路”倡议以来，我们不断加强防灾减灾的国际交流，也更加注重借鉴国外应急管理有益做法，坚持世界眼光、国际标准、中国特色、高点定位，坚持“四个自信”和“洋为中用”。我们深信，中华民族在公共安全与应急管理事业方面，同样可以提供中国智慧和中国方案，为构建人类命运共同体作出更大的贡献。

第二章 安全生产法律法规及技术标准

我国一直高度重视安全生产工作,采取了一系列重大举措加强安全生产工作,颁布实施了《安全生产法》、《中华人民共和国职业病防治法》(主席令第六十号,简称《职业病防治法》)、《安全生产许可证条例》(国务院令第653号)、《建设工程安全生产管理条例》(国务院令第393号)、《水利工程建设安全生产管理规定》(水利部令第26号)等法律法规。水利水电工程建设安全生产法律法规是水利水电工程建设安全管理的重要依据,水利水电工程各级安全管理人员应了解有关水利安全生产法律法规和标准规范,不断提高安全生产的法律意识。

第一节 法律基础知识

一、法的概念

(一)法的定义

"法律"一词通常在广、狭两义上使用。广义的"法律",是指法律的整体。例如,就我国现在的法律而论,它包括作为根本法的《中华人民共和国宪法》(简称《宪法》)、全国人大及其常委会制定的法律、国务院制定的行政法规、国务院有关部门制定的部门规章、地方国家机关制定的地方性法规和地方政府规章等。狭义的"法律",仅指全国人大及其常务委员会制定的法律。在人们日常生活中,使用"法律"一词多是从广义上来说的,如"执法必严""违法必究""人人守法""法律面前一律平等",其中涉及的"法"和"法律"都是从广义上讲的。《宪法》第六十二条和第六十七条规定全国人大及其常务委员会有权制定法律,这两条中所讲的"法律",是在狭义上使用的。为了加以区别,有的法学著作将广义的"法律"称为"法",但在很多场合下,仍根据约定俗成原则,统称为法律,即有时作广义解,有时作狭义解。

(二)法的本质

法的本质,即法的根本属性,是指法这一事物的内在必然联系,它是由其本身所包含的特殊矛盾构成的。任何事物都有本质和现象这两个方面,它们密切联系,本质要通过现象表现出来,现象是外在的,本质是内在的,透过现象分析本质是我们研究问题的关键。古往今来,法学界对法本质的研究浩如烟海,由于意识形态的差异,可以把这些对法本质的著述分为非马克思主义法学关于法本质的观点和马克思主义法学关于法本质的观点。

1.非马克思主义法学关于法本质的观点

(1)意志、理性、正义说。意志说把法的本质归结为意志,可分为神意论(将法的本质归结为神的意志)和公意论(将法的本质认为是公共意志或共同意志)。理性说认为法的本质体现了上帝的理性、人的理性和本性。正义说把法的本质归结为正义,即法应体现善和公正。

(2)权力、规范、工具说。权力说把法的本质认为是国家对公民的命令,法是掌握主权者的命令,如不服从就以制裁的威胁作后盾。规范说把法的本质认为是一种规范或规则,是一个社会决定什么行为应受公共权力加以惩罚或强制而直接或间接使用的一种特殊的行为规范或规则。工具说认为法的本质是达到某种目的的工具。

2. 马克思主义法学关于法本质的观点

马克思主义认为法是统治阶级意志的体现,这个意志的内容是由统治阶级的物质生活条件决定的,是阶级社会的产物,说明了法的本质的根本属性由阶级性、物质性、社会性等多样性组成,法的这三个根本属性对说明法的本质是缺一不可的。

当前,我国正在努力实现国家各项工作法治化,向着建设法治中国不断前进。正确认识法的本质,对于我们自觉坚持、扎实推进依法治国意义重大。我们应以辩证的思维,全面理解法的本质:①法是主观性与客观性的统一。法律的内容具有客观性,形式上则具有主观性,是二者的统一。②法是阶级性与共同性的统一。法的阶级性是法由统治阶级制定或认可并由国家强制力保障实施的统治阶级意志。法的共同性是指某些法律内容、形式、作用效果并不以阶级为界限,而是带有相同或相似性。阶级性与共同性并不矛盾,随着世界交往的密切发展,人类共同问题的凸显,不同意识形态的文明相互借鉴,各国求同存异,采取了大量的全球统一的法律措施,使法律的共同性具有了鲜明的时代特征。③法是利益性与正义性的统一。利益和正义是法律的两类价值,法律确认、分配和调整利益,法律对利益的调整目的应当是实现社会正义,只有实现正义,各个主体在追求利益时才能有保证。

(三)法的特征

法作为上层建筑,具有如下4个基本特征:

(1)法是调整人们行为的规范。这是它与思想意识、国家、政党的区别之一。每一法律规范都是由行为模式和法律后果两部分组成的。通过行为模式和法律后果来规制人们的行为。

(2)法由国家制定或认可并具有普遍的约束力。制定和认可是国家创制法律的两种形式,表明了法律的国家意志性。其他诸如道德、宗教、政党团体的规章等均不具有国家意志的属性。

(3)法通过规定人们的权利和义务来调整社会关系。法作为特殊的社会规范,它是以规定人们的权利和义务作为主要内容的。法对社会关系的调整,总是通过规定人们在一定关系中的权利与义务来实现的。

(4)法通过一定的程序由国家强制力保证实施。国家强制力指国家的军队、警察、法庭、监狱等有组织的国家力量。如果没有国家强制力为后盾,法律就会对公民违法行为失去权威性,法律所体现的意志就得不到贯彻和保障。

(四)法的要素

1. 法的要素

法的要素是指法的现象是由哪些因素或部分组成的。法的构成要素主要是规范。一般说来,法由法律概念、法律原则、法律技术性规定以及法律规范四个要素构成。法律概念是指法律上规定的或人们在法律推理中通用的概念。法律概念是法律规范或法律原则的必不可少的因素。法律原则是指法律上规定的用以进行法律推理的准则。它没有规定的事实状态,也没有规定具体的法律后果,但在立法、执法、司法和法律监督中是不可或缺的。法律原则比法律规范更抽象,对理解、适用法律规范或进行法律推理,具有指导意义。一般地说,法律法规中的总则和《宪法》中大部分条文规定了法律原则,法律总则和分则中往往包括了有关法律概念。法律法规中关于该法何时开始生效、凡与该法抵触者无效等的规定,则属于法律技术性规定。法的主体是法律规范。

2. *法律规范的逻辑构成*

从逻辑上说,每个法律规范由行为模式和法律后果两个部分构成。行为模式大体上可分为三类:①可以这样行为;②应该这样行为;③不应该这样行为。这三种行为规范就意味着有三种法律规范:①授权性法律规范;②命令性法律规范;③禁止性法律规范。授权性法律规范赋予人们权利,而且是受法律保护的。命令性法律规范和禁止性法律规范规定的义务人们必须遵守,不遵守就意味着违法犯罪,法律就要惩罚违法犯罪的行为,以确保法律的权威。所以,后两类法律规范又可合称为义务性规范。法律后果大体上可分为两类:①肯定性法律后果,即法律承认这种行为合法、有效并加以保护以至奖励;②否定性法律后果,即法律不予承认,加以撤销以至制裁。

3. *法律规范的分类*

(1)根据不同的行为模式,可分为授权性法律规范、命令性法律规范和禁止性法律规范。

(2)根据法的效力的强弱程度,可分为强行性规范,即不问个人意愿如何,必须加以适用的规范;任意性规范,即适用与否由个人自行选择的规范。

(3)从法律规范的内容是否确定,可分为确定性规范,即明确规定一定行为,不必再援用其他规则;委托性规范,即这种规范本身未规定行为规则,而规定委托(授权)其他机关加以规定;准用性规范,即并未规定行为规则,而规定参照、援用其他法律条文或其他法规。

(五)法的渊源

法的渊源简称“法源”,通常指法的创立方式及表现为何种法律文件形式,在中国也称为法的形式,用以指称法的具体的外部表现形态。当代中国法的渊源主要是以宪法为核心的各种制定法,包括宪法、法律、行政法规、地方性法规、自治法规、行政规章、特别行政区法、国际条约。

1. *宪法*

宪法是国家的根本法,具有最高的法律地位和法律效力。《宪法》的特殊地位和属性,体现在4个方面:

一是宪法规定国家的根本制度、国家生活的基本准则。如我国《宪法》规定了中华人民共和国的根本政治制度、经济制度、国家机关和公民的基本权利和义务。宪法所规定的是国家生活中最根本、最重要的原则和制度,因此宪法成为立法机关进行立法活动的法律基础,宪法被称为“母法”“最高法”。但是宪法只规定立法原则,并不直接规定具体的行为规范,所以它不能代替普通法律。

二是宪法具有最高法律效力,即具有最高的效力等级,是其他法的立法依据或基础,其他法的内容或精神必须符合或不得违背宪法的规定或精神,否则无效。

三是宪法的制定与修改有特别程序。我国宪法草案是由宪法修改委员会提请全国人民代表大会审议通过的。

四是宪法的解释、监督均有特别规定。我国宪法规定,全国人民代表大会及其常务委员会监督宪法的实施,全国人民代表大会常务委员会有权解释宪法。

2. 法律

这里的法律是指狭义上的法律,是由全国人民代表大会及其常务委员会依法制定和变动的,规定和调整国家、社会和公民生活中某一方面带根本性的社会关系或基本问题的一种法。法律的地位和效力低于宪法而高于其他法,是法的形式体系中的二级大法。法律是行政法规、地方性法规和行政规章的立法依据或基础,行政法规、地方性法规和行政规章不得违反法律,否则无效。法律分为基本法律和基本法律以外的法律两种。基本法律由全国人民代表大会制定和修改,在全国人民代表大会闭会期间,全国人民代表大会常务委员会也有权对其进行部分补充和修改,但不得同其基本原则相抵触。基本法律规定国家、社会和公民生活中具有重大意义的基本问题,如刑法、民法等。基本法律以外的法律由全国人民代表大会常务委员会制定和修改,规定由基本法律调整以外的国家、社会和公民生活中某一方面的重要问题,其调整面相对较窄,内容较具体,如安全生产法、商标法、文物保护法等。两种法律具有同等效力。全国人民代表大会及其常务委员会还有权就有关问题作出规范性决议或决定,它们与法律具有同等地位和效力。

3. 行政法规

行政法规专指最高国家行政机关即国务院制定的规范性文件。行政法规的名称通常为条例、规定、办法、决定等。行政法规的法律地位和法律效力次于宪法和法律,但高于地方性法规、行政规章。行政法规在中华人民共和国领域内具有约束力,这种约束力体现在两个方面:一是具有约束国家行政机关自身的效力。作为最高国家行政机关和中央人民政府的国务院制定的行政法规,是国家最高行政管理权的产物,它对一切国家行政机关都有约束力,都必须执行。其他所有行政机关制定的行政措施均不得与行政法规的规定相抵触;地方性法规、行政规章的有关行政措施不得与行政法规的有关规定相抵触。二是具有约束行政管理相对人的效力。依照行政法规的规定,公民、法人或者其他组织在法定范围内享有一定的权利,或者负有一定的义务。国家行政机关不得侵害公民、法人或者其他组织的合法权益;公民、法人或者其他组织如果不履行法定义务,也要承担相应的法律责任,受到强制执行或者行政处罚。

4. 地方性法规

地方性法规是指地方权力机关依照法定职权和程序制定和颁布的、施行于本行政区域的规范性文件。地方性法规的法律地位和法律效力低于宪法、法律、行政法规,但高于地方政府规章。根据我国宪法和立法法等有关法律的规定,地方性法规由省、自治区、直辖市的人民代表大会及其常务委员会在不同宪法、法律、行政法规相抵触的前提下制定,报全国人民代表大会常务委员会和国务院备案。省、自治区的人民政府所在地的市、经济特区所在地的市和经国务院批准的较大的市的人民代表大会及其常务委员会根据本市的具体情况和实际需要,在不同宪法、法律、行政法规和本省、自治区的地方性法规相抵触前提下,可以制定地方性法规,报所在的省、自治区的人民代表大会常务委员会批准后施行。

5. 自治法规

自治法规是民族自治地方的权力机关所制定的特殊的地方规范性法律文件,即自治条例和单行条例的总称。自治条例是民族自治地方根据自治权制定的综合性法律文件;单行条例则是根据自治权制定的调整某一方面事项的规范性法律文件。各民族自治地方的人民代表大会都有权按照当地民族的政治、经济、文化特点,制定自治条例和单行条例。自治区的自治条例和单行条例报全国人民代表大会常务委员会批准后生效。自治州、自治县的自治条例和单行条例,报省或自治区人民代表大会常务委员会批准后生效,并报全国人民代表大会常务委员会备案。自治条例和单行条例同地方性法规在立法依据、程序、层次、构成方面有区别,同宪法和其他规范性法律文件亦有区别。自治条例和单行条例在我国法的渊源中是低于宪法、法律的一种形式。自治条例和单行条例可作民族自治地方的司法依据。

6. 行政规章

行政规章是有关行政机关依法制定的事关行政管理的规范性文件的总称。分为部门规章和政府规章两种。部门规章是国务院所属部委根据法律和国务院行政法规、决定、命令,在本部门的权限内,所发布的各种行政性的规范性文件,亦称部委规章。其地位低于宪法、法律、行政法规,不得与它们相抵触。政府规章是有权制定地方性法规的地方人民政府根据法律、行政法规制定的规范性文件,亦称地方政府规章。政府规章除不得与宪法、法律、行政法规相抵触外,还不得与上级和同级地方性法规相抵触。

7. 国际条约

国际条约指两个或两个以上国家或国际组织间缔结的确定其相互关系中权利和义务的各种协议,是国际间相互交往的一种最普遍的法的渊源或法的形式。国际条约本属国际法范畴,但对缔结或加入条约的国家的国家机关、公职人员、社会组织和公民也有法的约束力;在这个意义上,国际条约也是该国的一种法的渊源或法的形式,与国内法具有同等约束力。随着中国对外开放的发展,与别国交往日益频繁,与别国缔结的条约和加入的条约日渐增多,这些条约也是中国司法的重要依据。

8. 其他法源

除上述法的渊源外,在中国还有这样几种成文的法的渊源:一是"一国两制"条件下特别行政区的规范性文件;二是中央军事委员会制定的军事法规和军内有关方面制定的军事规章;三是有关机关授权别的机关所制定的规范性文件。

经济特区的规范性文件,如果是根据宪法和地方组织法规定的权限制定的,属于地方性法规;如果是根据有关机关授权制定的,则属于根据授权而制定的规范性文件的范畴。

(六)法的分类

法的分类是指从不同的角度,按照不同的标准,将法律规范划分为若干不同的种类。从不同角度或标准,我们可以对法作不同分类:

(1)以法的创制和适用主体不同为标准,可以把法分为国内法和国际法。

(2)以法的效力、内容和制定程序不同为标准,可以把法分为根本法和普通法。根本法即宪法，普通法即宪法以外的其他法律，这里的普通法不是指英美法系中的普通法。

(3)以法的适用范围的不同为标准，可以把法分为一般法和特别法。一般法是指对一般人、一般事项、一般时间、一般空间范围有效的法律，特别法是指对特定部分人、特定事、特定地区、特定时间有效的法律。

(4)以法律规定内容的不同为标准，可以把法分为实体法和程序法。实体法是指规定主要权利和义务(职权和职责)的法律，如民法、刑法等，程序法一般是指保证权利和义务得以实施的程序的法律，如民事诉讼法、刑事诉讼法等。

(5)以法律的创制和表达形式不同为标准，可以把法分为成文法和不成文法。成文法是指由国家机关制定和公布，以成文形式出现的法律，故又称制定法。不成文法是指由国家认可其具有法律效力的法律，又称为习惯法。

(6)以国家的意识形态不同为标准，可以把法分为社会主义法和资本主义法。

二、法的作用

法的作用是指法对人与人之间所形成的社会关系所产生的一种影响，它表明了国家权力的运行和国家意志的实现。法的作用可以分为规范作用和社会作用。规范作用是从法是调整人们行为的社会规范这一角度提出来的，而社会作用是从法在社会生活中要实现一种目的的角度来认识的，规范作用是手段，社会作用是目的。

(一)法的规范作用

根据行为的不同主体，法的规范作用可分为指引、评价、教育、预测和强制作用。

(1)指引作用。①对个人行为的指引。对个人行为的指引有两种，一是个别指引(或称个别调整)，即通过一个具体的指示就具体的人和情况的指引；二是规范性指引(或称规范性调整)，即通过一般的规则就同类的人或情况的指引。②确定的指引和有选择的指引。确定的指引是指人们必须根据法律规范的指引而行为，有选择的指引是指人们对法律规范所指引的行为有选择余地，法律容许人们自己决定是否这样行为。

(2)评价作用。①对他人行为的评价。作为一种社会规范，法律具有判断、衡量他人行为是否合法有效的评价作用。②法律是一种评价准则。法是一个重要的评价准则，即根据法来判断某种行为是否正当。

(3)教育作用。即通过法的实施而对一般人今后的行为所产生的影响。一部法律能否真正起教育作用或起教育作用的程度，归根结底要取决于法律规定本身能否真正体现绝大多数社会成员的利益。

(4)预测作用。法律的预测作用，或者说法律有可预测性的特征，即依靠作为社会规范的法律，人们可以预先估计到他们之间将如何行为。

(5)强制作用。这种规范作用的对象是违法者的行为。法的强制作用不仅在于制裁违法犯罪行为，而且在于预防违法犯罪行为、增进社会成员的安全感。

(二)法的社会作用

法的社会作用是相对于法的规范作用而言的，指法律对社会和人的行为的实际影响。我国社会主义法的社会作用大体可以归纳为6个方面：

(1)维护秩序，促进建设与改革开放，实现富强、民主与文明。

(2)根据一定的价值准则分配利益,确认和维护社会成员的权利和义务。

(3)为国家机关及其公职人员执行任务的行为提供法律依据,并对他们滥用权力或不尽职责的行为实行制约。

(4)预防和解决社会成员之间以及与国家机关之间或国家机关之间的争端。

(5)预防和制裁违法犯罪行为。

(6)为法律本身的运作与发展提供制度和程序。

法的规范作用与法的社会作用是相辅相成的,法是以自己特有的规范作用实现其社会作用的。

(三)法的局限性

法的局限性在于法律并不是调整社会关系的唯一手段。除法律外,还有经济、政治、行政、道德等各种手段,法律不是唯一的社会规范。法的稳定性、抽象性与现实生活多变性、具体化存有矛盾。法的作用的发挥,需要其他各种条件的配合。法律作为国家制定或认可的社会规范体系,需要合适的人去正确执行和适用,所以执法人员的专业知识和思想道德水平、公民的自觉守法,良好的法律文化氛围和全社会对法的充分信任,这些都是一个国家实现法治所必要的。法的局限性可以通过其他途径加以辅助来弥补。

三、法律体系与法的效力

(一)法律体系

1. 法律体系的概念、特征

1)法律体系的概念

法律体系是按照一定的原则和标准划分的同类法律规范组成法律部门而形成一个有机联系的整体,即部门法体系。法律体系的外部结构表现为宪法、基本法律、法律、地方性法规以及有法律效力的解释等,其主干是各种部门法。法律体系的外部结构要求各个部门法门类齐全、严密完整。法律体系的内部结构的基本单位是各种法律规范。各种法律规范的和谐一致是法律部门内部和相互间以及整个体系协调统一的基础。

2)法律体系的特征

由于各种因素的影响,各国法律体系在结构上不尽相同,但在以下4个方面是很相近或相同的:一是法律体系的结构具有高度的组织性。二是法律体系结构的确立,是以社会结构为基础,以法律自身的规律为中介。三是法律体系结构的发展具有历史的连续性和继承性。四是法律体系的结构具有一定的开放性。上述4个方面既是法律体系在结构上的一般特点,又是确立法律体系在结构上的一般要求。

2. 法律体系与法律部门

法律部门的划分是人们对一国现行法律规范,按照一定的标准和原则,按照法律调整社会关系的不同领域和不同方法所划分的同类法律规范的总和。所作的分类,属于主观认识的范畴。但是划分标准的确定,必须符合法律部门形成和发展的客观实际。法律部门是法律体系的一种基本构成要素,各个不同的法律部门的有机结合,便成为一国的法律体系。

3. 我国现行法律体系

我国社会主义法律体系主要包括下列法律：

(1)宪法。又称国家法，是规定国家的社会制度和国家制度的基本原则、国家机关的组织和活动的基本原则以及公民的基本权利和义务等重要内容的规范性文件，是国家的根本法。

(2)行政法。有关行政管理活动的各种法律规范的总称。

(3)财政法。调整国家机关的财政活动，主要是财政资金的积累和分配的法律规范的总称。

(4)民法。调整平等主体之间的财产关系和人身关系的法律规范的总称。

(5)经济法。国家领导、组织、管理经济的法律规范的总称。

(6)劳动法。调整劳动关系以及由此而产生的其他关系的法律规范的总称。

(7)婚姻法。调整婚姻关系和家庭关系的法律规范的总称。

(8)刑法。关于犯罪和刑罚的法律规范的总称。

(9)诉讼法。关于诉讼程序的法律规范的总称。

(10)国际法。调整国际交往中国家间相互关系的法律规范的总称。

(二)法的效力

1. 法的效力概念

法的效力，通常有广、狭两种理解。从广义上说，法的效力泛指法律的约束力。不论是规范性法律文件，还是非规范性法律文件，对人们的行为都产生法律上的约束作用。狭义上的法的效力，是指法律的具体生效的范围，对什么人在什么地方和在什么时间适用的效力。

正确理解法的效力问题，是适用法律的重要条件。本章所讲的法的效力，是就狭义而言的。

2. 法的效力层次

我国现行立法体制是“一元、两级、多层次、多类别”。与此相适应，我国立法的效力是有层次的。法的效力层次是指规范性法律文件之间的效力等级关系。根据《中华人民共和国立法法》的有关规定，法的效力层次主要内容如下：

(1)上位法的效力高于下位法的效力。

①宪法规定了国家的根本制度和根本任务，是国家的根本法，具有最高的法律效力；②法律效力高于行政法规、地方性法规、规章；③行政法规效力高于地方性法规、规章；④地方性法规效力高于本级和下级地方政府规章；⑤自治条例和单行条例依法对法律、行政法规、地方性法规作变通规定的，在本自治地方适用自治条例和单行条例的规定；⑥部门规章与地方政府规章之间具有同等效力，在各自的权限范围内施行。

(2)在同一位阶的法之间，特别规定优于一般规定，新的规定优于旧的规定。

3. 法的效力范围

法的效力范围，也称适用范围，是指法适用于哪些地方、适用于什么人、在什么时间生效。

(1)法的时间效力。指法从何时开始生效，到何时终止生效，以及对其生效以前的事件和行为有无溯及力的问题。

(2)法的空间效力。指法生效的地域(包括领海、领空),即法在哪些地方有效,通常全国性法律适用于全国,地方性法规仅在本地区有效。

(3)法对人的效力。指法适用哪些人。在世界各国的法律实践中先后采用过四种对自然人的效力的原则:一是属人主义。二是属地主义。三是保护主义。四是以属地主义为主,与属人主义、保护主义相结合的“折中主义”,这是近代以来多数国家所采用的原则,我国也是如此,采用这种原则的原因是既要维护本国利益,坚持本国主权,又要尊重他国主权,照顾法律适用中的实际可能性。

码 2-1 文档:法律的四种对人的效力原则

四、法的实施

法的实施,也叫法律的实施,是指法在社会生活中被人们实际施行,包括法的执行、法的适用、法的遵守和法律监督。

(一)法的执行

法的执行是指掌管法律,手持法律做事,传布、实现法律。广义的法的执行,是指所有国家行政机关、司法机关及其公职人员依照法定职权和程序实施法律的活动。狭义的法的执行,则专指国家行政机关及其公职人员依法行使管理职权、履行职责、实施法律的活动。法的执行简称“执法”。

1. 法的执行的特点

(1)法的执行是以国家的名义对社会进行全面管理,具有国家权威性。

(2)法的执行的主体,是国家行政机关及其公职人员。

(3)法的执行具有国家强制性,行政机关执行法律的过程同时是行使执法权的过程。

(4)法的执行具有主动性和单方面性。

2. 法的执行的主要原则

(1)依法行政的原则。这是指行政机关必须在宪法和法律赋予的权力和职责范围内,通过法定方式和途径,运用适当的方法,严格依照法定程序,管理国家事务和社会事务。

(2)讲求效能的原则。这是指行政机关应当在依法行政的前提下,讲究效率,主动有效地行使其权能,以取得最大的行政执法效益。

(二)法的适用

1. 法的适用的概念

法的适用通常是指国家司法机关根据法定职权和法定程序,具体应用法律处理案件的专门活动,简称“司法”。

2. 法的适用主体

法的适用主体是指行使司法权的司法机关,按照我国现行法律体制和司法体制,司法权一般包括审判权和检察权,审判权由人民法院行使,检察权由人民检察院行使,人民法院和人民检察院是我国法的适用主体。

3. 法的适用的特点

(1)法的适用是由特定的国家机关及其公职人员,按照法定职权实施法律的专门活动,具有国家权威性。

(2)法的适用是司法机关以国家强制力为后盾实施法律的活动,具有国家强制性。

(3)法的适用是司法机关依照法定程序、运用法律处理案件的活动,具有严格的程序性及合法性。

(4)法的适用必须有表明法的适用结果的法律文书,如判决书、裁定书和决定书等。

4. 法的适用的情形

(1)当公民、社会组织和其他国家机关在相互关系中发生了自己无法解决的争议,致使法律规定的权利和义务无法实现时,需要司法机关适用法律裁决纠纷,解决争端。

(2)当公民、社会组织和其他国家机关在其活动中遇到违法、违约或侵权行为时,需要司法机关适用法律制裁违法犯罪,恢复权利。

5. 法的适用的要求

(1)正确。首先事实认定正确;其次定性要正确;再次处理要正确。

(2)合法。合法是指对案件的处理,必须严格依法办事,符合法律规定。具体包括3个方面的内容:首先,适用的主体必须合法;其次,必须符合实体法的规定;再次,处理案件不仅要符合实体法的规定,而且要遵守程序法的规定,按照法定程序办事。

(3)及时。及时是指在正确、合法的前提下,法律适用机关必须有高度的责任感,必须不断改进工作,提高办案效率,及时审结案件,不得随意拖延、积压案件。

正确、合法、及时是有机统一且不可分割的整体,只有3个方面都得到切实贯彻,才能保证法的适用。

(三)法的遵守

1. 法的遵守的概念

法的遵守有广义与狭义两种含义。广义的法的遵守,就是法的实施。狭义的法的遵守,也叫守法,专指公民、社会组织和国家机关以法律为自己的行为准则,依照法律行使权利、权力并履行义务、职责的活动。

2. 法的遵守的意义

(1)认真遵守法律是广大人民群众实现自己根本利益的必然要求。

(2)认真遵守法律是建设社会主义法治国家的必要条件。

(四)法律监督

1. 法律监督的概念及意义

1)法律监督的概念

法律监督有广义和狭义两种含义。狭义的法律监督,是指由特定国家机关依照法定权限和法定程序,对立法、司法和执法活动的合法性所进行的监督。广义的法律监督,是指由所有国家机关、社会组织和公民对各种法律活动的合法性所进行的监督。二者都以法律实施及人们行为的合法性为监督的基本内容。

2)法律监督的意义

法律监督对完善国家法律制度,建设社会主义法治社会,具有深远意义:

(1)法律监督是维护社会主义法治的统一和尊严的重要措施。

(2)法律监督是制约权力滥用的基本手段。

(3)法律监督是社会主义法治建设的重要方面,是完善社会主义法治建设的内在要求。

2. 法律监督的构成

1)法律监督的主体

法律监督的主体主要可以概括为3类:国家机关、社会组织和公民。在我国,监督主体具有广泛性和多元性。全国人民、国家机关、政党、社会团体和社会组织、大众传媒都是监督的主体。

码2-2　文档:国家立法机关、执法机关、司法机关

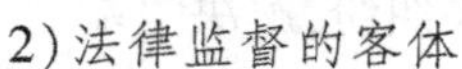

2)法律监督的客体

法律监督的客体是指监督谁或者说谁被监督。所有国家机关、政党、社会团体、社会组织、大众媒体和公民既是监督的主体,也是监督的客体。在我国,法律监督客体的重点,应该是国家司法机关和行政执法机关及其工作人员。

3)法律监督的内容

法律监督的内容包括国家立法机关行使国家立法权和其他职权的行为,国家司法机关行使司法权的行为,国家行政机关行使国家行政权的行为,中国共产党依法执政和各民主党派依法参与国家政治生活和社会生活的行为,以及普通公民的法律行为。

第二节　安全生产法律体系的基本框架

一、安全生产法律体系的概念和特征

(一)安全生产法律体系的概念

安全生产法律体系,是指我国全部现行的、不同的安全生产法律规范形成的有机联系的统一整体。

(二)安全生产法律体系的特征

具有中国特色的安全生产法律体系正在构建之中。这个体系具有3个特点。

1. 法律规范的调整对象和阶级意志具有统一性

习近平总书记明确指出:"人命关天,发展决不能以牺牲人的生命为代价。这必须作为一条不可逾越的红线"。加强安全生产工作,防止和减少生产安全事故,保障人民群众生命和财产安全,促进经济社会持续健康发展,是各级党委与政府的首要职责和根本宗旨。我国的安全生产立法,体现了工人阶级领导下的最广大的人民群众的最根本利益,都围绕着"三个代表"重要思想、科学发展观和习近平总书记系列重要讲话精神,围绕着执政为民这一根本宗旨,围绕着基本人权的保护这个基本点而制定。安全生产法律规范是为巩固社会主义经济基础和上层建筑服务的,它是工人阶级乃至国家意志的反映,是由人民民主专政的政权性质所决定的。生产经营活动中所发生的各种社会关系,需要通过一系列的法律规范加以调整。不论安全生产法律规范有何种内容和形式,它们所调整的安

全生产领域的社会关系,都要统一服从和服务于社会主义的生产关系、阶级关系,紧密围绕着“三个代表”重要思想、科学发展观、习近平总书记系列重要讲话精神、执政为民和基本人权保护而进行。

2. 法律规范的内容和形式具有多样性

安全生产贯穿于生产经营活动的各个行业领域,各种社会关系非常复杂。这就需要针对不同生产经营单位的不同特点,针对各种突出的安全生产问题,制定各种内容不同、形式不同的安全生产法律规范,调整各级人民政府、各类生产经营单位、公民相互之间在安全生产领域中产生的社会关系。这个特点就决定了安全生产立法的内容和形式又是各不相同的,它们所反映和解决的问题是不同的。

3. 法律规范的相互关系具有系统性

安全生产法律体系是由母系统与若干个子系统共同组成的。从具体法律规范上看,它是单个的;从法律体系上看,各个法律规范又是安全生产法律体系不可分割的组成部分。安全生产法律规范的层级、内容和形式虽然有所不同,但是它们之间存在着相互依存、相互联系、相互衔接、相互协调的辩证统一关系。

二、安全生产法律体系的基本框架

安全生产法律体系究竟如何构建,这个体系中包括哪些安全生产立法,尚在研究和探索之中。我们可以从上位法与下位法、一般法与特别法、综合性法与单行法 3 个方面来认识并构建我国安全生产法律体系基本框架(见图 2-1)。

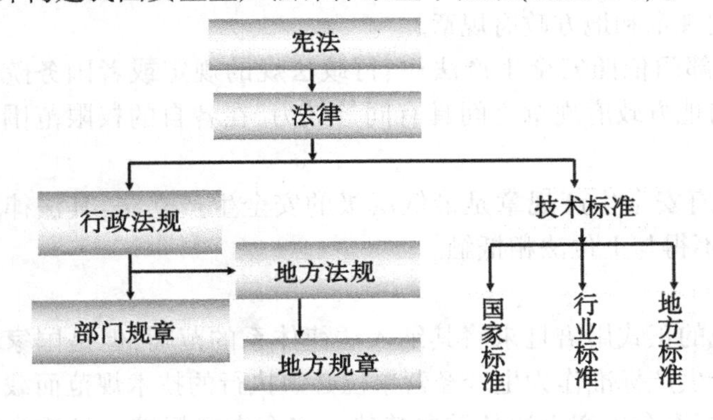

图 2-1　安全生产法律体系基本框架

码 2-3　视频:安全生产法律体系基本框架

(一)根据法的不同层级和效力位阶,可以分为上位法与下位法

法的层级不同,其法律地位和效力也不同。上位法是指法律地位、法律效力高于其他相关法的立法。下位法相对于上位法而言,是指法律地位、法律效力低于相关上位法的立法。不同的安全生产立法对同一类或者同一个安全生产行为作出不同法律规定的,以上位法的规定为准,适用上位法的规定。上位法没有规定的,可以适用下位法。下位法的数量一般多于上位法的数量。

1. 法律

法律是安全生产法律体系中的上位法,居于整个体系的最高层级,其法律地位和效力高于行政法规、地方性法规、部门规章、地方政府规章等下位法。国家现行的有关安全生产的专门法律有《中华人民共和国安全生产法》《中华人民共和国消防法》《中华人民共和国道路交通安全法》《中华人民共和国海上交通安全法》《中华人民共和国矿山安全法》；与安全生产相关的法律主要有《中华人民共和国劳动法》《中华人民共和国职业病防治法》《中华人民共和国工会法》《中华人民共和国矿产资源法》《中华人民共和国铁路法》《中华人民共和国公路法》《中华人民共和国民用航空法》《中华人民共和国港口法》《中华人民共和国建筑法》(简称《建筑法》)《中华人民共和国煤炭法》和《中华人民共和国电力法》等。

2. 法规

安全生产法规分为行政法规和地方性法规。

(1)行政法规。安全生产行政法规的法律地位和法律效力低于有关安全生产的法律,高于地方性安全生产法规、地方政府安全生产规章等下位法。国家现有的安全生产行政法规有《安全生产许可证条例》《生产安全事故报告和调查处理条例》《危险化学品安全管理条例》《建设工程安全生产管理条例》《煤矿安全监察条例》等。

(2)地方性法规。地方性安全生产法规的法律地位和法律效力低于有关安全生产的法律、行政法规,高于地方政府安全生产规章。经济特区安全生产法规和民族自治地方安全生产法规的法律地位和法律效力与地方性安全生产法规相同。安全生产地方性法规有《北京市安全生产条例》《天津市安全生产条例》《河南省安全生产条例》等。

3. 规章

安全生产行政规章分为部门规章和地方政府规章。

(1)部门规章。国务院有关部门依照安全生产法律、行政法规的规定或者国务院的授权制定发布的安全生产规章与地方政府规章之间具有同等效力,在各自的权限范围内施行。

(2)地方政府规章。地方政府安全生产规章是最低层级的安全生产立法,其法律地位和法律效力低于其他上位法,不得与上位法相抵触。

4. 法定安全生产标准

虽然目前我国没有技术法规的正式用语且未将其纳入法律体系的范畴,但是国家制定的许多安全生产立法却将安全生产标准作为生产经营单位必须执行的技术规范而载入法律,安全生产标准法律化是我国安全生产立法的重要趋势。安全生产标准一旦成为法律规定必须执行的技术规范,它就具有了法律上的地位和效力。执行安全生产标准是生产经营单位的法定义务,违反法定安全生产标准的要求,同样要承担法律责任。因此,将法定安全生产标准纳入安全生产法律体系范畴来认识,有助于构建完善的安全生产法律体系。法定安全生产标准分为国家标准和行业标准,两者对生产经营单位的安全生产具有同样的约束力。法定安全生产标准主要是指强制性安全生产标准。

(1)国家标准。安全生产国家标准是指国家标准化行政主管部门依照《中华人民共和国标准化法》制定的在全国范围内适用的安全生产技术规范。

(2)行业标准。安全生产行业标准是指国务院有关部门和直属机构依照《中华人民共和国标准化法》制定的在安全生产领域内适用的安全生产技术规范。行业安全生产标准对同一安全生产事项的技术要求，可以高于国家安全生产标准，但不得与其相抵触。

（二）根据同一层级的法的适用范围不同，可以分为一般法与特别法

我国的安全生产立法是多年来针对不同的安全生产问题而制定的，相关法律规范对一些安全生产问题的规定有差别。有的侧重解决一般的安全生产问题，有的侧重或者专门解决某一领域的特殊的安全生产问题。因此，在安全生产法律体系同一层级的安全生产立法中，安全生产法律规范有一般法与特别法之分，两者相辅相成、缺一不可。这两类法律规范的调整对象和适用范围各有侧重。一般法是适用于安全生产领域中普遍存在的基本问题、共性问题的法律规范，它们不解决某一领域存在的特殊性、专业性的法律问题。特别法是适用于某些安全生产领域独立存在的特殊性、专业性问题的法律规范，它们往往比一般法更专业、更具体、更有可操作性。如《安全生产法》是安全生产领域的一般法；它所确定的安全生产基本方针原则和基本法律制度普遍适用于生产经营活动的各个领域。但对于消防安全和道路交通安全、铁路交通安全、水上交通安全和民用航空安全领域存在的特殊问题，其他有关专门法律另有规定的，则应适用《中华人民共和国消防法》《中华人民共和国道路交通安全法》等特别法。据此，在同一层级的安全生产立法对同一类问题的法律适用上，应当适用特别法优于一般法的原则。

（三）根据法的内容、适用范围和具体规范，可以分为综合性法与单行法

安全生产问题错综复杂，相关法律规范的内容也十分丰富。从安全生产立法所确定的内容、适用范围和具体规范看，可以将我国安全生产立法分为综合性法与单行法。综合性法不受法律规范层级的限制，而是将各个层级的综合性法律规范作为整体来看待，适用于安全生产的主要领域或者某一领域的主要方面。单行法的内容只涉及某一领域或者某一方面的安全生产问题。

在一定条件下，综合性法与单行法的区分是相对的、可分的。《安全生产法》就属于安全生产领域的综合性法律，其内容涵盖了安全生产领域的主要方面和基本问题。与其相对，《中华人民共和国矿山安全法》就是单独适用于矿山开采安全生产的单行法律。但就矿山开采安全生产的整体而言，《中华人民共和国矿山安全法》亦是综合性法，各个矿种开采安全生产的立法则是矿山安全立法的单行法。如《中华人民共和国煤炭法》既是煤炭工业的综合性法，又是安全生产和矿山安全的单行法。再如《煤矿安全监察条例》既是煤矿安全监察的综合性法，又是《安全生产法》和《中华人民共和国矿山安全法》的单行法和配套法。

第三节　水利水电工程建设安全生产法律法规

一、水利水电工程建设相关安全生产法律

水利水电工程建设安全生产相关法律法规、规章及标准等，是水利水电工程建设安全生产管理的重要依据，我国制定了多部有关安全生产的法律、行政法规。与水利水电工程建设有关的安全生产法律主要有《安全生产法》《中华人民共和国水法》《中华人民共和国防洪法》《中华人民共和国建筑法》《中华人民共和国职业病防治法》《中华人民共和国

水污染防治法》《中华人民共和国环境保护法》《中华人民共和国行政许可法》《中华人民共和国行政处罚法》等，水利部也根据国家有关法律，制定了水利安全生产相关政策、制度、行业标准。

（一）《安全生产法》

《安全生产法》由全国人民代表大会常务委员会于2002年颁布施行，于2009年进行了第一次修正，于2014年进行了第二次修正，于2021年进行了第三次修正，它是我国第一部全面规范安全生产的专门法律，是我国安全生产的主体法。

码2-4 PPT：2021新安全生产法解读

《安全生产法》是为了加强安全生产工作，防止和减少生产安全事故，保障人民群众生命和财产安全，促进经济社会持续健康发展而制定的法律。

1. 主要内容

《安全生产法》分为总则、生产经营单位的安全生产保障、从业人员的安全生产权利义务、安全生产的监督管理、生产安全事故的应急救援与调查处理、法律责任、附则共七章119条。

2. 八大亮点

1）坚持党的领导

新修正的《安全生产法》在总则的第三条就明确了安全生产工作坚持中国共产党的领导，要求安全生产工作实行管行业必须管安全、管业务必须管安全、管生产经营必须管安全，建立生产经营单位负责、职工参与、政府监管、行业自律和社会监督的机制。

2）新增生产经营单位全员安全责任制

安全生产人人都是主角，没有旁观者。新修正的《安全生产法》增加了全员安全责任制的规定，在生产经营活动中，企业根据岗位的性质、特点和具体工作内容，明确所有层级、各类岗位从业人员的安全生产责任，通过加强教育培训、强化管理考核和严格奖惩等方式，建立起安全生产工作"层层负责、人人有责、各负其责"的工作体系。把生产经营单位全体员工的积极性和创造性调动起来，形成人人关心安全生产、人人提升安全素质、人人做好安全生产的局面，从而整体上提升安全生产的水平。

3）明确生产经营单位主要负责人是第一责任人

新修正的《安全生产法》在总则的第五条就明确了生产经营单位的主要负责人是本单位的安全生产第一责任人，对本单位的安全生产工作全面负责。其他负责人对职责范围内的安全生产工作负责。同时，在第二十一条明确生产经营单位主要负责人的七项职责。

4）构建安全风险分级管控和隐患排查治理双重预防机制

新修正的《安全生产法》在总则的第四条明确规定构建安全风险分级管控和隐患排查治理双重预防机制。建立安全风险分级管控机制，就是要求生产经营单位要定期组织开展风险辨识评估，严格落实分级管控措施，防止风险演变引发事故。隐患排查治理是《安全生产法》已经确立的重要制度，这次修改又补充增加了重大事故隐患排查治理情况要及时向有关部门报告，以及事故隐患排查治理情况要通过职工大会或者职工代表大会、信息公示栏等方式向从业人员通报的规定，目的是使生产经营单位在监管部门和本单位职工的双重监督之下,来确保隐患排查治理到位。

5)高危行业强制实施安全生产责任保险制度

修正前的《安全生产法》规定,国家鼓励生产经营单位投保安全生产责任保险,新修正的《安全生产法》在第五十一条又增加了高危行业领域生产经营单位应当投保的规定。根据《中共中央 国务院关于推进安全生产领域改革发展的意见》,高危行业领域主要包括八大类行业:矿山、危险化学品、烟花爆竹、交通运输、建筑施工、民用爆炸物品、金属冶炼、渔业生产。安全生产责任保险的保障范围,不仅包括本企业的从业人员,还包括第三方的人员伤亡和财产损失,以及相关救援救护、事故鉴定、法律诉讼等费用。最重要的是安全生产责任保险具有事故预防的功能,保险机构必须为投保单位提供事故预防的服务,帮助企业查找风险隐患,提高安全管理水平。

6)增加安全生产领域公益诉讼制度

新修正的《安全生产法》在第七十四条增加1款,作为第二款,明确规定因为安全生产违法行为造成重大事故隐患或者导致重大事故,致使国家利益或者社会公共利益受到侵害的,人民检察院可以根据民事诉讼法、行政诉讼法的相关规定提起公益诉讼。

7)强化政府安全监管责任

安全生产责任重于泰山。新修正的《安全生产法》,将强化政府安全监管责任作为重点,完善政府安全监管责任制度。一是明确政府的领导责任,总则的第九条要求国务院和县级以上地方各级人民政府应当加强对安全生产工作的领导,建立健全安全生产工作协调机制,支持、督促各有关部门依法履行安全生产监督管理职责,及时协调、解决安全生产监督管理中存在的重大问题。二是组织建立完善安全风险评估与论证机制,总则的第八条要求县级以上地方各级人民政府应当组织有关部门建立完善安全风险评估与论证机制,并要求各级人民政府加强安全生产基础设施建设和安全生产监管能力建设,所需经费列入本级预算。三是编制安全生产权力和责任清单,本次修正新增第十七条,要求县级以上各级人民政府应当组织负有安全生产监督管理职责的部门依法编制安全生产权力和责任清单,公开并接受社会监督。四是厘清相关部门监管职责,明确安全生产工作实行"管行业必须管安全、管业务必须管安全、管生产经营必须管安全"的"三个必须"原则。同时,对新兴行业、领域的安全生产监管职责,如果不太明确,新修正的《安全生产法》规定由县级以上地方人民政府按照业务相近的原则确定监管部门,避免因部门之间职责不明确而形成监管的"盲区"。

8)严厉惩处打击违法行为

新修正的《安全生产法》,在法律责任部分,大幅度提高了对违法行为的处罚力度。第一,罚款金额更高,最高可以处以1亿元的罚款。第二,处罚方式更严。违法行为一经发现,即责令整改并处罚款,拒不整改的,责令停产停业整改整顿,并且可以按日连续计罚。第三,惩戒力度更大。采取列入"黑名单"的联合惩戒方式,情节严重的,终身不得担任本行业生产经营单位的主要负责人。

(二)《建筑法》

《建筑法》由全国人民代表大会常务委员会于1997年11月1日颁布,1998年3月1日起施行,并于2011年、2019年进行了修正。

《建筑法》是我国第一部规范建筑活动的部门法,对影响建筑工程质量和安全的各方面因素做了较为全面的规范,从6个方面对建筑安全生产管理提出了要求:

(1)建立安全生产责任制度。安全生产责任制度是贯彻落实安全生产方针的具体体现,是建筑安全生产管理的基本制度。在建筑活动中,只有明确安全责任、分工负责,才能形成完整有效的安全管理体系,激发每个人的安全责任感,严格执行建筑工程安全的法律、法规和安全规程、技术规范,防患于未然,减少和杜绝建筑工程事故的发生,为建筑工程的生产创造一个安全的环境。

(2)建立健全群防群治制度。群防群治制度能够在建筑安全生产中充分发挥广大干部职工的积极性,加强群众性监督检查工作,从而预防和治理建筑生产中的伤亡事故。

(3)建立健全安全生产教育培训制度。通过各种形式对广大建筑干部职工进行安全教育培训,以提高其安全生产意识和防护技能。安全生产,人人有责,只有通过对广大职工进行安全教育培训,才能使广大职工真正认识到安全生产的重要性、必要性,使广大职工掌握更多的安全生产知识,牢固树立安全第一的思想,自觉遵守各项安全生产的规章制度。

(4)建立健全安全生产检查制度。建设管理主管部门或建筑施工企业应依法对安全生产状况进行定期或不定期检查,发现问题,查出隐患,从而采取有效措施,堵塞漏洞,把事故消灭在萌芽状态,做到防患于未然,是"预防为主"方针的具体体现。

(5)建立健全安全生产事故报告制度。施工中发生安全事故时,建筑企业应当采取紧急措施减少人员伤亡和事故损失,并按照国家有关规定及时向有关部门报告。

(6)明确安全生产法律责任制度。在法律责任中明确规定施工企业没有履行安全生产职责及时消除安全隐患的,应承担相应的法律责任。

2019年4月23日,全国人民代表大会常务委员会通过了修改《建筑法》,将第八条修改为:

第八条 申请领取施工许可证,应当具备下列条件:

(一)已经办理该建筑工程用地批准手续;

(二)依法应当办理建设工程规划许可证的,已经取得建设工程规划许可证;

(三)需要拆迁的,其拆迁进度符合施工要求;

(四)已经确定建筑施工企业;

(五)有满足施工需要的资金安排、施工图纸及技术资料;

(六)有保证工程质量和安全的具体措施。

建设行政主管部门应当自收到申请之日起七日内,对符合条件的申请颁发施工许可证。

(三)《中华人民共和国水法》

《中华人民共和国水法》由中华人民共和国第九届全国人民代表大会常务委员会第二十九次会议于2002年8月29日修订通过,自2002年10月1日起施行,2016年7月2日修改。

1. 总体要求

1)立法目的

第一条 为了合理开发、利用、节约和保护水资源,防治水害,实现水资源的可持续利用,适应国民经济和社会发展的需要,制定本法。

(2)适用范围。

第二条　在中华人民共和国领域内开发、利用、节约、保护、管理水资源,防治水害,适用本法。

本法所称水资源,包括地表水和地下水。

2. 主要规定

1)水资源管理体制

第十二条　国家对水资源实行流域管理与行政区域管理相结合的管理体制。

国务院水行政主管部门负责全国水资源的统一管理和监督工作。

国务院水行政主管部门在国家确定的重要江河、湖泊设立的流域管理机构(以下简称流域管理机构),在所管辖的范围内行使法律、行政法规规定的和国务院水行政主管部门授予的水资源管理和监督职责。

县级以上地方人民政府水行政主管部门按照规定的权限,负责本行政区域内水资源的统一管理和监督工作。

2)饮用水水源保护区制度

第三十三条　国家建立饮用水水源保护区制度。省、自治区、直辖市人民政府应当划定饮用水水源保护区,并采取措施,防止水源枯竭和水体污染,保证城乡居民饮用水安全。

第三十四条　禁止在饮用水水源保护区内设置排污口。

在江河、湖泊新建、改建或者扩大排污口,应当经过有管辖权的水行政主管部门或者流域管理机构同意,由环境保护行政主管部门负责对该建设项目的环境影响报告书进行审批。

3)河道管理范围内建设工程规定

第三十七条　禁止在江河、湖泊、水库、运河、渠道内弃置、堆放阻碍行洪的物体和种植阻碍行洪的林木及高秆作物。

禁止在河道管理范围内建设妨碍行洪的建筑物、构筑物以及从事影响河势稳定、危害河岸堤防安全和其他妨碍河道行洪的活动。

第三十八条　在河道管理范围内建设桥梁、码头和其他拦河、跨河、临河建筑物、构筑物,铺设跨河管道、电缆,应当符合国家规定的防洪标准和其他有关的技术要求,工程建设方案应当依照防洪法的有关规定报经有关水行政主管部门审查同意。

因建设前款工程设施,需要扩建、改建、拆除或者损坏原有水工程设施的,建设单位应当负担扩建、改建的费用和损失补偿。但是,原有工程设施属于违法工程的除外。

4)河道采砂许可制度

第三十九条　国家实行河道采砂许可制度。河道采砂许可制度实施办法,由国务院规定。

在河道管理范围内采砂,影响河势稳定或者危及堤防安全的,有关县级以上人民政府水行政主管部门应当划定禁采区和规定禁采期,并予以公告。

5)水工程保护规定

第四十一条　单位和个人有保护水工程的义务,不得侵占、毁坏堤防、护岸、防汛、水文监测、水文地质监测等工程设施。

第四十二条 县级以上地方人民政府应当采取措施,保障本行政区域内水工程,特别是水坝和堤防的安全,限期消除险情。水行政主管部门应当加强对水工程安全的监督管理。

第四十三条 国家对水工程实施保护。国家所有的水工程应当按照国务院的规定划定工程管理和保护范围。

国务院水行政主管部门或者流域管理机构管理的水工程,由主管部门或者流域管理机构商有关省、自治区、直辖市人民政府划定工程管理和保护范围。

前款规定以外的其他水工程,应当按照省、自治区、直辖市人民政府的规定,划定工程保护范围和保护职责。

在水工程保护范围内,禁止从事影响水工程运行和危害水工程安全的爆破、打井、采石、取土等活动。

(四)《中华人民共和国环境保护法》

《中华人民共和国环境保护法》由全国人民代表大会常务委员会于 1989 年 12 月 26 日颁布施行,于 2014 年进行了修订。

该法是为保护和改善环境、防治污染和其他公害、保障公众健康、推进生态文明建设、促进经济社会可持续发展制定的,有关污染防治的主要内容如下:

(1)建立环境保护责任制度。产生环境污染和其他公害的单位,必须把环境保护工作纳入计划,建立环境保护责任制度;采取有效措施,防治在生产建设或者其他活动中产生的废气、废水、废渣、粉尘、放射性物质以及噪声、振动、电磁波辐射等对环境的污染和危害。

(2)加大了惩治力度。企业、事业单位和其他生产经营者违法排放污染物,受到罚款处罚,被责令改正,拒不改正的,依法作出处罚决定的行政机关可以自责令更改之日的次日起,按照原处罚数额按日连续处罚。

(3)建立生态保护区,严禁破坏。国家在重点生态功能区、生态环境敏感区和脆弱区等区域划定生态保护红线,实行严格保护。

(五)《中华人民共和国特种设备安全法》

《中华人民共和国特种设备安全法》由全国人民代表大会常务委员会于 2013 年 6 月 29 日颁布,自 2014 年 1 月 1 日起施行。

该法确立了企业承担安全主体责任、政府履行安全监管职责和社会发挥监督作用三位一体的特种设备安全工作新模式。通过强化企业主体责任,加大对违法行为的处罚力度,督促生产、经营、使用单位及其负责人树立安全意识,切实承担保障特种设备安全的责任。

《中华人民共和国特种设备安全法》突出了特种设备生产、经营、使用单位的安全主体责任,明确规定:对生产环节,法律对特种设备的设计、制造、安装、改造、修理等活动规定了行政许可制度;对经营环节,法律禁止销售、出租未取得许可生产、未经检验和检验不合格的特种设备或者国家明令淘汰和已经报废的特种设备;对使用环节,法律要求所有特种设备必须向监管部门办理使用登记方可使用,使用单位要落实安全责任,对设备安全运行情况定期开展安全检查,进行经常性维护保养;一旦发现设备出现故障,应当立即停止运行,进行全面检查,消除事故隐患。

特种设备包括锅炉、压力容器、压力管道、电梯、起重机械、客运索道、大型游乐设施、场(厂)内专用机动车辆等。这些设备一般具有在高压、高温、高空、高速条件下运行的特点,易燃、易爆、易发生高空坠落等,对人身和财产安全有较大危险性。其中,《中华人民共和国特种设备安全法》的附则中规定"房屋建筑工地、市政工程工地用起重机械和场(厂)内专用机动车辆的安装、使用的监督管理,由有关部门依照本法和其他有关法律的规定实施"。

特种设备的生产、经营和使用,涉及行政监管法律关系,在生产、经营、使用等交易活动中也形成民事法律关系。根据《中华人民共和国立法法》的有关规定,民事基本制度要由专门法律来规定,行政法规无权对民事活动进行调整。《中华人民共和国特种设备安全法》的实施,解决了处理特种设备事故造成的民事赔偿责任的法律依据不足的难题。该法高度重视对违法行为的处罚,对单位的违法行为处罚金额最高达到200万元,对发生重大事故的当事人和责任人的处罚达到个人上年收入的30%~60%。

(六)《职业病防治法》

《职业病防治法》2001年10月27日第九届全国人民代表大会常务委员会第二十四次会议通过,根据2011年12月31日第十一届全国人民代表大会常务委员会第二十四次会议《关于修改〈中华人民共和国职业病防治法〉的决定》第一次修正,根据2016年7月2日第十二届全国人民代表大会常务委员会第二十一次会议《关于修改〈中华人民共和国节约能源法〉等六部法律的决定》第二次修正,根据2017年11月4日第十二届全国人民代表大会常务委员会第三十次会议《关于修改〈中华人民共和国会计法〉等十一部法律的决定》第三次修正,根据2018年12月29日第十三届全国人民代表大会常务委员会第七次会议《关于修改〈中华人民共和国劳动法〉等七部法律的决定》第四次修正。

该法分为总则、前期预防、劳动过程中的防护与管理、职业病诊断与职业病病人保障、监督检查、法律责任、附则共7章。

1.总体要求

1)立法目的

为了预防、控制和消除职业病危害,防治职业病,保护劳动者健康及其相关权益,促进经济社会发展。

2)适用范围

本法适用于中华人民共和国领域内的职业病防治活动。本法所称职业病,是指企业、事业单位和个体经济组织(统称用人单位)的劳动者在职业活动中,因接触粉尘、放射性物质和其他有毒、有害物质等因素而引起的疾病。职业病的分类和目录由国务院卫生行政部门会同国务院劳动保障行政部门规定、调整并公布。

3)职业病危害定义

《职业病防治法》中的职业病危害是指对从事职业活动的劳动者可能导致职业病的各种危害。职业病危害因素包括职业活动中存在的各种有害的化学、物理、生物因素以及在作业过程中产生的其他职业有害因素。

2. 主要规定

1)用人单位在职业病防治方面的职责

(1)用人单位应当为劳动者创造符合国家职业卫生标准和卫生要求的工作环境和条件,并采取措施保障劳动者获得职业卫生保护。

(2)建立职业病防治责任制。《职业病防治法》第五条规定,用人单位应当建立、健全职业病防治责任制,加强对职业病防治的管理,提高职业病防治水平,对本单位产生的职业病危害承担责任。

(3)参加工伤社会保险。《职业病防治法》第七条规定,用人单位必须依法参加工伤保险。

2)进行职业病前期预防的规定

第十五条 产生职业病危害的用人单位的设立除应当符合法律、行政法规规定的设立条件外,其工作场所还应当符合下列职业卫生要求:

(一)职业病危害因素的强度或者浓度符合国家职业卫生标准;

(二)有与职业病危害防护相适应的设施;

(三)生产布局合理,符合有害与无害作业分开的原则;

(四)有配套的更衣间、洗浴间、孕妇休息间等卫生设施;

(五)设备、工具、用具等设施符合保护劳动者生理、心理健康的要求。

(六)法律、行政法规和国务院卫生行政部门、关于保护劳动者健康的其他要求。

3)建设项目职业病危害预评价的规定

第十七条 新建、扩建、改建建设项目和技术改造、技术引进项目(以下统称建设项目)可能产生职业病危害的,建设单位在可行性论证阶段应当进行职业病危害预评价。

医疗机构建设项目可能产生放射性职业病危害的,建设单位应当向卫生行政部门提交放射性职业病危害预评价报告。卫生行政部门应当自收到预评价报告之日起三十日内,作出审核决定并书面通知建设单位。未提交预评价报告或者预评价报告未经卫生行政部门审核同意的,不得开工建设。

职业病危害预评价报告应当对建设项目可能产生的职业病危害因素及其对工作场所和劳动者健康的影响作出评价,确定危害类别和职业病防护措施。

建设项目职业病危害分类管理办法由国务院卫生行政部门制定。

4)职业病危害防护设施的规定

第十八条 建设项目的职业病防护设施所需费用应当纳入建设项目工程预算,并与主体工程同时设计,同时施工,同时投入生产和使用。

建设项目的职业病防护设施设计应当符合国家职业标准和卫生要求;其中,医疗机构放射性职业病危害严重的建设项目的防护设施设计应当经卫生行政部门审查同意后,方可施工。

建设项目在竣工验收前,建设单位应当进行职业病危害控制效果评价。

医疗机构可能产生放射性职业病危害的建设项目竣工验收时,其放射性职业病防护设施经卫生行政部门验收合格后,方可投入使用;其他建设项目的职业病防护设施应当由建设单位负责依法组织验收,验收合格后,方可投入生产和使用。卫生行政部门应当加强对建设单位组织的验收活动和验收结果的监督核查。

5)采取职业病防治管理措施的规定

第二十条　用人单位应当采取下列职业病防治管理措施：

(一)设置或指定职业卫生管理机构或者组织,配备专职或者兼职的职业卫生专业人员,负责本单位的职业病防治工作；

(二)制定职业病防治计划和实施方案；

(三)建立、健全职业卫生管理制度和操作规程；

(四)建立、健全职业卫生档案和劳动者健康监护档案；

(五)建立、健全工作场所职业病危害因素监测及评价制度；

(六)建立、健全职业病危害事故应急救援预案。

6)提供职业病防护用品的规定

第二十二条　用人单位必须采用有效的职业病防护设施,并为劳动者提供个人使用的职业病防护用品。

用人单位为劳动者个人提供的职业病防护用品必须符合防治职业病的要求；不符合要求的,不得使用。

7)配置职业病防护设备、应急设施的规定

第二十五条　对可能发生急性职业病损伤的有毒、有害工作场所,用人单位应当设置报警装置,配置现场急救用品、冲洗设备、应急撤离通道和必要的泄险区。

对放射工作场所和放射性同位素的运输、贮存,用人单位必须配置防护设备和报警装置,保证接触放射线的工作人员佩戴个人剂量计。

对职业病防护设备、应急救援设施和个人使用的职业病防护用品,用人单位应当进行经常性的维护、检修,定期检测其性能和效果,确保其处于正常状态,不得擅自拆除或者停止使用。

8)进行培训和遵守操作规程的规定

《职业病防治法》对用人单位应当对劳动者进行岗前、定期职业卫生培训作了规定,同时对劳动者应学习掌握职业病相关知识、遵守职业病防治法律法规及规章制度等作了规定。

第三十四条　用人单位的主要负责人和职业卫生管理人员应当接受职业卫生培训,遵守职业病防治法律、法规,依法组织本单位的职业病防治工作。

用人单位应当对劳动者进行上岗前的职业卫生培训和在岗期间的定期职业卫生培训,普及职业卫生知识,督促劳动者遵守职业病防治法律、法规、规章和操作规程,指导劳动者正确使用职业病防护设备和个人使用的职业病防护用品。

劳动者应当学习和掌握相关的职业卫生知识,增强职业病防范意识,遵守职业病防治法律、法规、规章和操作规程,正确使用、维护职业病防护设备和个人使用的职业病防护用品,发现职业病危害事故隐患应当及时报告。

劳动者不履行前款规定义务的,用人单位应当对其进行教育。

9)劳动者职业卫生保护的规定

第三十九条　劳动者享有下列职业卫生保护权利：

(一)获得职业卫生教育、培训;

(二)获得职业健康检查、职业病诊疗、康复等职业病防治服务;

(三)了解工作场所产生或者可能产生的职业病危害因素、危害后果和应当采取的职业病防护措施;

(四)要求用人单位提供符合防治职业病要求的职业病防护设施和个人使用的职业病防护用品,改善工作条件;

(五)对违反职业病防治法律、法规以及危及生命健康的行为提出批评、检举和控告;

(六)拒绝违章指挥和强令进行没有职业病防护措施的作业;

(七)参与用人单位职业卫生工作的民主管理,对职业病防治工作提出意见和建议。

用人单位应当保障劳动者行使前款所列权利。因劳动者依法行使正当权利而降低其工资、福利等待遇或者解除、终止与其订立的劳动合同的,其行为无效。

(七)其他法律中有关水利水电工程建设安全生产的主要内容

1.《宪法》

《宪法》总纲中的第一条明确指出:中华人民共和国是工人阶级领导的、以工农联盟为基础的人民民主专政的社会主义国家。这一规定就决定了我国的社会主义制度是保护以工人、农民为主体的劳动者的。

《宪法》第四十二条规定:中华人民共和国公民有劳动的权利和义务。国家通过各种途径,创造劳动就业条件,加强劳动保护,改善劳动条件,并在发展生产的基础上,提高劳动报酬和福利待遇。劳动是一切有劳动能力的公民的光荣职责。国有企业和城乡集体经济组织的劳动者都应当以国家主人翁的态度对待自己的劳动。国家提倡社会主义劳动竞赛,奖励劳动模范和先进工作者。国家提倡公民从事义务劳动。国家对就业前的公民进行必要的劳动就业训练。《宪法》的这一规定,是生产经营单位安全生产与劳动者安全与健康各项法规和各项工作的总的原则、总的指导思想和总的要求。我国各级政府管理部门、各类企事业单位机构,都要按照这一规定,确立"安全第一、预防为主、综合治理"的思想,积极采取组织管理措施和安全技术保障措施,不断改善劳动条件,加强安全生产工作,切实保护从业人员的安全和健康。

《宪法》第四十三条规定:中华人民共和国劳动者有休息的权利。国家发展劳动者休息和休养的设施,规定职工的工作时间和休假制度。这一规定的作用和意义有两个方面,一是劳动者的休息权利不容侵犯;二是通过建立劳动者的工作时间和休息休假制度,既保证劳动者的工作时间,又保证劳动者的休息时间和休假时间,注意劳逸结合,禁止随意加班加点,以保持劳动者有充沛的精力进行劳动和工作,防止因疲劳过度而发生伤亡事故或造成积劳成疾,防止职业病。尤其在生产不均衡状态下,生产经营单位领导在安排加班时要引起高度重视。因为生产任务紧,需要安排加班加点,如果不注意从业人员的体力恢复,不注重科学合理安排加班,忽视安全,很容易发生事故。生产高峰需要加班之时,通常也是企业安全隐患事故易发、高发的时期,一旦发生事故,不仅造成财产损失和人员伤亡,想通过加班加点追求高效益的目标也无法实现。

2.《中华人民共和国民法通则》

《中华人民共和国民法通则》是中国对民事活动中一些共同性问题所作的法律规定,

是民法体系中的一般法。《中华人民共和国民法通则》规定了9种特殊侵权民事责任，其中有6种属于安全事故民事责任范畴。

第一百二十三条规定："从事高空、高压、易燃、易爆、剧毒、放射性、高速运输工具等对周围环境有高度危险的作业造成他人损害的，应当承担民事责任；如果能够证明损害是由受害人故意造成的，不承担民事责任。"从事对周围环境具有高度危险性的作业造成他人损害，其经营人应承担民事责任。

第一百二十五条规定："在公共场所、道旁或者通道上挖坑、修缮安装地下设施等，没有设置明显标志和采取安全措施造成他人损害的，施工人应当承担民事责任。"因此，在公共场所施工造成损害的应当承担民事责任。这一规定是为了保障公众在经常聚集、活动和通行地点的人身和财产安全，加强施工人员履行相当的注意义务，使人们免受因施工形成的危险因素(坑、沟、障碍物等)的损害。

3.《中华人民共和国刑法》

《中华人民共和国刑法》对以下有关违反建筑安全生产规定的行为进行处罚，主要有：

第一百三十四条规定：在生产、作业中违反有关安全管理的规定，因而发生重大伤亡事故或者造成其他严重后果的，处三年以下有期徒刑或者拘役；情节特别恶劣的，处三年以上七年以下有期徒刑。

强令他人违章冒险作业，或者明知存在重大事故隐患而不排除，仍冒险组织作业，因而发生重大伤亡事故或者造成其他严重后果的，处五年以下有期徒刑或者拘役；情节特别恶劣的，处五年以上有期徒刑。

第一百三十五条规定：安全生产设施或者安全生产条件不符合国家规定，因而发生重大伤亡事故或者造成其他严重后果的，对直接负责的主管人员和其他直接责任人员，处三年以下有期徒刑或者拘役；情节特别恶劣的，处三年以上七年以下有期徒刑。

第一百三十六条规定：违反爆炸性、易燃性、放射性、毒害性、腐蚀性物品的管理规定，在生产、储存、运输、使用中发生重大事故，造成严重后果的，处三年以下有期徒刑或者拘役；后果特别严重的，处三年以上七年以下有期徒刑。

第一百三十七条规定：建设单位、设计单位、施工单位、工程监理单位违反国家规定，降低工程质量标准，造成重大安全事故的，对直接责任人员，处五年以下有期徒刑或者拘役，并处罚金；后果特别严重的，处五年以上十年以下有期徒刑，并处罚金。

第一百三十九条规定：违反消防管理法规，经消防监督机构通知采取改正措施而拒绝执行，造成严重后果的，对直接责任人员，处三年以下有期徒刑或者拘役；后果特别严重的，处三年以上七年以下有期徒刑。在安全事故发生后，负有报告职责的人员不报或者谎报事故情况，贻误事故抢救，情节严重的，处三年以下有期徒刑或者拘役；情节特别严重的，处三年以上七年以下有期徒刑。

另外，根据1989年最高人民检察院发布的《人民检察院直接受理的侵犯公民民主权利、人身权利和渎职案件立案标准的规定》，对从业人员，由于不服从管理，违反规章制度，或者强令工人违章冒险作业，因而发生重大伤亡事故或者造成重大经济损失，具有下列行为之一的，立案调查追究刑事责任：

(1)致人死亡一人以上,或者致人重伤三人以上。

(2)造成直接经济损失五万元以上的。

(3)经济损失虽不足规定数额,但情节严重,使生产、工作受到重大损害的。

国家工作人员由于玩忽职守,致使公共财产、国家和人民利益遭受重大损失,具有下列行为之一的,立案调查追究刑事责任:

(1)由于玩忽职守,造成死亡一人以上,或者重伤三人以上的。

(2)由于玩忽职守,造成直接经济损失五万元以上的。

(3)由于玩忽职守造成经济损失虽不足规定数额,但情节恶劣,使工作、生产受到重大损害的。

(4)由于玩忽职守,造成严重政治影响的。

4.《中华人民共和国劳动法》

《中华人民共和国劳动法》由全国人民代表大会常务委员会于1994年7月5日通过,自1995年1月1日起施行,2009年第一次修正,2018年12月29日第十三届全国人民代表大会常务委员会第七次会议通过对《中华人民共和国劳动法》作出修正。

该法对用人单位、劳动者的权利和义务等方面进行了规范:

(1)用人单位必须建立、健全劳动安全卫生制度,严格执行国家劳动安全卫生规程和标准,对劳动者进行劳动安全卫生教育,防止劳动过程中的事故,减少职业危害。

(2)用人单位必须为劳动者提供符合国家规定的劳动安全卫生条件和必要的劳动防护用品,对从事有职业危害作业的劳动者应当定期进行健康检查。

(3)从事特种作业的劳动者必须经过专门培训并取得特种作业资格。

(4)劳动者在劳动过程中必须严格遵守安全操作规程。劳动者对用人单位管理人员违章指挥、强令冒险作业,有权拒绝执行;对危害生命安全和身体健康的行为,有权提出批评、检举和控告。

5.《中华人民共和国劳动合同法》

《中华人民共和国劳动合同法》由全国人民代表大会常务委员会于2007年6月29日通过,自2008年1月1日起施行。2012年12月28日第十一届全国人民代表大会常务委员会第三十次会议通过《关于修改〈中华人民共和国劳动合同法〉的决定》修正,自2013年7月1日起施行。

《中华人民共和国劳动合同法》从多个角度保护劳动者的人身和财产安全,为劳动者合法利益的保护提供更为具体的依据。该法规定:

(1)劳动者拒绝用人单位管理人员违章指挥、强令冒险作业的,不视为违反劳动合同。

用人单位以暴力、威胁或者非法限制人身自由的手段强迫劳动者劳动的,或者用人单位违章指挥、强令冒险作业危及劳动者人身安全的,劳动者可以立即解除劳动合同,不需事先告知用人单位。

(2)劳动者对危害生命安全和身体健康的劳动条件,有权对用人单位提出批评、检举和控告。

(3)用人单位有下列情形之一的,劳动者可以解除劳动合同:

①未按照劳动合同约定提供劳动保护或者劳动条件的；

②未及时足额支付劳动报酬的；

③未依法为劳动者缴纳社会保险费的；

④用人单位的规章制度违反法律、法规的规定，损害劳动者权益的；

⑤以欺诈、胁迫的手段或者乘人之危，使对方在违背真实意思的情况下订立或者变更劳动合同的；

⑥法律、行政法规规定劳动者可以解除劳动合同的其他情形。

6.《中华人民共和国消防法》

《中华人民共和国消防法》由全国人民代表大会常务委员会于2008年10月28日修订通过，自2009年5月1日起施行，2021年4月进行了第二次修正。

该法从消防设计、审核、建筑构件和建筑材料的防火性能、消防设施的日常管理到工程建设各方主体应履行的消防责任和义务逐一进行了规范。该法规定：

(1)建设工程的消防设计、施工必须符合国家工程建设消防技术标准。建设、设计、施工、工程监理等单位依法对建设工程的消防设计、施工质量负责。

依法应当经公安机关消防机构进行消防设计审核的建设工程，未经依法审核或者审核不合格的，负责审批该工程施工许可的部门不得给予施工许可，建设单位、施工单位不得施工；其他建设工程取得施工许可后经依法抽查不合格的，应当停止施工。

(2)建筑构件和建筑材料的防火性能必须符合国家标准或行业标准。公共场所室内装修、装饰根据国家工程建筑消防技术标准的规定，应当使用不燃、难燃材料的，必须选用依照产品质量法的规定确定的检验机构检验合格的材料。

(3)机关、团体、企业、事业等单位应当履行下列消防安全职责：

①落实消防安全责任制，制定本单位的消防安全制度、消防安全操作规程，制定灭火和应急疏散预案；

②按照国家标准、行业标准配置消防设施、器材，设置消防安全标志，并定期组织检验、维修，确保完好有效；

③对建筑消防设施每年至少进行一次全面检测，确保完好有效，检测记录应当完整准确，存档备查；

④保障疏散通道、安全出口、消防车通道畅通，保证防火防烟分区、防火间距符合消防技术标准；

⑤组织防火检查，及时消除火灾隐患；

⑥组织进行有针对性的消防演练；

⑦法律、法规规定的其他消防安全职责。

单位的主要负责人是本单位的消防安全责任人。

(4)禁止在具有火灾、爆炸危险的场所吸烟、使用明火。因施工等特殊情况需要使用明火作业的，应当按照规定事先办理审批手续，采取相应的消防安全措施；作业人员应当遵守消防安全规定。

(5)作业人员应当遵守消防安全规定，并采取相应的消防安全措施。进行电焊、气焊等具有火灾危险的作业的人员和自动消防系统的操作人员，必须持证上岗，并严格遵守消防安全操作规程。

(6)同一建筑物由两个以上单位管理或者使用的,应当明确各方的消防安全责任,并确定责任人对共用的疏散通道、安全出口、建筑消防设施和消防车通道进行统一管理。

7.《中华人民共和国环境噪声污染防治法》

《中华人民共和国环境噪声污染防治法》由全国人民代表大会常务委员会于1996年10月29日通过,自1997年3月1日起施行,2018年12月29日第十三届全国人民代表大会常务委员会第七次会议通过对《中华人民共和国环境噪声污染防治法》作出修正。

该法第四章"建筑施工噪声污染防治"规定了施工单位的防治噪声污染的责任:

(1)在城市市区范围内向周围生活环境排放建筑施工噪声的,应当符合国家规定的建筑施工场界环境噪声排放标准。

(2)在城市市区范围内,建筑施工过程中使用机械设备,可能产生环境噪声污染的,施工单位必须在工程开工15日以前向工程所在地县级以上地方人民政府生态环境主管部门申报该工程的项目名称、施工场所和期限、可能产生的环境噪声值以及所采取的环境噪声污染防治措施的情况。

(3)在城市市区噪声敏感建筑物集中区域内,禁止夜间进行产生环境噪声污染的建筑施工作业,但抢修、抢险作业和因生产工艺上要求或者特殊需要必须连续作业的除外。

因特殊需要必须连续作业的,必须有县级以上人民政府或者其有关主管部门的证明。

上述规定的夜间作业,必须公告附近居民。

8.《中华人民共和国固体废物污染环境防治法》

《中华人民共和国固体废物污染环境防治法》由中华人民共和国第八届全国人民代表大会常务委员会第十六次会议于1995年10月30日通过,中华人民共和国主席令第58号公布,历经2004年、2020年二次修订,2013年、2015年、2016年三次修正,共九章节一百二十六条。

该法规定:产生、收集、贮存、运输、利用、处置固体废物的单位和个人,应当采取措施,防止或者减少固体废物对环境的污染,对所造成的环境污染依法承担责任。

工程施工单位应当编制建筑垃圾处理方案,采取污染防治措施,并报县级以上地方人民政府环境卫生主管部门备案。

工程施工单位应当及时清运工程施工过程中产生的建筑垃圾等固体废物,并按照环境卫生主管部门的规定进行利用或者处置。

工程施工单位不得擅自倾倒、抛撒或者堆放工程施工过程中产生的建筑垃圾。

9.《中华人民共和国大气污染防治法》

《中华人民共和国大气污染防治法》于1987年9月5日第六届全国人民代表大会常务委员会第二十二次会议通过,1987年9月5日中华人民共和国主席令第57号令公布,自1988年6月1日起施行。本法历经1995年、2018年两次修正,2000年、2015年二次修订,共八章节一百二十九条。

该法规定:在城市市区进行建设施工或者从事其他产生扬尘污染活动的单位,必须按照当地环境保护的规定,采取防治扬尘污染的措施。

10.《突发事件应对法》

《突发事件应对法》由全国人民代表大会常务委员会于2007年8月30日通过,自2007年11月1日起施行。

为了预防和减少突发事件的发生,控制、减轻和消除突发事件引起的严重社会危害,规范突发事件应对活动,保护人民生命财产安全,维护国家安全、公共安全、环境安全和社会秩序,该法对应对原则、管理制度和具体措施做出了规定。该法规定:

(1)突发事件,是指突然发生,造成或者可能造成严重社会危害,需要采取应急处置措施予以应对的自然灾害、事故灾难、公共卫生事件和社会安全事件。按照社会危害程度、影响范围等因素,自然灾害、事故灾难、公共卫生事件分为特别重大、重大、较大和一般四级。法律、行政法规或者国务院另有规定的,从其规定。

(2)突发事件应对工作实行预防为主、预防与应急相结合的原则。国家建立重大突发事件风险评估体系,对可能发生的突发事件进行综合性评估,减少重大突发事件的发生,最大限度地减轻重大突发事件的影响。

(3)所有单位应当建立健全安全管理制度,定期检查本单位各项安全防范措施的落实情况,及时消除事故隐患;掌握并及时处理本单位存在的可能引发社会安全事件的问题,防止矛盾激化和事态扩大;对本单位可能发生的突发事件和采取安全防范措施的情况,应当按照规定及时向所在地人民政府或者人民政府有关部门报告。

(4)矿山、建筑施工单位和易燃易爆物品、危险化学品、放射性物品等危险物品的生产、经营、储运、使用单位,应当制订具体应急预案,并对生产经营场所、有危险物品的建筑物、构筑物及周边环境开展隐患排查,及时采取措施消除隐患,防止发生突发事件。

二、水利水电工程建设相关安全生产行政法规

行政法规是由国务院根据宪法和法律制定并批准发布的。在行政法规层面上,《建设工程安全生产管理条例》是主要的行政法规,涉及水利工程建设安全生产的行政法规有《安全生产许可证条例》《生产安全事故报告和调查处理条例》和《工伤保险条例》等。

(一)《建设工程安全生产管理条例》

《建设工程安全生产管理条例》由国务院于2003年11月12日通过,自2004年2月1日起施行。

《建设工程安全生产管理条例》是我国第一部有关建筑安全生产管理的行政法规,是《建筑法》《安全生产法》等法律在建设领域的具体实施。该条例的主要内容有:

(1)制定条例的目的是加强建设工程安全生产监督管理,保障人民群众生命和财产安全。

(2)条例的调整范围是中华人民共和国境内从事建设工程的新建、扩建、改建和拆除等有关活动和实施对建设工程安全生产监督管理活动的主体。

(3)明确了建设工程的安全生产管理方针。

(4)建设工程安全生产责任主体包括建设单位、勘察单位、设计单位、施工单位、工程监理单位以及设备材料供应单位、机械设备租赁单位、起重设备检测单位、起重机械和整体提升脚手架及模板等自升式架设设施的安装和拆卸单位等与建设工程安全生产有关的

单位。

(5)建设工程安全生产各方责任主体的安全生产责任：

①建设单位的安全生产责任：

a.在工程概算中确定安全作业环境和安全施工措施所需费用；

b.不得要求勘察、设计、监理、施工企业违反国家法律、法规和强制性标准规定，不得任意压缩合同约定的工期；

c.有义务向施工单位提供工程所需的有关资料，有责任将安全施工措施报送有关主管部门备案；

d.应当将拆除工程发包给有施工资质的单位。

②工程监理单位的安全生产责任：

a.审查施工组织设计中的安全技术措施或专项施工方案是否符合工程建设强制性标准；

b.发现存在安全事故隐患时应当要求施工单位整改或暂停施工并报告建设单位；

c.按照法律、法规和工程建设强制性标准实施监理；

d.对建设工程安全生产承担监理责任。

③施工单位的安全责任：

a.明确施工单位主要负责人、技术负责人、项目负责人、专职安全生产管理人员和作业人员安全生产责任；

b.明确施工总承包和分包单位的安全生产责任；

c.规定施工单位必须建立企业安全生产管理机构和配备专职安全管理人员；

d.规定施工单位应当在施工前向作业班组和人员作出安全施工技术要求的详细说明；

e.规定施工单位应当对因施工可能造成损害的毗邻建筑物、构筑物和地下管线采取专项防护措施；

f.规定施工单位应当向作业人员提供安全防护用具和安全防护服装并书面告知危险岗位操作规程；

g.对施工现场安全警示标志使用、作业和生活环境标准等作出规定。

(6)对政府部门、企业及相关人员的建设工程安全生产和管理行为进行了全面规范，确立了13项主要制度：

①办理安全生产监督手续制度。建设单位在申请领取施工许可证时，应当向建设行政主管部门提供建设工程有关安全施工措施的资料；依法批准开工报告的建设工程，应当自开工报告批准之日起15日内报送。

②“三类人员”考核任职制度。施工单位的主要负责人、项目负责人、专职安全生产管理人员应当经建设行政主管部门或者其他有关部门考核合格后方可任职。

③特种作业人员持证上岗制度。垂直运输机械作业人员、安装拆卸工、爆破作业人员、起重信号工、登高架设作业人员等特种作业人员，必须按照国家有关规定经过专门的安全作业培训，并取得特种作业操作资格证书后，方可上岗作业。

④施工起重机械使用登记制度。施工单位应当自施工起重机械和整体提升脚手架、

模板等自升式架设设施验收合格之日起30日内，向建设行政主管部门或者其他有关部门登记。

⑤政府安全监督检查制度。县级以上人民政府负有建设工程安全生产监督管理职责的部门在履行安全监督检查职责时，有权纠正施工中违反安全生产要求的行为，责令立即排除检查中发现的安全事故隐患，对重大隐患可以责令暂时停止施工。

⑥危及施工安全工艺、设备、材料淘汰制度。国家对严重危及施工安全的工艺、设备、材料实行淘汰制度。

⑦生产安全事故报告制度。施工单位发生生产安全事故，要及时、如实向当地安全生产监督部门和建设行政管理部门报告。实行总承包的由总包单位负责上报。

⑧企业安全生产责任制度。通过制定安全生产责任制，建立一种分工明确、运行有效、责任落实，能够充分发挥作用的、长效的安全生产机制，把安全生产工作落到实处。

⑨企业安全生产教育培训制度。施工单位应当建立健全安全生产教育培训制度，加强对职工安全生产的教育培训管理，从资金、人力、物力和时间等方面给予保障，确保安全教育培训质量和覆盖面。

⑩专项施工方案审查与专家论证制度：

a. 专项施工方案审查制度。施工单位应当在施工组织设计中编制安全技术措施，对达到一定规模的危险性较大的分部分项工程编制专项施工方案，并附具安全验算结果经施工单位技术负责人、总监理工程师签字后实施，由专职安全生产管理人员进行现场监督执行。

b. 专家论证审查制度。施工单位应当对达到一定规模、超过一定危险程度的分部分项工程的专项施工方案，组织专家进行论证、审查。

⑪施工现场消防安全责任制度。施工单位应当在施工现场建立消防制度，确定消防安全责任人，设置消防设施和配备灭火器材。

⑫意外伤害保险制度。施工单位应当为施工现场从事危险作业的人员办理意外伤害保险，支付保险费用。实行施工总承包的，由总承包单位支付意外伤害保险费。根据现行《建筑法》的规定，目前实行鼓励参保制度。

⑬生产安全事故应急救援制度。施工单位应当制订本单位生产安全事故应急救援预案，建立应急救援组织或者配备应急救援人员，配备必要的应急救援器材、设备，并定期组织演练。

（二）《安全生产许可证条例》

《安全生产许可证条例》由国务院于2004年1月7日通过，自2004年1月13日公布之日起施行。2013年7月18日、2014年7月29日进行修正。其立法目的是严格规范安全生产条件，进一步加强安全生产监督管理，防止和减少生产安全事故。相关内容包括：

（1）国家对矿山企业、建筑施工企业和危险化学品、烟花爆竹、民用爆炸物品生产企业（统称企业）实行安全生产许可制度。企业未取得安全生产许可证的，不得从事生产活动。

（2）国务院安全生产监督管理部门负责中央管理的非煤矿矿山企业和危险化学品、烟花爆竹生产企业安全生产许可证的颁发和管理。

省、自治区、直辖市人民政府安全生产监督管理部门负责前款规定以外的非煤矿矿山企业和危险化学品、烟花爆竹生产企业安全生产许可证的颁发和管理,并接受国务院安全生产监督管理部门的指导和监督。

(3)企业取得安全生产许可证,应当具备下列安全生产条件:

①建立、健全安全生产责任制,制定完备的安全生产规章制度和操作规程;

②安全投入符合安全生产要求;

③设置安全生产管理机构,配备专职安全生产管理人员;

④主要负责人和安全生产管理人员经考核合格;

⑤特种作业人员经有关业务主管部门考核合格,取得特种作业操作资格证书;

⑥从业人员经安全生产教育和培训合格;

⑦依法参加工伤保险,为从业人员缴纳保险费;

⑧厂房、作业场所和安全设施、设备、工艺符合有关安全生产法律、法规、标准和规程的要求;

⑨有职业危害防治措施,并为从业人员配备符合国家标准或者行业标准的劳动防护用品;

⑩依法进行安全评价;

⑪有重大危险源检测、评估、监控措施和应急预案;

⑫有生产安全事故应急救援预案、应急救援组织或者应急救援人员,配备必要的应急救援器材、设备;

⑬法律、法规规定的其他条件。

(4)安全生产许可证由国务院安全生产监督管理部门规定统一的式样。

(5)安全生产许可证的有效期为3年。安全生产许可证有效期满需要延期的,企业应当于期满前3个月向原安全生产许可证颁发管理机关办理延期手续。

企业在安全生产许可证有效期内,严格遵守有关安全生产的法律法规,未发生死亡事故的,安全生产许可证有效期届满时,经原安全生产许可证颁发管理机关同意,不再审查,安全生产许可证有效期延期3年。

企业不得转让、冒用安全生产许可证或者使用伪造的安全生产许可证。

企业取得安全生产许可证后,不得降低安全生产条件,并应当加强日常安全生产管理,接受安全生产许可证颁发管理机关的监督检查。安全生产许可证颁发管理机关应当加强对取得安全生产许可证的企业的监督检查,发现其不再具备本条例规定的安全生产条件的,应当暂扣或者吊销安全生产许可证。

违反本条例规定,未取得安全生产许可证擅自进行生产的,责令停止生产,没收违法所得,并处10万元以上50万元以下的罚款;造成重大事故或者其他严重后果,构成犯罪的,依法追究刑事责任。

(三)《生产安全事故报告和调查处理条例》

《生产安全事故报告和调查处理条例》由国务院于2007年3月28日通过,自2007年6月1日起施行。

条例就事故报告、调查和处理等3个方面作了明确规定:

(1)事故报告。事故发生后,事故现场有关人员应当立即向本单位负责人报告;单位负责人接到报告后,应当于1小时内向事故发生地县级以上人民政府安全生产监督管理部门和负有安全生产监督管理职责的有关部门报告。

事故报告应当及时、准确、完整,任何单位和个人对事故不得迟报、漏报、谎报或者瞒报。任何单位和个人不得阻挠和干涉对事故的报告和依法调查处理。

(2)事故调查。事故调查组由有关人民政府、安全生产监督管理部门、负有安全生产监督管理职责的有关部门、监察机关、公安机关以及工会派人组成,并应当邀请人民检察院派人参加。事故调查组有权向有关单位和个人了解与事故有关的情况,并要求其提供相关文件、资料,有关单位和个人不得拒绝。

(3)事故处理。有关机关应当按照人民政府的批复,依照法律、行政法规规定的权限和程序,对事故发生单位和有关人员进行行政处罚,对负有事故责任的国家工作人员进行处分。

(四)《工伤保险条例》

《工伤保险条例》(国务院令第375号)由国务院于2003年4月16日通过,并于2010年12月8日进行了修订,修订后自2011年1月1日起施行。条例主要内容包括:

(1)工伤认定。

职工有下列情形之一的,应当认定为工伤:

①在工作时间和工作场所内,因工作原因受到事故伤害的;

②工作时间前后在工作场所内,从事与工作有关的预备性或者收尾性工作受到事故伤害的;

③在工作时间和工作场所内,因履行工作职责受到暴力等意外伤害的;

④患职业病的;

⑤因工外出期间,由于工作原因受到伤害或者发生事故下落不明的;

⑥在上下班途中,受到非本人主要责任的交通事故或者城市轨道交通、客运轮渡、火车事故伤害的;

⑦法律、行政法规规定应当认定为工伤的其他情形。

(2)工伤保险待遇。

①职工因工作遭受事故伤害或者患职业病进行治疗,享受工伤医疗待遇。职工治疗工伤应当在签订服务协议的医疗机构就医,情况紧急时可以先到就近的医疗机构急救。

②治疗工伤所需费用符合工伤保险诊疗项目目录、工伤保险药品目录、工伤保险住院服务标准的,从工伤保险基金支付。工伤保险诊疗项目目录、工伤保险药品目录、工伤保险住院服务标准,由国务院社会保险行政部门会同国务院卫生行政部门、食品药品监督管理部门等部门规定。

③职工住院治疗工伤的伙食补助费,以及经医疗机构出具证明,报经办机构同意,工伤职工到统筹地区以外就医所需的交通、食宿费用从工伤保险基金支付,基金支付的具体标准由统筹地区人民政府规定。

④工伤职工治疗非工伤引发的疾病,不享受工伤医疗待遇,按照基本医疗保险办法处理。工伤职工到签订服务协议的医疗机构进行工伤康复的费用,符合规定的,从工伤保险

基金支付。

第四节　水利水电工程建设安全生产规范性文件

一、基本概念

水利水电工程建设安全生产规范性文件也是水利水电工程建设安全生产的依据之一,对水利水电工程建设安全生产工作的开展具有重要的指导意义。本节将对水利水电工程建设安全生产主要的规范性文件作简要介绍。

规范性文件是指由国务院所属各部委制定,或由各省(自治区、直辖市)政府以及各厅(局)委员会等政府管理部门制定,对某方面或某项工作进行规范的文件,一般以“通知”“规定”“决定”等文件形式出现,如《关于加强小水电站安全监管工作的通知》(水电〔2009〕585号)、《水利水电工程施工企业主要负责人、项目负责人和专职安全生产管理人员安全生产考核管理办法》(水监督〔2022〕326号)等。

规范性文件是安全生产法律体系的重要补充。

二、水利水电工程建设安全生产规范性文件

(一)《水利安全生产信息报告和处置规则》

水利部根据《安全生产法》和《生产安全事故报告和调查处理条例》于2022年4月2日印发了《水利安全生产信息报告和处置规则》。

1. 基本信息

(1)单位基本信息包括单位类型、名称、所在行政区划、单位规格、经费来源、所属水行政主管部门,主要负责人、分管安全负责、安全生产联系人信息,经纬度等。

工程基本信息包括工程名称、工程状态、工程类别、所属行政区划、所属单位、所属水行政主管部门,相关建设、设计、施工、监理、验收等单位信息,工程类别特性参数,政府安全负责人、水行政主管部门或上级单位安全负责人信息,工程主要责任人、分管安全负责人信息,经纬度等。

(2)地方各级水行政主管部门、水利工程建设项目法人、水利工程管理单位、水文测验单位、勘测设计科研单位、由水利部门投资成立或管理水利工程的企业、有独立办公场所的水利事业单位或社团、乡镇水利管理单位等,应向上级水行政主管部门申请注册,并填报单位安全生产信息。

(3)水库、水电站、小水电站、水闸、泵站、堤防、引调水工程、灌区工程、淤地坝、农村供水工程等10类工程,所有规模以上工程应由管理单位(项目法人)在信息系统填报工程安全生产信息。

(4)符合规定的新成立或组建的单位应及时向上级水行政主管部门申请注册,并按规定报告有关安全信息。在建工程由项目法人负责填报安全生产信息,运行工程由工程管理单位负责填报安全生产信息。新开工建设工程,项目法人应及时到信息系统增补工程安全生产信息。

(5)各单位(项目法人)负责填报本单位(工程)安全生产责任人[包括单位(工程)主要负责人、分管安全生产负责人]信息,并在每年1月31日前将单位安全生产责任人信息报送主管部门。各流域管理机构、地方各级水行政主管部门负责填报工程基本信息中的政府、行业监管负责人(包括政府安全生产监管负责人、行业安全生产综合监管负责人、行业安全生产专业监管负责人)信息,并每年将政府、行业监管负责人信息在互联网上公布,供公众监督,同时报送上级水行政主管部门。责任人信息变动时,应及时在信息系统进行变更。

2. 隐患信息

(1)隐患信息内容。

隐患信息内容主要包括隐患基本信息、整改方案信息、整改进展信息、整改完成情况信息等4类信息。

①隐患基本信息包括隐患名称、隐患情况、隐患所在工程、隐患级别、隐患类型、排查单位、排查人员、排查日期等。

②整改方案信息包括治理目标和任务、安全防范应急预案、整改措施、整改责任单位、责任人、资金落实情况、计划完成日期等。

③整改进展信息包括阶段性整改进展情况、填报时间人员等。

④整改完成情况信息包括实际完成日期、治理责任单位验收情况、验收责任人等。

隐患应按水库建设与运行、水电站建设与运行、农村水电站及配套电网建设与运行、水闸建设与运行、泵站建设与运行、堤防建设与运行、引调水建设与运行、灌溉排水工程建设与运行、淤地坝建设与运行、河道采砂、水文测验、水利工程勘测设计、水利科学研究实验与检验、后勤服务、综合经营、其他隐患等类型填报。

(2)隐患信息报告。

各单位负责填报本单位的隐患信息,项目法人、运行管理单位负责填报工程隐患信息。各单位要实时填报隐患信息,发现隐患应及时登录信息系统,制定并录入整改方案信息,随时将隐患整改进展情况录入信息系统,隐患治理完成要及时填报完成情况信息。重大事故隐患须经单位(项目法人)主要负责人签字并形成电子扫描件后,通过信息系统上报。由水行政主管部门或有关单位组织的检查、督查、巡查、稽查中发现的隐患,由各单位(项目法人)及时登录信息系统,并按规定报告隐患相关信息。隐患信息除通过信息系统报告外,还应依据有关法规规定,向有关政府及相关部门报告,隐患月报实行“零报告”制度,本月无新增隐患也要上报。

隐患信息报告应当及时、准确和完整。任何单位和个人对隐患信息不得迟报、漏报、谎报和瞒报。

3. 事故信息

(1)事故信息内容。

水利生产安全事故信息包括生产安全事故和较大涉险事故信息。

水利生产安全事故信息报告包括事故文字报告、电话快报、事故月报和事故调查处理情况报告。

①事故文字报告包括事故发生单位概况;事故发生时间、地点以及事故现场情况,事

故的简要经过；事故已经造成或者可能造成的伤亡人数（包括下落不明、涉险的人数）和初步估计的直接经济损失，已经采取的措施，其他应当报告的情况。

②电话快报包括事故发生单位的名称、地址、性质，事故发生的时间、地点，事故已经造成或者可能造成的伤亡人数（包括下落不明、涉险的人数）。

③事故月报包括事故发生时间、事故单位名称、单位类型、事故工程、事故类别、事故等级、死亡人数、重伤人数、直接经济损失、事故原因、事故简要情况等。

④事故调查处理情况报告包括负责事故调查的人民政府批复的事故调查报告、事故责任人处理情况等。

水利生产安全事故等级划分按《生产安全事故报告和调查处理条例》第三条执行。较大涉险事故包括涉险 10 人及以上的事故，造成 3 人及以上被困或者下落不明的事故，紧急疏散人员 500 人及以上的事故，危及重要场所和设施安全（电站、重要水利设施、危化品库、油气田和车站、码头、港口、机场及其他人员密集场所等）的事故，其他较大涉险事故。事故信息除通过信息系统报告外，还应依据有关法规规定，向有关政府及相关部门报告。

（2）事故报告方式和时限。事故发生后，事故现场有关人员应当立即向本单位负责人电话报告；单位负责人接到报告后，在 1 小时内向主管单位和事故发生地县级以上水行政主管部门电话报告。其中，水利工程建设项目事故发生单位应立即向项目法人（项目部）负责人报告，项目法人（项目部）负责人应于 1 小时内向主管单位和事故发生地县级以上水行政主管部门报告。

部直属单位或者其下属单位（统称部直属单位）发生的生产安全事故信息，在报告主管单位的同时，应于 1 小时内向事故发生地县级以上水行政主管部门报告。

情况紧急时，事故现场有关人员可以直接向事故发生地县级以上水行政主管部门报告。

对于不能立即认定为生产安全事故的，应当先按照《水利安全生产信息报告和处置规则》规定的信息报告内容、时限和方式报告，其后根据负责事故调查的人民政府批复的事故调查报告，及时补报有关事故定性和调查处理结果。

事故报告后出现新情况，或事故发生之日起 30 日内（道路交通、火灾事故自发生之日起 7 日内）人员伤亡情况发生变化的，应当在变化当日及时补报。

事故月报：水利生产经营单位、部直属单位应当通过信息系统将上月本单位发生的造成人员死亡、重伤（包括急性工业中毒）或者直接经济损失在100 万元以上的水利生产安全事故和较大涉险事故情况逐级上报至水利部。事故月报实行“零报告”制度，当月无生产安全事故也要按时报告。

水利生产安全事故和较大涉险事故的信息报告应当及时、准确和完整。任何单位和个人对事故不得迟报、漏报、谎报和瞒报。

（二）《重大水利工程建设安全生产巡查工作制度》

水利部为加强重大水利工程建设安全管理，根据《安全生产法》和《水利工程建设安全生产管理规定》于 2016 年 6 月 12 日发布了《重大水利工程建设安全生产巡查工作制度》。

1. 巡查组织

按照分级负责的原则组织巡查工作。水利部负责组织实施由水利部批准初步设计的全国重大水利工程和部直属工程（打捆项目、地下水监测和小基建项目除外）建设安全生产巡查工作，其他重大水利工程建设安全生产巡查工作由省级水行政主管部门负责组织实施。水利部建设管理与质量安全中心和水利部所属流域管理机构配合水利部开展安全生产巡查工作。巡查组织单位应保障巡查工作经费。

水利部和省级水行政主管部门应根据重大水利工程建设进展情况，制定年度安全生产巡查工作计划，有针对性地开展巡查工作。原则上，水利部每年开展2轮巡查工作。每轮组织若干个巡查组，巡查组实行组长负责制，对巡查工作质量负责。组长由司局级干部担任，组员由有关工作人员和安全生产专家组成。省级水行政主管部门可结合实际制定重大水利工程巡查工作制度实施细则，负责组织实施本行政区域内重大水利工程建设安全生产巡查工作。省级水行政主管部门可采取直接巡查和委托市县水行政主管部门巡查的方式，做到本行政区域内重大水利工程建设安全生产巡查年度全覆盖。

2. 巡查内容

（1）对项目法人安全生产工作巡查内容：

①安全生产管理制度建立情况；

②安全生产管理机构设立及人员配置情况；

③安全生产责任制建立及落实情况；

④安全生产例会制度、安全生产检查制度、教育培训制度、职业卫生制度、事故报告制度等执行情况；

⑤安全生产措施方案的制定、备案与执行情况；

⑥危险性较大单项工程、拆除爆破工程施工方案的审核及备案情况；

⑦工程度汛方案和超标准洪水应急预案的制定、批准或备案、落实情况；

⑧施工单位安全生产许可证、安全生产“三类人员”和特种作业人员持证上岗等核查情况；

⑨安全生产措施费用落实及管理情况；

⑩安全生产应急处置能力建设情况；

⑪事故隐患排查治理、重大危险源辨识管控等情况；

⑫开展水利安全生产标准化建设情况；

⑬其他需要巡查的内容。

（2）对施工单位安全生产工作巡查内容：

①安全生产管理制度建立情况；

②安全生产许可证的有效性；

③安全生产管理机构设立及人员配置情况；

④安全生产责任制落实情况；

⑤安全生产例会制度、安全生产检查制度、教育培训制度、职业卫生制度、事故报告制度等执行情况；

⑥安全生产有关操作规程制定及执行情况；

⑦施工组织设计中的安全技术措施及专项施工方案制定和审查情况；

⑧安全施工交底情况；

⑨安全生产“三类人员”和特种作业人员持证上岗情况；

⑩安全生产措施费用提取及使用情况；

⑪安全生产应急处置能力建设情况；

⑫隐患排查治理、重大危险源辨识管控等情况；

⑬其他需要巡查的内容。

(3)对施工现场安全生产工作巡查内容：

①安全技术措施及专项施工方案落实情况；

②施工支护、脚手架、爆破、吊装、临时用电、安全防护设施和文明施工等情况；

③安全生产操作规程执行情况；

④安全生产“三类人员”和特种作业人员持证上岗情况；

⑤个体防护与劳动防护用品使用情况；

⑥应急预案中有关救援设备、物资落实情况；

⑦特种设备检验与维护状况；

⑧消防、防汛设施等落实及完好情况；

⑨其他需要巡查的内容。

(三)《水利水电工程施工企业主要负责人、项目负责人和专职安全生产管理人员安全生产考核管理办法》

水利部为规范水利水电工程施工企业主要负责人、项目负责人和专职安全生产管理人员的安全生产考核管理，保障水利水电工程施工安全，于2011年7月15日发布了《水利水电工程施工企业主要负责人、项目负责人和专职安全生产管理人员安全生产考核管理办法》，并于2022年8月重新修订了该办法。

1.基本要求

第三条 本办法所称企业主要负责人指企业的法定代表人和实际控制人。

项目负责人是指由企业法定代表人授权，负责工程项目管理的人员。

专职安全生产管理人员是指在企业专职从事工程项目安全生产管理工作的人员，包括企业安全生产管理机构的人员和专职从事工程项目安全生产管理的人员。

水利水电工程施工企业主要负责人、项目负责人和专职安全生产管理人员以下统称为安管人员。

第四条 安管人员安全生产考核实行分类考核，分为企业主要负责人考核、项目负责人考核和专职安全生产管理人员考核。

第五条 安管人员安全生产考核实行分级管理。国务院水行政主管部门对水利水电工程施工企业主要负责人、项目负责人和专职安全生产管理人员安全生产考核管理和安全生产工作实施监督管理，负责全国水利水电工程施工总承包一级(含)以上资质、专业承包一级资质企业安管人员的安全生产考核。

第七条 安管人员应具备与从事水利水电工程施工相应的安全生产知识和管理能力，经考核管理部门考试合格后，申请取得水利水电工程施工企业主要负责人、项目负责人和专职安全生产管理人员安全生产考核合格证书(以下简称证书)。证书有效期3年,采用电子证书形式,在全国水利水电工程建设领域适用。证书样式由国务院水行政主管部门统一规定。

2. 考试相关

第九条　考核管理部门在每年年初发布安全生产年度考试计划,并在考试20个工作日前发布考试通知,明确考试报名事项、考试时间、考点安排、联系方式和考试纪律等内容。

第十条　安全生产考试内容包括安全生产知识和管理能力两部分。

安全生产知识包括:安全生产工作的基本方针政策,安全生产方面的法律法规、国家和水利行业与安全生产有关的规章制度、标准规范,地方法规规章、标准规范,水利水电工程安全生产技术等。

管理能力包括:危险源辨识评估和风险管控,隐患排查治理,事故报告和处置,应急管理,安全生产教育培训等。

安全生产考试大纲由国务院水行政主管部门制定,另行发布。

第十一条　安全生产考试采取闭卷答题形式,考试时间150分钟;考试满分100分,不低于60分为合格成绩,合格成绩有效期1年。

3. 证书相关

第十二条　申领安全生产考核合格证书的安管人员应具备以下条件:

(一)与受聘施工企业有正式劳动关系;

(二)经安全生产教育培训合格,申领证书年度安全生产培训不少于32个学时;

(三)经考核管理部门安全生产考试合格;

(四)项目负责人年龄不得超过建造师执业年龄,专职安全生产管理人员年龄不得超过法定退休年龄;

(五)学历、职业资格和工作经历要求:

1. 项目负责人应具有建造师执业资格;

2. 专职安全生产管理人员应具有中专或同等学历且具有3年及以上的水利水电工程建设经历,或大专及以上学历且具有2年及以上的水利水电工程建设经历。

第十三条　安管人员向考核管理部门申领证书,应提交以下材料:

(一)承诺书;

(二)证书申领申请表;

(三)劳动合同和近3个月的社会保险参保缴费材料(退休人员应提供有效的退休证明相关材料、劳务合同和意外伤害保险投保缴费材料);

(四)安全生产教育培训记录;

(五)学历证书或建造师执业资格证书。

第十四条　安管人员证书有效期届满需申请延续的,应具备以下条件:

(一)与受聘施工企业有正式劳动关系;

(二)经安全生产教育培训合格,连续3年内每年度不少于12个学时;

(三)项目负责人年龄不得超过建造师执业年龄,专职安全生产管理人员年龄不得超过法定退休年龄;

(四)证书有效期内未在水利生产安全事故中负有责任。

第十五条 安管人员应在证书有效期满前3个月内,向考核管理部门提出延续申请。证书每延续一次有效期3年,有效期满未申请延续的证书自动失效。

申请延续应提交下列材料:

(一)承诺书;

(二)证书延续申请表;

(三)劳动合同和近3个月的社会保险参保缴费材料(退休人员应提供有效的退休证明相关材料、劳务合同和意外伤害保险投保缴费材料);

(四)安全生产教育培训记录。

第十六条 安管人员在证书有效期内,因施工企业名称变化、资质变更等需变更证书的,应向考核管理部门提出证书变更申请。变更后的证书有效期不变。

申请变更应提交下列材料:

(一)承诺书;

(二)证书变更申请表;

(三)变更后的营业执照或施工企业资质证书。

第十七条 安管人员在证书有效期内,因个人信息变化、工作调动需变更证书的,应向考核管理部门提出证书变更申请。变更后的证书有效期不变。

申请变更应提交下列材料:

(一)承诺书;

(二)证书变更申请表;

(三)个人姓名、身份证号等证明材料;

(四)劳动合同和近3个月的社会保险参保缴费材料(退休人员应提供有效的退休证明相关材料、劳务合同和意外伤害保险投保缴费材料)。

第十八条 安管人员在申请证书变更时,考核管理部门发生改变的,应向新考核管理部门提出证书变更申请。考核管理部门不得设置变更的限制性条件。

第十九条 安管人员在证书有效期内,停止从事安全生产管理工作需注销证书的,应向考核管理部门提出证书注销申请。

申请注销应提交下列材料:

(一)承诺书;

(二)证书注销申请表。

第二十条 证书申领、延续、变更和注销的申请材料不齐全或者不符合法定形式的,考核管理部门应在5个工作日内一次性告知安管人员需补正的全部内容。

第二十一条 考核管理部门应自证书申领、延续、变更和注销申请受理之日起20个工作日内完成审查,作出许可或不予许可的决定;20个工作日内不能作出决定的,经考核管理部门负责人批准,可以延长10个工作日。决定予以许可的,考核管理部门自作出决定之日起10个工作日内颁发、延续、变更和注销证书;不予许可的,考核管理部门应书面说明理由。

第二十二条 安管人员隐瞒有关情况或者提供虚假材料申请安全生产考核的,考核管理部门应不予受理或不予行政许可,并给予警告,1年内不得再次申请安全生产考核。

第二十三条　安管人员以欺骗、贿赂等不正当手段取得证书的,考核管理部门应撤销证书,3年内不得再次申请安全生产考核。

第二十四条　安管人员涂改、倒卖、出租、出借或者以其他形式非法转让证书的,考核管理部门应撤销证书。

第二十五条　安管人员对水利水电工程生产安全事故负有责任的,考核管理部门应依法暂停或者吊销证书。

4. 监督管理

第二十六条　水行政主管部门应当依照有关法律、法规、规章和本办法的规定,对安管人员资格条件、安全生产工作等实施监督检查。

考核管理部门要建立监督检查制度,采取"双随机、一公开"方式,对安管人员及其安全生产工作进行监督检查,制定安管人员抽查事项清单,随机抽取检查对象、随机抽取检查人员,检查结果向社会公开。

第二十七条　水行政主管部门依法履行监督检查职责时,有权采取下列措施:

(一)要求被检查人员出示证书;

(二)要求被检查人员所在单位提供其签署的安全生产文件及相关业务文档;

(三)就有关问题询问签署安全生产文件的人员;

(四)依法纠正违反有关法律、法规、规章和本办法的行为。

第二十八条　水行政主管部门发现安管人员违反法律、法规、规章等相关规定的,应当予以查处,并按照水利建设市场信用管理有关要求,及时将本单位或同级人民政府及有关部门作出的责任追究、行政处罚以及司法机关作出的刑事处罚等信息逐级报送至国务院水行政主管部门,通过全国水利建设市场监管平台公开;应予撤销或吊销证书的,应当及时将违法事实、处理建议及有关材料逐级报送至考核管理部门,由考核管理部门依法作出处理。

第二十九条　安管人员受到县级以上人民政府及有关部门行政处罚的,在全国水利建设市场监管平台公开有关行政处罚的期限内,水行政主管部门和有关单位可采取以下严格监管措施:

(一)在行政许可、市场准入、招标投标、信用评价、评比表彰、政策试点、项目示范、行业创新等事项中作为技术人员申报时,进行重点审查;

(二)在"双随机、一公开"监督检查基础上,增加监督检查频次。

第三十条　考核管理部门及其工作人员,有下列情形之一的,对直接负责的主管人员和其他直接责任人员依法依规给予处分;涉嫌犯罪的,移送司法机关依法追究刑事责任:

(一)对不满足本办法要求的安管人员核发证书或者超越法定职权核发证书的;

(二)对满足本办法要求的安管人员不予核发证书或者未在法定期限内核发证书的;

(三)对符合法定条件的申请不予受理的;

(四)利用职务之便,收取他人财物或者其他好处的。

第三十一条　水行政主管部门及其工作人员不依法履行监督管理职责,或者发现违法行为不予查处的,应对直接负责的主管人员和其他直接责任人员依法依规给予处分;涉嫌犯罪的,移送司法机关依法追究刑事责任。

(四)《水利工程生产安全重大事故隐患判定标准》

为规范水利工程生产安全事故隐患排查治理工作,有效防范生产安全事故,根据《安全生产法》等有关法律法规,水利部于2017年10月27日印发了《水利工程生产安全重大事故隐患判定标准(试行)》。2023年11月14日,水利部印发《水利工程生产安全重大事故隐患清单指南(2023年版)》。

1. 总则

(1)水利工程建设各参建单位和水利工程运行管理单位是事故隐患排查治理的主体。

(2)水利工程生产安全重大事故隐患判定分为直接判定法和综合判定法,应先采用直接判定法,不能用直接判定法的,采用综合判定法。

2. 判定要求

(1)隐患判定应认真查阅有关文字、影像资料和会议记录,并进行现场核实。

(2)对于涉及面较广、复杂程度较高的事故隐患,水利工程建设各参建单位和水利工程运行管理单位可进行集体讨论或专家技术论证。

(3)集体讨论或专家技术论证在判定重大事故隐患的同时,应当明确重大事故隐患的治理措施、治理时限以及治理前应采取的防范措施。

3. 水利工程建设项目重大隐患判定

(1)直接判定。符合《水利工程建设项目生产安全重大事故隐患直接判定清单(指南)》中任何一条要素的,可判定为重大事故隐患。

(2)综合判定。符合《水利工程建设项目生产安全重大事故隐患综合判定清单(指南)》重大隐患判据的,可判定为重大事故隐患。

(五)水利水电工程建设安全生产相关规范性文件清单

水利水电工程建设安全生产相关规范性文件清单见表2-1。

表2-1 水利水电工程建设安全生产相关规范性文件清单

序号	安全生产相关规范性文件名称	文号
1	《关于建立水利建设工程安全生产条件市场准入制度的通知》	水建管〔2005〕80号
2	《水利建设工程施工分包管理规定》	水建管〔2005〕304号
3	《关于印发〈加强水利工程建设招标投标、建设实施和质量安全管理工作指导意见〉的通知》	水建管〔2009〕618号
4	《关于印发〈水利工程建设安全生产监督检查导则〉的通知》	水安监〔2011〕475号
5	《水利部办公厅关于印发〈水利安全生产标准化评审管理暂行办法实施细则〉的通知》	办安监〔2013〕168号
6	《水利部关于进一步加强水利安全培训工作的实施意见》	水安监〔2013〕88号
7	《水利部办公厅关于加快推进水利安全生产标准化建设工作的通知》	办安监〔2016〕28号

续表 2-1

序号	安全生产相关规范性文件名称	文号
8	《水利部关于印发〈重大水利工程建设安全生产巡查工作制度〉的通知》	水安监〔2016〕221 号
9	《水利部关于进一步加强水利生产安全事故隐患排查治理工作的意见》	水安监〔2017〕409 号
10	水利部关于印发《贯彻落实〈中共中央 国务院关于推进安全生产领域改革发展的意见〉实施办法》的通知	水安监〔2017〕261 号
11	《水利部关于印发〈水利工程生产安全重大事故隐患判定标准（试行）〉的通知》	水安监〔2017〕344 号
12	《水利部关于进一步加强水利生产安全事故隐患排查治理工作的意见》	水安监〔2017〕409 号
13	《水利部办公厅关于印发水利安全生产标准化评审标准的通知》	办安监〔2018〕52 号
14	《水利部关于开展水利安全风险分级管控的指导意见》	水监督〔2018〕323 号
15	《水利部办公厅关于印发〈水利水电工程施工危险源辨识评价导则（试行）〉的通知》	办监督函〔2018〕1693 号
16	《水利部关于印发水利工程建设质量与安全生产监督检查办法（试行）和水利工程合同监督检查办法（试行）两个办法的通知》	水监督〔2019〕139 号
17	《水利部关于印发〈水利安全生产监督管理办法（试行）〉的通知》	水监督〔2021〕412 号
18	《水利部关于印发加强水利行业监督工作的指导意见的通知》	水监督〔2021〕222 号
19	《水利部关于印发水利工程建设项目档案管理规定的通知》	水办〔2021〕200 号
20	《水利部关于水利安全生产标准化达标动态管理的实施意见》	水监督〔2021〕143 号
21	《水利部关于修订印发〈水利水电工程施工企业主要负责人、项目负责人和专职安全生产管理人员安全生产考核管理办法〉的通知》	水监督〔2022〕326 号
22	《水利部关于印发构建水利安全生产风险管控“六项机制”的实施意见的通知》	水监督〔2022〕309 号
23	《水利部关于印发〈水利安全生产信息报告和处置规则〉的通知》	水监督〔2022〕156 号
24	《水利部印发关于推进水利工程建设安全生产责任保险工作的指导意见》	水监督〔2023〕347 号
25	《水利部 国家档案局关于印发〈水利工程建设项目档案验收办法〉的通知》	水办〔2023〕132 号

第五节 水利水电工程建设安全生产标准

一、基本概念

(一)技术标准

技术标准是指重复性的技术事项在一定范围内的统一规定,是为在科学技术范围内获得最佳秩序,对科技活动或其结果规定共同的和重复使用的规则、导则或特性的文件,该文件经协商一致制定并经公认机构批准,以科学技术和实践经验的综合成果为基础,以促进最佳社会效益为目的。技术标准包括的范围涉及除政治、道德、法律以外的国民经济和社会发展的各个领域。

(二)水利安全生产技术标准

水利安全生产技术标准,是指为在水利安全生产领域获得最佳秩序,由国家标准化主管机关、国务院水行政主管部门或者地方政府制定、审批和发布的,从技术控制的角度来规范和约束水利安全生产活动的文件。

(三)法律规范与技术标准

法律规范与技术标准的性质和内容虽不相同,但两者的目标指向是一致的,因此两者相互联系、相辅相成。法律规范为规范和加强安全生产管理提供法律依据,而技术标准为法律规范的施行提供重要的技术支撑。

在我国,国家制定的许多安全生产方面的法规将安全生产标准作为生产经营单位必须执行的技术规范。

二、安全生产标准分类

安全生产标准分为国家标准、行业标准、地方标准、团体标准和企业标准,安全生产标准对生产经营单位的安全生产均具有约束力。

(一)国家标准

安全生产国家标准是指国家标准化行政主管部门依照《中华人民共和国标准化法》(主席令第 78 号)制定的在全国范围内适用的安全生产技术规范。

国家标准分为强制性标准和推荐性标准,强制性标准代号为"GB",推荐性标准代号为"GB/T"。国家标准的编号由国家标准代号、国家标准发布顺序号及国家标准发布的年号组成,以《危险化学品重大危险源辨识》(GB 18218—2018)为例,编号示意如图 2-2 所示。

(二)行业标准

安全生产行业标准是在某个行业范围内统一的,没有国家标准的技术要求,由国务院有关行政部门依照《中华人民共和国标准化法》制定的在安全生产领域内适用的安全生产技术规范。行业标准需报国务院标准化行政主管部门备案。行业标准代号有水利行业标准(SL)、建筑工业行业标准(JG)、安全生产行业标准(AQ)、电力行业标准(DL)等。

行业标准是对国家标准的补充,如《水利水电起重机械安全规程》(SL 425—2017)、

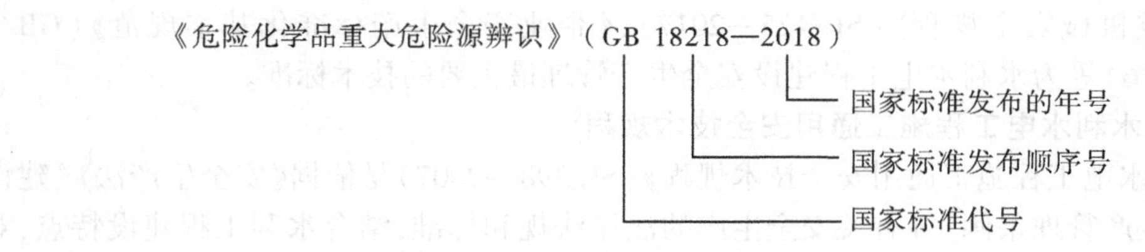

图 2-2　《危险化学品重大危险源辨识》编号示意

《水利水电工程施工安全管理导则》（SL 721—2015）等。行业标准对同一事项的技术要求，可以高于国家标准但不得与其相抵触。

（三）地方标准

地方标准是为满足地方自然条件、风俗习惯等特殊技术要求而制定的。地方标准由省（自治区、直辖市）人民政府标准化行政主管部门制定；设区的市级人民政府标准化行政主管部门根据本行政区域的特殊需要，经所在地省（自治区、直辖市）人民政府标准化行政主管部门批准，可以制定本行政区域的地方标准。地方标准由省、自治区、直辖市人民政府标准化行政主管部门报国务院标准化行政主管部门备案，由国务院标准化行政主管部门通报国务院有关行政主管部门。安全生产地方标准是推荐性标准，如《安全生产风险分级管控体系通则》（DB 37/T 2882—2016）、《生产安全事故隐患排查治理体系通则》（DB 37/T 2883—2016）等。地方标准对同一事项的技术要求，可以高于国家标准但不得与其相抵触。

（四）团体标准

团体标准是学会、协会、商会、联合会、产业技术联盟等社会团体协调相关市场主体共同制定满足市场和创新需要的团体标准。团体标准由本团体成员约定采用或者按照本团体的规定供社会自愿采用。国家鼓励社会团体制定高于推荐性标准相关技术要求的团体标准。

（五）企业标准

安全生产企业标准是对企业范围内需要协调、统一的技术要求、管理要求和工作要求所制定的标准。企业标准是由企业制定，由企业法人代表或法人代表授权的主管领导批准、发布的。企业标准一般以“Q”作为企业标准编号的开头。国家鼓励企业制定严于国家标准或者行业标准的企业标准，在企业内部适用。

三、水利水电工程建设安全生产标准

水利水电工程建设安全生产标准是水利水电工程建设的重要依据，对水利水电工程建设的安全生产具有重大的指导意义，它不仅包括水利行业标准，还包括其他行业安全生产有关标准。截至 2023 年底，我国共发布国家标准 43 000 余项，其中安全类技术标准 2 200 余项。水利行业共制定了约 900 项行业技术标准，与水利工程安全生产直接相关的标准共有 24 项。《水利水电工程施工通用安全技术规程》（SL 398—2007）、《水利水电工程土建施工安全技术规程》（SL 399—2007）、《水利水电工程机电设备安装安全技术规程》（SL 400—2016）、《水利水电工程施工作业人员安全操作规程》（SL 401—2007）、《水利水电起重机械安全规程》(SL 425—2017)、《企业安全生产标准化基本规范》(GB/T 33000—2016)等为水利水电工程建设安全生产管理最主要的技术标准。

(一)《水利水电工程施工通用安全技术规程》

《水利水电工程施工通用安全技术规程》(SL 398—2007)是依据《安全生产法》《建设工程安全生产管理条例》等有关安全生产的法律法规和标准,结合水利工程建设特点,对水利水电工程施工的通用安全技术要求作了规定。

1. 总体要求

(1)目的。本标准是为了贯彻执行“安全第一、预防为主”的安全生产方针,并进行综合治理,坚持“以人为本”的安全理念,规范我国水利水电工程建设的安全生产工作,防止和减少施工过程中的人身伤害和财产损失而制定的。

(2)适用范围。适用于大中型水利水电工程施工的安全技术管理、安全防护与安全施工,小型水利水电工程可参照执行。

2. 主要内容

《水利水电工程施工通用安全技术规程》(SL 398—2007)针对水利水电工程的特点和施工现状,明确了水利水电工程建设施工过程安全技术工作的基本要求和基本规定,共包括 11 章 65 节。

《水利水电工程施工通用安全技术规程》(SL 398—2007)涉及范围及主要内容包括:总则,术语,施工现场,施工用电、供水、供风及通信,安全防护设施,大型施工设备安装与运行,起重与运输,爆破器材与爆破作业,焊接与气割,锅炉及压力容器,危险物品管理。

(二)《水利水电工程土建施工安全技术规程》

《水利水电工程土建施工安全技术规程》(SL 399—2007)是依据《安全生产法》《建筑法》和《建设工程安全生产管理条例》等有关安全生产的法律、法规和标准,结合水利水电工程实际,对水利水电工程土建施工的安全技术要求作了规定。

1. 总体要求

(1)目的。本标准是为了贯彻执行“安全第一、预防为主”的安全生产方针,并进行综合治理,坚持“以人为本”的安全理念,保证从事水利水电工程土建施工全体员工的安全和工程的安全而制定的。

(2)适用范围。适用于大中型水利水电工程土建施工中的安全技术管理、安全防护与安全施工,小型水利水电工程及其他土建工程也可参照执行。

2. 主要内容

《水利水电工程土建施工安全技术规程》(SL 399—2007)共 13 章 65 节。

《水利水电工程土建施工安全技术规程》(SL 399—2007)涉及范围及主要内容包括:总则,术语,土石方工程,地基与基础工程,砂石料生产工程,混凝土工程,沥青混凝土,砌石工程,堤防工程,疏浚与吹填工程,渠道、水闸与泵站工程,房屋建筑工程,拆除工程。

(三)《水利水电工程机电设备安装安全技术规程》

《水利水电工程机电设备安装安全技术规程》(SL 400—2016)是依据《安全标志及其使用导则》《水轮发电机组安装技术规范》等安全生产有关的法律法规、标准规范,结合水利工程建设特点,对泵站、水电站机电设备安装和机组启动试运行等方面的安全技术管理、安全防护技术与安全施工操作作了规定。

1. 总体要求

(1)目的。《水利水电工程机电设备安装安全技术规程》(SL 400—2016)是为了贯彻执行“安全第一、预防为主、综合治理”的方针,为提高水利水电工程机电设备的安装安全水平,对机电设备安装进行安全生产全过程控制,保障人的安全健康和设备安全而制定的。

(2)适用范围。《水利水电工程机电设备安装安全技术规程》(SL 400—2016)适用于大中型水利水电工程机电设备的安装、调试、试运行及维修,小型水利水电工程机电设备安装、调试、试运行及维修可参照执行。

2. 主要内容

《水利水电工程机电设备安装安全技术规程》(SL 400—2016)共包括 11 章 87 节。

《水利水电工程机电设备安装安全技术规程》(SL 400—2016)涉及范围及主要内容包括:总则,术语,基本规定,泵站主机泵安装,水电站水轮机安装,水电站发电机安装,辅助设备安装,电气设备安装,机组启动试运行,桥式起重机安装,施工用具及专用工具。

(四)《水利水电工程施工作业人员安全操作规程》

《水利水电工程施工作业人员安全操作规程》(SL 401—2007)是以《水利水电工程施工通用安全技术规程》《水利水电工程土建施工安全技术规程》等一系列国家安全生产的法律法规、标准规范为依据,并遵照水利水电工程施工现行安全技术规程及相关施工机械设备运行、保养规程的要求进行编制的。

1. 总体要求

(1)目的。《水利水电工程施工作业人员安全操作规程》(SL 401—2007)是为了贯彻执行国家“安全第一、预防为主”的安全生产方针,并进行综合治理,坚持“以人为本”的安全理念,规范水利水电工程施工现场作业人员的安全、文明施工行为,以控制各类事故的发生,确保施工人员的安全、健康,确保安全生产而制定的。

(2)适用范围。《水利水电工程施工作业人员安全操作规程》(SL 401—2007)适用于大中型水利水电工程施工现场作业人员安全技术管理、安全防护与安全文明施工,小型水利水电工程可参照执行。

2. 主要内容

《水利水电工程施工作业人员安全操作规程》(SL 401—2007)规定了参加水利水电工程施工作业人员安全、文明施工行为。本标准共有 11 章 73 节,本标准在章节设置上,采用按工程项目分类,按工序进行编制。本标准涉及范围及主要内容包括:总则,基本规定,施工供风、供水、用电,起重、运输各工种,土石方工程,地基与基础工程,砂石料工程,混凝土工程,金属结构与机电设备安装,监测及试验,主要辅助工种。

(五)《水利水电起重机械安全规程》

《水利水电起重机械安全规程》(SL 425—2017)是水利部于 2017 年 5 月 5 日第 18 号水利行业标准公告公布的,自 2017 年 8 月 5 日起实施。

1. 总体要求

(1)目的。《水利水电起重机械安全规程》(SL 425—2017)是为了规范水利水电起重机械在设计、制造、安装、改造、使用、维修、检验、管理与报废等方面的安全技术要求而制定的。

(2)适用范围。《水利水电起重机械安全规程》(SL 425—2017)适用于水利水电工程塔式起重机、门座起重机、缆索起重机、桥式起重机、门式起重机,升船机、启闭机、拦污栅前的清污机可参照执行。

2. 主要内容

《水利水电起重机械安全规程》(SL 425—2017)共包括10章,主要内容包括:范围,规范性引用文件,整机,金属结构,机构及零部件,安全防护装置,电气系统,安装、改造与维修,检验与试验,使用与管理。

(六)《水利水电工程施工安全防护设施技术规范》

《水利水电工程施工安全防护设施技术规范》(SL 714—2015)是水利部于2015年5月22日第42号水利行业标准公告公布的,自2015年8月22日起实施。

1. 总体要求

(1)目的。《水利水电工程施工安全防护设施技术规范》(SL 714—2015)是为提高水利水电工程施工安全水平,实现施工现场安全防护设施的规范化科学化和系统化,促进行业发展而制定的。

(2)适用范围。《水利水电工程施工安全防护设施技术规范》(SL 714—2015)适用于水利水电工程新建、扩建、改建及维修加固工程施工现场安全防护设施的设置。

2. 主要内容

《水利水电工程施工安全防护设施技术规范》(SL 714—2015)主要规定了水利水电工程施工现场安全防护设施的设置、维护及使用的相关要求,共11章,分为总则、术语、基本规定、工地运输、土石方工程、基础处理、砂石料与混凝土生产、混凝土工程、疏浚与吹填工程、金属结构及启闭设备制作与安装、机电设备安装与调试。

(七)《水利水电工程施工安全管理导则》

《水利水电工程施工安全管理导则》(SL 721—2015)是水利部于2015年7月31日发布的,自2015年10月31日起实施。

1. 总体要求

(1)目的。《水利水电工程施工安全管理导则》(SL 721—2015)是为规范水利水电工程施工安全管理行为,指导施工安全管理活动,提高施工安全管理水平而制定的。

(2)适用范围。《水利水电工程施工安全管理导则》(SL 721—2015)适用于大中型水利水电工程的施工安全管理,小型水利水电工程的施工安全管理可参照执行。

2. 主要内容

《水利水电工程施工安全管理导则》(SL 721—2015)包括总则、术语、安全生产目标管理、安全生产管理机构和职责、安全生产管理制度、安全生产费用管理、安全技术措施和专项施工方案、安全生产教育培训、设施设备安全管理、作业安全管理、生产安全事故隐患排查治理与重大危险源管理、职业卫生与环境保护、应急管理、安全生产档案管理14章和5个附录。

(八)《企业安全生产标准化基本规范》

2010年4月15日,国家安全生产监督管理总局发布了安全生产行业标准《企业安全生产标准化基本规范》,标准号为AQ/T 9006—2010,自2010年6月1日起实施。2016年12月13日,国家质检总局、国家标准委发布了2016年第23号中国国家标准公告,批准发布了《企业安全生产标准化基本规范》(GB/T 33000—2016),于2017年4月1日起实施。

1. 总体要求

(1)适用范围。适用于工矿商贸企业开展安全生产标准化建设工作,有关行业制定、修订安全生产标准化标准、评定标准,以及对标准化工作的咨询、服务、评审、科研、管理和规划等。其他企业和生产经营单位等可参照执行。

(2)安全生产标准化定义。"安全生产标准化"是指通过落实企业安全生产主体责任,全员全过程参与,建立并保持安全生产管理体系,全面管控生产经营活动各环节的安全生产与职业卫生工作,实现安全健康管理系统化、岗位操作行为规范化、设备设施本质安全化、作业环境器具定置化,并持续改进。

2. 主要内容

《企业安全生产标准化基本规范》共分为范围、规范性引用文件、术语和定义、一般要求、核心要求等5章。规定了企业安全生产标准化管理体系建立、保持与评定的原则和一般要求,以及目标职责、制度化管理、教育培训、现场管理、安全风险管控及隐患排查治理、应急管理、事故管理和持续改进8个体系的核心技术要求。

(九)水利水电工程建设安全生产相关标准清单

水利水电工程建设安全生产相关标准清单见表2-2。

表2-2　水利水电工程建设安全生产相关标准清单

序号	安全生产相关标准名称	标准编号
1	《水利水电工程劳动安全与工业卫生设计规范》	GB 50706—2011
2	《安全网》	GB 5725—2009
3	《坠落防护　安全带》	GB 6095—2021
4	《头部防护　安全帽》	GB 2811—2019
5	《足部防护　安全鞋》	GB 21148—2020
6	《个体防护装备 足部防护鞋(靴)的选择、使用和维护指南》	GB/T 28409—2012
7	《安全色》	GB 2893—2008
8	《安全标志及其使用导则》	GB 2894—2008
9	《消防安全标志　第1部分:标志》	GB 13495.1—2015
10	《消防安全标志设置要求》	GB 15630—1995
11	《焊接与切割安全》	GB 9448—1999
12	《危险化学品重大危险源辨识》	GB 18218—2018
13	《爆破安全规程》	GB 6722—2014

续表 2-2

序号	安全生产相关标准名称	标准编号
14	《爆破安全规程》国家标准第 1 号修改单	GB 6722—2014/XG1—2016
15	《起重机械安全规程　第 1 部分:总则》	GB 6067. 1—2010
16	《自动喷水灭火系统施工及验收规范》	GB 50261—2017
17	《气体灭火系统施工及验收规范》	GB 50263—2007
18	《泡沫灭火系统技术标准》	GB 50151—2021
19	《火灾自动报警系统施工及验收标准》	GB 50166—2019
20	《施工企业安全生产管理规范》	GB 50656—2011
21	《建设工程施工现场供用电安全规范》	GB 50194—2014
22	《建设工程施工现场消防安全技术规范》	GB 50720—2011
23	《带式输送机　安全规范》	GB 14784—2013
24	《塔式起重机安全规程》	GB 5144—2006
25	《吊笼有垂直导向的人货两用施工升降机》	GB 26557—2021
26	《企业安全生产标准化基本规范》	GB/T 33000—2016
27	《生产经营单位生产安全事故应急预案编制导则》	GB/T 29639—2020
28	《安全防范工程技术标准》	GB 50348—2018
29	《国家电气设备安全技术规范》	GB 19517—2009
30	《企业职工伤亡事故分类》	GB/T 6441—1986
31	《生产过程安全卫生要求总则》	GB/T 12801—2008
32	《生产过程危险和有害因素分类与代码》	GB/T 13861—2022
33	《继电保护和安全自动装置技术规程》	GB/T 14285—2023
34	《场(厂)内机动车辆安全检验技术要求》	GB/T 16178—2011
35	《用电安全导则》	GB/T 13869—2017
36	《水利水电工程施工通用安全技术规程》	SL 398—2007
37	《水利水电工程土建施工安全技术规程》	SL 399—2007
38	《水利水电工程机电设备安装安全技术规程》	SL 400—2016
39	《水利水电工程施工作业人员安全操作规程》	SL 401—2007
40	《水电水利工程施工机械安全操作规程 塔式起重机》	DL/T 5282—2012
41	《水利水电工程施工安全防护设施技术规范》	SL 714—2015
42	《水利水电工程施工安全管理导则》	SI 721—2015
43	《水电水利工程施工重大危险源辨识及评价导则》	DL/T 5274—2012
44	《危险化学品重大危险源安全监控通用技术规范》	AQ 3035—2010

续表 2-2

序号	安全生产相关标准名称	标准编号
45	《生产安全事故应急演练基本规范》	AQ/T 9007—2019
46	《生产安全事故应急演练评估规范》	AQ/T 9009—2015
47	《企业安全文化建设导则》	AQ/T 9004—2008
48	《企业安全文化建设评价准则》	AQ/T 9005—2008
49	《建筑机械使用安全技术规程》	JGJ 33—2012
50	《施工现场临时用电安全技术规范》	JGJ 46—2005
51	《建筑施工安全检查标准》	JGJ 59—2011
52	《建筑施工高处作业安全技术规范》	JGJ 80—2016
53	《建筑施工扣件式钢管脚手架安全技术规范》	JGJ 130—2011
54	《建筑拆除工程安全技术规范》	JGJ 147—2016
55	《建筑施工模板安全技术规范》	JGJ 162—2008
56	《建筑施工碗扣式钢管脚手架安全技术规范》	JGJ 166—2016
57	《建筑施工作业劳动防护用品配备及使用标准》	JGJ 184—2009
58	《建筑施工塔式起重机安装、使用、拆卸安全技术规程》	JGJ 196—2010
59	《建筑施工升降机安装、使用、拆卸安全技术规程》	JGJ 215—2010

第六节　水利水电工程建设安全生产法律责任

法律责任是指行为人由于违法、违约行为或由于法律规定而必须承受的某种不利后果,是国家管理社会事务所采用的强制当事人依法办事的法律措施。安全生产法律规定了各类法律关系主体所必须履行的义务和应承担的责任,内容十分丰富。本节主要依据《安全生产法》《安全生产违法行为行政处罚办法》等有关规定,对安全生产的法律责任予以说明。

一、安全生产法律责任形式

安全生产法律责任,是指安全生产法律关系主体在安全生产工作中,由于违反安全生产法律规定所引起的不利法律后果,即什么行为应负法律责任、谁应负法律责任和应负什么责任的问题。安全生产法律责任有 3 种形式,行政责任、民事责任和刑事责任。违反《安全生产法》的法律责任具有综合性的特点,即在追究违法者的法律责任时,可以单独适用,也可以综合适用,在符合法律规定的条件下,对同一违反者可以同时追究其行政责任、民事责任、刑事责任,以制裁其违法行为。

(一)行政责任

行政责任是指行政法律关系主体因违反行政法律规范所应承担的法律后果或应负的

法律责任。安全生产行政责任,是指责任主体违反安全生产法律规定,由有关人民政府和安全生产监督管理部门、公安部门依法对其实施行政处罚的一种法律责任。追究行政责任通常以行政处分和行政处罚两种方式来实施。

1. 行政处分

行政处分是对国家工作人员及由国家机关派到企业、事业单位任职的人员的违法行为给予的一种制裁性处理。

行政处分有警告、记过、记大过、降级、撤职、开除,我国对行政处分的规定分布在各个具体的法律法规中。

2. 行政处罚

行政处罚是指国家行政机关和法律、法规授权组织依照有关法律、法规和规章,对公民、法人或者其他组织违反行政管理秩序的行为所实施的行政惩戒。

行政处罚的种类,是行政处罚外在的具体表现形式。根据不同的标准,行政处罚有不同的分类,现行法律、法规和规章针对不同违反行政管理的行为,设定了多种行政处罚。为了规范行政处罚,《中华人民共和国行政处罚法》对最常见的、实施最多的主要行政处罚的种类做了统一的概括性规定,包括:警告,罚款,没收违法所得、没收非法财物,责令停产停业,暂扣或者吊销许可证、暂扣或者吊销执照,行政拘留,法律、行政法规规定的其他处罚。其中,法律、行政法规规定的其他处罚包括责令停止违法行为、责令改正、关闭等。

(二)民事责任

民事责任是指民事主体在民事活动中违反民事法律规范的行为所引起的法律后果应当承担的法律责任。以产生责任的法律基础为标准,民事责任可分为违约责任和侵权责任。违约责任是指行为人不履行合同义务而承担的责任;侵权责任是指行为人侵犯国家、集体和公民的财产权利以及侵犯法人名称和自然人的人身权利时所应承担的责任。

民事责任是一种违反民事法律,以财产为主要内容的法律责任。承担民事责任的方式主要有赔偿损失、恢复原状、停止侵害、消除危险、承担连带赔偿责任等。安全生产民事责任,是指责任主体违反安全生产法律规定造成民事损害,由人民法院依照民事法律强制其行使民事赔偿的一种法律责任。民事责任追究的目的是最大限度地维护当事人受到民事损害时享有获得民事赔偿的权利。《安全生产法》是我国众多的安全生产法律、行政法规中唯一设定民事责任的法律,其中规定了应承担民事责任的行为和主体。

(三)刑事责任

刑事责任是依据国家刑事法律规定对犯罪分子依照刑事法律的规定追究的法律责任。我国刑法对触犯刑律的犯罪行为人主要采取剥夺其某些权利,包括剥夺财产、人身自由、政治权利,甚至剥夺生命等刑罚措施。我国刑法规定的刑罚包括主刑(管制、拘役、有期徒刑、无期徒刑和死刑)和附加刑(罚金、剥夺政治权利和没收财产)两类。

安全生产刑事责任,是指责任主体违反法律构成犯罪,由司法机关依照刑事法律给予刑罚的一种法律责任。安全生产刑事责任是三种安全生产法律责任中最严厉的,依法处以剥夺犯罪分子人身自由的刑罚。《中华人民共和国刑法》有关安全生产违法行为的罪名,主要是交通肇事罪、重大责任事故罪、强令违章冒险作业罪、重大劳动安全事故罪、危险物品肇事罪和工程重大安全事故罪等。

二、典型违法行为的处理规定介绍

（一）《中华人民共和国刑法修正案（六）、（八）、（九）》中有关安全的法律责任

2006年6月29日，中华人民共和国第十届全国人民代表大会常务委员会第二十二次会议通过了《中华人民共和国刑法修正案（六）》，2011年2月25日中华人民共和国第一届全国人民代表大会第十九次会议通过了《中华人民共和国刑法修正案（八）》，2015年8月29日中华人民共和国第十届全国人民代表大会第十六次会议通过了《中华人民共和国刑法修正案（九）》，对《中华人民共和国刑法》中有关违反安全生产的法律责任的规定做了补充修改。

《中华人民共和国刑法修正案（六）、（八）、（九）》中有关违反安全生产的法律责任的规定包括下列内容。

1. 交通肇事罪；危险驾驶罪

第一百三十三条　违反交通运输管理法规，因而发生重大事故，致人重伤、死亡或者使公私财产遭受重大损失的，处三年以下有期徒刑或者拘役；交通运输肇事后逃逸或者有其他特别恶劣情节的，处三年以上七年以下有期徒刑；因逃逸致人死亡的，处七年以上有期徒刑。

第一百三十一条之一　在道路上驾驶机动车，有下列情形之一的，处拘役，并处罚金：

（一）追逐竞驶，情节恶劣的；

（二）醉酒驾驶机动车的；

（三）从事校车业务或者旅客运输，严重超过额定乘员载客，或者严重超过规定时速行驶的；

（四）违反危险化学品安全管理规定运输危险化学品，危及公共安全的。

机动车所有人、管理人对前款第三项、第四项行为负直接责任的，依照前款的规定处罚。

有前两款行为，同时构成其他犯罪的，依照处罚较重的规定定罪处罚。

2. 重大责任事故罪；强令违章冒险作业罪

第一百三十四条　在生产、作业中违反有关安全管理的规定，因而发生重大伤亡事故或者造成其他严重后果的，处三年以下有期徒刑或者拘役；情节特别恶劣的，处三年以上七年以下有期徒刑。

强令他人违章冒险作业，或者明知存在重大事故隐患而不排除，仍冒险组织作业，因而发生重大伤亡事故或者造成其他严重后果的，处五年以下有期徒刑或者拘役；情节特别恶劣的，处五年以上有期徒刑。

3. 重大劳动安全事故罪；大型群众性活动重大安全事故罪

第一百三十五条　安全生产设施或者安全生产条件不符合国家规定，因而发生重大伤亡事故或者造成其他严重后果的，对直接负责的主管人员和其他直接责任人员，处三年以下有期徒刑或者拘役；情节特别恶劣的，处三年以上七年以下有期徒刑。

第一百三十五条之一　举办大型群众性活动违反安全管理规定，因而发生重大伤亡事故或者造成其他严重后果的，对直接负责的主管人员和其他直接责任人员，处三年以下

有期徒刑或者拘役;情节特别恶劣的,处三年以上七年以下有期徒刑。

4. 危险物品肇事罪

第一百三十六条 违反爆炸性、易燃性、放射性、毒害性、腐蚀性物品的管理规定,在生产、储存、运输、使用中发生重大事故,造成严重后果的,处三年以下有期徒刑或者拘役;后果特别严重的,处三年以上七年以下有期徒刑。

5. 工程重大安全事故罪

第一百三十七条 建设单位、设计单位、施工单位、工程监理单位违反国家规定,降低工程质量标准,造成重大安全事故的,对直接责任人员,处五年以下有期徒刑或者拘役,并处罚金;后果特别严重的,处五年以上十年以下有期徒刑,并处罚金。

6. 消防责任事故罪;不报、谎报安全事故罪

第一百三十九条 违反消防管理法规,经消防监督机构通知采取改正措施而拒绝执行,造成严重后果的,对直接责任人员,处三年以下有期徒刑或者拘役;后果特别严重的,处三年以上七年以下有期徒刑。

第一百三十九条之一 在安全事故发生后,负有报告职责的人员不报或者谎报事故情况,贻误事故抢救,情节严重的,处三年以下有期徒刑或者拘役;情节特别严重的,处三年以上七年以下有期徒刑。

(二)违反《安全生产法》的法律责任

安全生产违法行为是危害社会和公民人身安全的行为,是导致生产事故多发和人员伤亡的直接原因,分为作为和不作为两种。作为是指责任主体实施了法律禁止的行为而触犯法律,不作为是指责任主体不履行法定义务而触犯法律。

根据《安全生产法》的规定,生产经营单位违反《安全生产法》的法律责任主要有以下内容:

第九十三条 生产经营单位的决策机构、主要负责人或者个人经营的投资人不依照本法规定保证安全生产所必需的资金投入,致使生产经营单位不具备安全生产条件的,责令限期改正,提供必需的资金;逾期未改正的,责令生产经营单位停产停业整顿。

有前款违法行为,导致发生生产安全事故的,对生产经营单位的主要负责人给予撤职处分,对个人经营的投资人处二万元以上二十万元以下的罚款;构成犯罪的,依照刑法有关规定追究刑事责任。

第九十四条 生产经营单位的主要负责人未履行本法规定的安全生产管理职责的,责令限期改正,处二万元以上五万元以下罚款;逾期未改正的,处五万元以上十万元以下的罚款,责令生产经营单位停产停业整顿。

生产经营单位的主要负责人有前款违法行为,导致发生生产安全事故的,给予撤职处分;构成犯罪的,依照刑法有关规定追究刑事责任。

生产经营单位的主要负责人依照前款规定受刑事处罚或者撤职处分的,自刑罚执行完毕或者受处分之日起,五年内不得担任任何生产经营单位的主要负责人;对重大、特别重大生产安全事故负有责任的,终身不得担任本行业生产经营单位的主要负责人。

第九十五条 生产经营单位的主要负责人未履行本法规定的安全生产管理职责,导致发生生产安全事故的,由应急管理部门依照下列规定处以罚款:

（一）发生一般事故的，处上一年年收入百分之四十的罚款；

（二）发生较大事故的，处上一年年收入百分之六十的罚款；

（三）发生重大事故的，处上一年年收入百分之八十的罚款；

（四）发生特别重大事故的，处上一年年收入百分之一百的罚款。

第九十六条　生产经营单位的其他负责人和安全生产管理人员未履行本法规定的安全生产管理职责的，责令限期改正，处一万元以上三万元以下的罚款；导致发生生产安全事故的，暂停或者吊销其与安全生产有关的资格，并处上一年年收入百分之二十以上百分之五十以下的罚款；构成犯罪的，依照刑法有关规定追究刑事责任。

第九十七条　生产经营单位有下列行为之一的，责令限期改正，处十万元以下的罚款；逾期未改正的，责令停产停业整顿，并处十万元以上二十万元以下的罚款，对其直接负责的主管人员和其他直接责任人员处二万元以上五万元以下的罚款：

（一）未按照规定设立安全生产管理机构或者配备安全生产管理人员、注册安全工程师的；

（二）危险物品的生产、经营、储存、装卸单位以及矿山、金属冶炼、建筑施工、运输单位的主要负责人和安全生产管理人员未按照规定经考核合格的；

（三）未按照规定对从业人员、被派遣劳动者、实习学生进行安全生产教育和培训，或者未按照规定如实告知有关的安全生产事项的；

（四）未如实记录安全生产教育和培训情况的；

（五）未将事故隐患排查治理情况如实记录或者未向从业人员通报的；

（六）未按照规定制定生产安全事故应急救援预案或者未定期组织演练的；

（七）特种作业人员未按照规定经专门的安全作业培训并取得相应资格，上岗作业的。

第九十八条　生产经营单位有下列行为之一的，责令停止建设或者停产停业整顿，限期改正，并处十万元以上五十万元以下的罚款，对其直接负责的主管人员处二万元以上五万元以下的罚款；逾期未改正的，处五十万元以上一百万元以下的罚款，对其直接负责的主管人员和其他直接责任人员处五万元以上十万元以下的罚款；构成犯罪的，依照刑法有关规定追究刑事责任：

（一）未按照规定对矿山、金属冶炼建设项目或者用于生产、储存、装卸危险物品的建设项目进行安全评价的；

（二）矿山、金属冶炼建设项目或者用于生产、储存、装卸危险物品的建设项目没有安全设施设计或者安全设施设计未按照规定报经有关部门审查同意的；

（三）矿山、金属冶炼建设项目或者用于生产、储存、装卸危险物品的建设项目的施工单位未按照批准的安全设施设计施工的；

（四）矿山、金属冶炼建设项目或者用于生产、储存危险物品的建设项目竣工投入生产或者使用前，安全设施未经验收合格的。

第九十九条　生产经营单位有下列行为之一的，责令限期改正，处五万元以下的罚款；逾期未改正的，处五万元以上二十万元以下的罚款，对其直接负责的主管人员和其他直接责任人员处一万元以上二万元以下的罚款；情节严重的，责令停产停业整顿；构成犯

罪的,依照刑法有关规定追究刑事责任:

(一)未在有较大危险因素的生产经营场所和有关设施、设备上设置明显的安全警示标志的;

(二)安全设备的安装、使用、检测、改造和报废不符合国家标准或者行业标准的;

(三)未对安全设备进行经常性维护、保养和定期检测的;

(四)关闭、破坏直接关系生产安全的监控、报警、防护、救生设备、设施,或者篡改、隐瞒、销毁其相关数据、信息的;

(五)未为从业人员提供符合国家标准或者行业标准的劳动防护用品的;

(六)危险物品的容器、运输工具,以及涉及人身安全、危险性较大的海洋石油开采特种设备和矿山井下特种设备未经具有专业资质的机构检测、检验合格,取得安全使用证或者安全标志,投入使用的;

(七)使用应当淘汰的危及生产安全的工艺、设备的;

(八)餐饮等行业的生产经营单位使用燃气未安装可燃气体报警装置的。

第一百条 未经依法批准,擅自生产、经营、运输、储存、使用危险物品或者处置废弃危险物品的,依照有关危险物品安全管理的法律、行政法规的规定予以处罚;构成犯罪的,依照刑法有关规定追究刑事责任。

第一百零一条 生产经营单位有下列行为之一的,责令限期改正,可以处十万元以下的罚款;逾期未改正的,责令停产停业整顿,并处十万元以上二十万元以下的罚款;对其直接负责的主管人员和其他直接责任人员处二万元以上五万元以下的罚款;构成犯罪的,依照刑法有关规定追究刑事责任:

(一)生产、经营、运输、储存、使用危险物品或者处置废弃危险物品,未建立专门安全管理制度、未采取可靠的安全措施的;

(二)对重大危险源未登记建档,未进行定期检测、评估、监控,未制定应急预案,或者未告知应急措施的;

(三)进行爆破、吊装、动火、临时用电以及国务院应急管理部门会同国务院有关部门规定的其他危险作业,未安排专门人员进行现场安全管理的;

(四)未建立安全风险分级管控制度或者未按照安全风险分级采取相应管控措施的;

(五)未建立事故隐患排查治理制度,或者重大事故隐患排查治理情况未按照规定报告的。

第一百零二条 生产经营单位未采取措施消除事故隐患的,责令立即消除或者限期消除,处五万元以下的罚款;生产经营单位拒不执行的,责令停产停业整顿,对其直接负责的主管人员和其他直接责任人员处五万元以上十万元以下的罚款;构成犯罪的依照刑法有关规定追究刑事责任。

第一百零三条 生产经营单位将生产经营项目、场所、设备发包或者出租给不具备安全生产条件或者相应资质的单位或者个人的,责令限期改正,没收违法所得;违法所得十万元以上的,并处违法所得二倍以上五倍以下的罚款;没有违法所得或者违法所得不足十万元的,单处或者并处十万元以上二十万元以下的罚款;对其直接负责的主管人员和其他直接责任人员处一万元以上二万元以下的罚款;导致发生生产安全事故给他人造成损害的,与承包方、承租方承担连带赔偿责任。

生产经营单位未与承包单位、承租单位签订专门的安全生产管理协议或者未在承包合同、租赁合同中明确各自的安全生产管理职责,或者未对承包单位、承租单位的安全生产统一协调、管理的,责令限期改正,处五万元以下的罚款,对其直接负责的主管人员和其他直接责任人员处一万元以下的罚款;逾期未改正的,责令停产停业整顿。

矿山、金属冶炼建设项目和用于生产、储存、装卸危险物品的建设项目的施工单位未按照规定对施工项目进行安全管理的,责令限期改正,处十万元以下的罚款,对其直接负责的主管人员和其他直接责任人员处二万元以下的罚款;逾期未改正的,责令停产停业整顿。以上施工单位倒卖、出租、出借、挂靠或者以其他形式非法转让施工资质的,责令停产停业整顿,吊销资质证书;没收违法所得;违法所得十万元以上的,并处违法所得二倍以上五倍以下的罚款,没有违法所得或者违法所得不足十万元的,单处或者并处十万元以上二十万元以下的罚款;对其直接负责的主管人员和其他直接责任人员处五万元以上十万元以下的罚款;构成犯罪的,依照刑法有关规定追究刑事责任。

第一百零四条　两个以上生产经营单位在同一作业区域内进行可能危及对方安全生产的生产经营活动,未签订安全生产管理协议或者未指定专职安全生产管理人员进行安全检查与协调的,责令限期改正,处五万元以下的罚款,对其直接负责的主管人员和其他直接责任人员处一万元以下的罚款;逾期未改正的,责令停产停业。

第一百零五条　生产经营单位有下列行为之一的,责令限期改正,处五万元以下的罚款,对其直接负责的主管人员和其他直接责任人员处一万元以下的罚款;逾期未改正的,责令停产停业整顿;构成犯罪的,依照刑法有关规定追究刑事责任:

(一)生产、经营、储存、使用危险物品的车间、商店、仓库与员工宿舍在同一座建筑内,或者与员工宿舍的距离不符合安全要求的;

(二)生产经营场所和员工宿舍未设有符合紧急疏散需要、标志明显、保持畅通的出口、疏散通道,或者占用、锁闭、封堵生产经营场所或者员工宿舍出口、疏散通道的。

第一百零六条　生产经营单位与从业人员订立协议,免除或者减轻其对从业人员因生产安全事故伤亡依法应承担的责任的,该协议无效;对生产经营单位的主要负责人、个人经营的投资人处二万元以上十万元以下的罚款。

第一百零七条　生产经营单位的从业人员不落实岗位安全责任,不服从管理,违反安全生产规章制度或者操作规程的,由生产经营单位给予批评教育,依照有关规章制度给予处分;构成犯罪的,依照刑法有关规定追究刑事责任。

第一百一十条　生产经营单位的主要负责人在本单位发生生产安全事故时,不立即组织抢救或者在事故调查处理期间擅离职守或者逃匿的,给予降级、撤职的处分,并由应急管理部门处上一年年收入百分之六十至百分之一百的罚款;对逃匿的处十五日以下拘留;构成犯罪的,依照刑法有关规定追究刑事责任。

生产经营单位的主要负责人对生产安全事故隐瞒不报、谎报或者迟报的,依照前款规定处罚。

第一百一十三条　生产经营单位存在下列情形之一的,负有安全生产监督管理职责的部门应当提请地方人民政府予以关闭,有关部门应当依法吊销其有关证照。生产经营

单位主要负责人五年内不得担任任何生产经营单位的主要负责人;情节严重的,终身不得担任本行业生产经营单位的主要负责人:

(一)存在重大事故隐患,一百八十日内三次或者一年内四次受到本法规定的行政处罚的;

(二)经停产停业整顿,仍不具备法律、行政法规和国家标准或者行业标准规定的安全生产条件的;

(三)不具备法律、行政法规和国家标准或者行业标准规定的安全生产条件,导致发生重大、特别重大生产安全事故的;

(四)拒不执行负有安全生产监督管理职责的部门作出的停产停业整顿决定的。

第一百一十四条 发生生产安全事故,对负有责任的生产经营单位除要求其依法承担相应的赔偿等责任外,由应急管理部门依照下列规定处以罚款:

(一)发生一般事故的,处三十万元以上一百万元以下的罚款;

(二)发生较大事故的,处一百万元以上二百万元以下的罚款;

(三)发生重大事故的,处二百万元以上一千万元以下的罚款;

(四)发生特别重大事故的,处一千万元以上二千万元以下的罚款。

发生生产安全事故,情节特别严重、影响特别恶劣的,应急管理部门可以按照前款罚款数额的二倍以上五倍以下对负有责任的生产经营单位处以罚款。

第一百一十六条 生产经营单位发生生产安全事故造成人员伤亡、他人财产损失的,应当依法承担赔偿责任;拒不承担或者其负责人逃匿的,由人民法院依法强制执行。

生产安全事故的责任人未依法承担赔偿责任,经人民法院依法采取执行措施后,仍不能对受害人给予足额赔偿的,应当继续履行赔偿义务;受害人发现责任人有其他财产的,可以随时请求人民法院执行。

(三)违反《建设工程安全生产管理条例》的法律责任

1.建设单位的法律责任

第五十四条 违反本条例的规定,建设单位未提供建设工程安全生产作业环境及安全施工措施所需费用的,责令限期改正;逾期未改正的,责令该建设工程停止施工。

建设单位未将保证安全施工的措施或者拆除工程的有关资料报送有关部门备案的,责令限期改正,给予警告。

第五十五条 违反本条例的规定,建设单位有下列行为之一的,责令限期改正,处20万元以上50万元以下的罚款;造成重大安全事故,构成犯罪的,对直接责任人员,依照刑法有关规定追究刑事责任;造成损失的,依法承担赔偿责任:

(一)对勘察、设计、施工、工程监理等单位提出不符合安全生产法律、法规和强制性标准规定的要求的;

(二)要求施工单位压缩合同约定的工期的;

(三)将拆除工程发包给不具有相应资质等级的施工单位的。

2.勘察、设计单位的法律责任

第五十六条 违反本条例的规定,勘察单位、设计单位有下列行为之一的,责令限期改正,处10万元以上30万元以下的罚款;情节严重的,责令停业整顿,降低资质等级,直至吊销资质证书;造成重大安全事故,构成犯罪的,对直接责任人员,依照刑法有关规定追究刑事责任;造成损失的,依法承担赔偿责任:

(一)未按照法律、法规和工程建设强制性标准进行勘察、设计的;

(二)采用新结构、新材料、新工艺的建设工程和特殊结构的建设工程,设计单位未在设计中提出保障施工作业人员安全和预防生产安全事故的措施建议的。

3. 工程监理单位的法律责任

第五十七条　违反本条例的规定,工程监理单位有下列行为之一的,责令限期改正;逾期未改正的,责令停业整顿,并处10万元以上30万元以下的罚款;情节严重的,降低资质等级,直至吊销资质证书;造成重大安全事故,构成犯罪的,对直接责任人员,依照刑法有关规定追究刑事责任;造成损失的,依法承担赔偿责任:

(一)未对施工组织设计中的安全技术措施或者专项施工方案进行审查的;

(二)发现安全事故隐患未及时要求施工单位整改或者暂时停止施工的;

(三)施工单位拒不整改或者不停止施工,未及时向有关主管部门报告的;

(四)未依照法律、法规和工程建设强制性标准实施监理的。

第五十八条　注册执业人员未执行法律、法规和工程建设强制性标准的,责令停止执业3个月以上1年以下;情节严重的,吊销执业资格证书,5年内不予注册;造成重大安全事故的,终身不予注册;构成犯罪的,依照刑法有关规定追究刑事责任。

4. 设备供方的法律责任

第五十九条　违反本条例的规定,为建设工程提供机械设备和配件的单位,未按照安全施工的要求配备齐全有效的保险、限位等安全设施和装置的,责令限期改正,处合同价款1倍以上3倍以下的罚款;造成损失的,依法承担赔偿责任。

第六十条　违反本条例的规定,出租单位出租未经安全性能检测或者经检测不合格的机械设备和施工机具及配件的,责令停业整顿,并处5万元以上10万元以下的罚款;造成损失的,依法承担赔偿责任。

5. 设施安装拆卸单位相关法律责任

第六十一条　违反本条例的规定,施工起重机械和整体提升脚手架、模板等自升式架设设施安装、拆卸单位有下列行为之一的,责令限期改正,处5万元以上10万元以下的罚款;情节严重的,责令停业整顿,降低资质等级,直至吊销资质证书;造成损失的,依法承担赔偿责任:

(一)未编制拆装方案、制定安全施工措施的;

(二)未由专业技术人员现场监督的;

(三)未出具自检合格证明或者出具虚假证明的;

(四)未向施工单位进行安全使用说明,办理移交手续的。

施工起重机械和整体提升脚手架、模板等自升式架设设施安装、拆卸单位有前款规定的第(一)项、第(三)项行为,经有关部门或者单位职工提出后,对事故隐患仍不采取措施,因而发生重大伤亡事故或者造成其他严重后果,构成犯罪的,对直接责任人员,依照刑法有关规定追究刑事责任。

6.施工单位法律责任

第六十二条 违反本条例的规定,施工单位有下列行为之一的,责令限期改正;逾期未改的,责令停业整顿,依照《中华人民共和国安全生产法》的有关规定处以罚款;造成重大安全事故,构成犯罪的,对直接责任人员,依照刑法有关规定追究刑事责任:

(一)未设立安全生产管理机构、配备专职安全生产管理人员或者分部分项工程施工时无专职安全生产管理人员现场监督的;

(二)施工单位的主要负责人、项目负责人、专职安全生产管理人员、作业人员或者特种作业人员,未经安全教育培训或者经考核不合格即从事相关工作的;

(三)未在施工现场的危险部位设置明显的安全警示标志;或者未按照国家有关规定在施工现场设置消防通道、消防水源、配备消防设施和灭火器材的;

(四)未向作业人员提供安全防护用具和安全防护服装的;

(五)未按照规定在施工起重机械和整体提升脚手架、模板等自升式架设设施验收合格后登记的;

(六)使用国家明令淘汰、禁止使用的危及施工安全的工艺、设备、材料的。

第六十三条 违反本条例的规定,施工单位挪用列入建设工程概算的安全生产作业环境及安全施工措施所需费用的,责令限期改正,处挪用费用20%以上50%以下的罚款;造成损失的,依法承担赔偿责任。

第六十四条 违反本条例的规定,施工单位有下列行为之一的,责令限期改正;逾期未改的,责令停业整顿,并处5万元以上10万元以下的罚款;造成重大安全事故,构成犯罪的,对直接责任人员,依照刑法有关规定追究刑事责任:

(一)施工前未对有关安全施工的技术要求作出详细说明的;

(二)未根据不同施工阶段和周围环境及季节、气候的变化,在施工现场采取相应的安全施工措施,或者在城市市区内的建设工程的施工现场未实行封闭围挡的;

(三)在尚未竣工的建筑物内设置员工集体宿舍的;

(四)施工现场临时搭建的建筑物不符合安全使用要求的;

(五)未对因建设工程施工可能造成损害的毗邻建筑物、构筑物和地下管线等采取专项防护措施的。

施工单位有前款规定第(四)项、第(五)项行为,造成损失的,依法承担赔偿责任。

第六十五条 违反本条例的规定,施工单位有下列行为之一的,责令限期改正;逾期未改正的,责令停业整顿,并处10万元以上30万元以下的罚款;情节严重的,降低资质等级,直至吊销资质证书;造成重大安全事故,构成犯罪的,对直接责任人员,依照刑法有关规定追究刑事责任;造成损失的,依法承担赔偿责任:

(一)安全防护用具、机械设备、施工机具及配件在进入施工现场前未经查验或者查验不合格即投入使用的;

(二)使用未经验收或者验收不合格的施工起重机械和整体提升脚手架、模板等自升式架设设施的;

(三)委托不具有相应资质的单位承担施工现场安装、拆卸施工起重机械和整体提升脚手架、模板等自升式架设设施的;

(四)在施工组织设计中未编制安全技术措施、施工现场临时用电方案或者专项施工方案的。

第六十六条　违反本条例的规定,施工单位的主要负责人、项目负责人未履行安全生产管理职责的,责令限期改正;逾期未改正的,责令施工单位停业整顿;造成重大安全事故、重大伤亡事故或者其他严重后果,构成犯罪的,依照刑法有关规定追究刑事责任。

作业人员不服管理、违反规章制度和操作规程冒险作业造成重大伤亡事故或者其他严重后果,构成犯罪的,依照刑法有关规定追究刑事责任。

施工单位的主要负责人、项目负责人有前款违法行为,尚不够刑事处罚的,处2万元以上20万元以下的罚款或者按照管理权限给予撤职处分;自刑罚执行完毕或者受处分之日起,5年内不得担任任何施工单位的主要负责人、项目负责人。

第六十七条　施工单位取得资质证书后,降低安全生产条件的,责令限期改正;经整改仍未达到与其资质等级相适应的安全生产条件的,责令停业整顿,降低其资质等级直至吊销资质证书。

第六十八条　本条例规定的行政处罚,由建设行政主管部门或者其他有关部门依照法定职权决定。

违反消防安全管理规定的行为,由公安消防机构依法处罚。

(四)违反《安全生产许可证条例》的法律责任

《安全生产许可证条例》(国务院令第653号,2014年修正)第十九条至第二十二条对生产经营单位的法律责任追究作了规定。

1. 未取得安全生产许可证擅自进行生产的法律责任

第十九条　违反本条例规定,未取得安全生产许可证擅自进行生产的,责令停止生产,没收违法所得,并处10万元以上50万元以下的罚款;造成重大事故或者其他严重后果,构成犯罪的,依法追究刑事责任。

2. 安全生产许可证有效期满未办理延期手续,继续进行生产的法律责任

第二十条　违反本条例规定,安全生产许可证有效期满未办理延期手续,继续进行生产的,责令停止生产,限期补办延期手续,没收违法所得,并处5万元以上10万元以下的罚款;逾期仍不办理延期手续,继续进行生产的,依照本条例第十九条的规定处罚。

3. 转让、接受转让、冒用或者使用伪造的安全生产许可证的法律责任

第二十一条　违反本条例规定,转让安全生产许可证的,没收违法所得,处10万元以上50万元以下的罚款,并吊销其安全生产许可证;构成犯罪的,依法追究刑事责任;接受转让的,依照本条例第十九条的规定处罚。

冒用安全生产许可证或者使用伪造的安全生产许可证的,依照本条例第十九条的规定处罚。

第二十二条　本条例施行前已经进行生产的企业,应当自本条例施行之日起1年内,依照本条例的规定向安全生产许可证颁发管理机关申请办理安全生产许可证;逾期不办理安全生产许可证,或者经审查不符合本条例规定的安全生产条件,未取得安全生产许可证,继续进行生产的,依照本条例第十九条的规定处罚。

(五)违反《生产安全事故报告和调查处理条例》的法律责任

1. 事故发生单位主要负责人的法律责任

第三十五条 事故发生单位主要负责人有下列行为之一的,处上一年年收入40%至80%的罚款;属于国家工作人员的,并依法给予处分;构成犯罪的,依法追究刑事责任:

(一)不立即组织事故抢救的;

(二)迟报或者漏报事故的;

(三)在事故调查处理期间擅离职守的。

第三十八条 事故发生单位主要负责人未依法履行安全生产管理职责,导致事故发生的,依照下列规定处以罚款;属于国家工作人员的,并依法给予处分;构成犯罪的,依法追究刑事责任:

(一)发生一般事故的,处上一年年收入30%的罚款;

(二)发生较大事故的,处上一年年收入40%的罚款;

(三)发生重大事故的,处上一年年收入60%的罚款;

(四)发生特别重大事故的,处上一年年收入80%的罚款。

2. 事故发生单位及其有关人员的法律责任

第三十六条 事故发生单位及其有关人员有下列行为之一的,对事故发生单位处100万元以上500万元以下的罚款;对主要负责人、直接负责的主管人员和其他直接责任人员处上一年年收入60%至100%的罚款;属于国家工作人员的,并依法给予处分;构成违反治安管理行为的,由公安机关依法给予治安管理处罚;构成犯罪的,依法追究刑事责任:

(一)谎报或者瞒报事故的;

(二)伪造或者故意破坏事故现场的;

(三)转移、隐匿资金、财产,或者销毁有关证据、资料的;

(四)拒绝接受调查或者拒绝提供有关情况和资料的;

(五)在事故调查中作伪证或者指使他人作伪证的;

(六)事故发生后逃匿的。

第三十七条 事故发生单位对事故发生负有责任的,依照下列规定处以罚款:

(一)发生一般事故的,处10万元以上20万元以下的罚款;

(二)发生较大事故的,处20万元以上50万元以下的罚款;

(三)发生重大事故的,处50万元以上200万元以下的罚款;

(四)发生特别重大事故的,处200万元以上500万元以下的罚款。

第四十条 事故发生单位对事故发生负有责任的,由有关部门依法暂扣或者吊销其有关证照;对事故发生单位负有事故责任的有关人员,依法暂停或者撤销其与安全生产有关的执业资格、岗位证书;事故发生单位主要负责人受到刑事处罚或者撤职处分的,自刑罚执行完毕或者受处分之日起,5年内不得担任任何生产经营单位的主要负责人。

3. 参与事故调查的人员的法律责任

第四十一条 参与事故调查的人员在事故调查中有下列行为之一的,依法给予处分;构成犯罪的,依法追究刑事责任:

（一）对事故调查工作不负责任，致使事故调查工作有重大疏漏的；

（二）包庇、袒护负有事故责任的人员或者借机打击报复的。

（六）水利水电工程建设安全生产法律责任相关的法律法规清单

水利水电工程建设安全生产法律责任相关的法律法规清单见表2-3。

表2-3　水利水电工程建设安全生产法律责任相关的法律法规清单

序号	安全生产法律责任相关法律法规名称	文号
1	《中华人民共和国安全生产法》	主席令第八十八号
2	《建设工程安全生产管理条例》	国务院令第393号
3	《生产安全事故报告和调查处理条例》	国务院令第493号
4	《安全生产许可证条例》	国务院令第397号
5	《安全生产违法行为行政处罚办法》	国安监总局令第15号
6	《安全生产事故隐患排查治理暂行规定》	国安监总局令第16号
7	《生产安全事故报告和调查处理条例》	国安监总局令第13号
8	《生产经营单位安全培训规定》	国安监总局令第3号
9	《生产安全事故应急预案管理办法》	国安监总局令第88号
10	《安全生产行政处罚自由裁量标准》	安监总政法〔2010〕137号
11	《特种作业人员安全技术培训考核管理规定》	国家安监总局令第30号

第三章 水利水电工程建设项目管理

为了减少和杜绝水利水电工程建设重大安全事故的发生，落实水利工程建设安全生产责任制，保障国家财产和劳动者安全，确保建设项目顺利实施，必须进一步加强水利水电工程建设项目安全管理工作，切实做到项目安全管理工作的层层推进和高效实施。

第一节 安全生产目标管理

安全生产目标管理是目标管理在安全管理方面的重要应用，是指企业从上到下围绕企业安全生产总目标，层层分解，确定行动方针，安排安全工作进度，制定实施有效的组织措施，并对安全成果严格考核的一种管理制度。安全生产目标管理是企业安全生产管理的重要环节，是根据企业安全生产工作目标来控制企业安全生产的一种民主的科学有效的管理方法，是我国施工企业实行安全管理的一项重要内容。

码 3-1 文档：目标管理理论

安全生产目标管理的实施过程分为 4 个阶段，即目标的制定、目标的分解、目标的实施与目标的评价考核。

一、安全生产目标的制定

水利水电施工企业应建立安全生产目标管理制度，制定包括人员伤亡、机械设备安全、交通安全等控制目标，安全生产隐患治理目标，以及环境与职业健康目标等在内的安全生产总目标和年度目标，做好目标具体指标的制定、分解、实施、考核等环节工作。实施具体项目的施工单位应根据相关法律法规和施工合同约定，结合本工程项目安全生产实际，组织制定项目安全生产总体目标和年度目标。

(一)目标制定原则

水利施工企业应结合企业生产经营特点，科学分析，按如下原则制定：

(1)突出重点，分清主次。安全生产目标制定不能面面俱到，应突出事故伤亡率、财产损失额、隐患治理率等重要指标，同时注意次要目标对重点目标的有效配合。

(2)安全目标具有综合性、先进性和适用性。制定的安全管理目标，既要保证上级下达指标的完成，又要考虑企业各部门、各项目部及每个职工的承担能力，使各方都能接受并努力完成。一般来说，制定的目标要略高于实际的能力与水平，使之经过努力可以完成，但不能高不可攀、不切实际，也不能低而不费力、容易达到。

(3)目标的预期结果具体化、定量化。利于同期比较，易于检查、评价与考核。

(4)坚持目标与保证目标实现措施的统一性。为使目标管理更具有科学性、针对性和有效性，在制定目标时必须有保证目标实现的措施，使措施为目标服务。

(二)目标制定依据

安全生产目标应尽可能量化,便于考核。目标制定时应考虑下列因素:

(1)国家的有关法律法规、规章、制度和标准的规定及合同约定。

(2)水利行业安全生产监督管理部门的要求。

(3)水利行业安全技术水平和项目特点。

(4)本企业中长期安全生产管理规划和本企业的经济技术条件与安全生产工作现状。

(5)采用的工艺与设施设备状况等。

(三)目标主要内容

安全生产目标应经单位主要负责人审批,并以文件的形式发布。安全生产目标应主要包括但不限于下列内容:

(1)生产安全事故控制目标。

(2)安全生产投入目标。

(3)安全生产教育培训目标。

(4)安全生产事故隐患排查治理目标。

(5)重大危险源监控目标。

(6)应急管理目标。

(7)文明施工管理目标。

(8)人员、机械、设备、交通、消防、环境和职业健康等方面的安全管理控制指标等。

二、安全生产目标的分解与实施

码 3-2　文档:安全生产目标责任书(示例)

水利水电施工企业应制定安全生产目标管理计划,其主要内容应包括安全生产目标值、保证措施、完成时间和责任人等。水利水电施工企业应加强内部目标管理,实行分级管理,应逐级分解到各管理层、职能部门及相关人员,逐级签订安全生产目标责任书。

水利水电施工企业针对具体项目的安全生产目标管理计划,应经监理单位审核,项目法人同意,由项目法人与施工单位签订安全生产目标责任书。工程建设情况发生重大变化,致使目标管理难以按计划实施的,应及时报告,并根据实际情况,调整目标管理计划,并重新备案或报批。

(一)安全生产目标的实施保障

安全生产目标是由上而下层层分解的,实施保障是由下而上层层保证的。水利水电施工企业各级组织和人员应采取以下保证措施保障安全生产目标的落实:

(1)宣传教育。应落实宣传教育的具体内容、时间安排、参加人员,采取有效的办法切实增强各级主体的责任意识,使安全生产目标深入人心。

(2)监督检查。企业应当对安全生产目标的落实情况进行有效的监督、指导、协调和控制,责任制的各级主体应定期深入下级部门,了解和检查目标完成情况,及时纠偏、调整安全生产目标实施计划,交换工作意见,并进行必要的具体指导。

(3)自我管理。安全目标的实施还需要依靠各级组织和员工的自我管理、自我控制,各部门各级人员的共同努力和协作配合,通过有效地协调消除各阶段、各部门间的矛盾,保证目标按计划顺利进行。

(4)考核评比。安全生产目标的实施必须与经济挂钩,企业应当在检查的基础上定期组织目标达标考核和安全评比活动,奖优惩劣,提高员工参与安全管理的积极性。

(二)安全生产目标管理过程的注意事项

水利水电施工企业在安全目标管理过程中应当重点注意以下几点:

(1)要加强各级人员对安全目标管理的认识。企业管理层尤其是主要负责人对安全目标管理要有深刻的认识,要深入调查研究,结合本单位实际情况,制定企业的总目标,并参加全过程的管理,负责对目标实施进行指挥、协调;要加强对中层和基层干部的思想教育,提高他们对安全目标管理重要性的认识和组织协调能力,这是总目标实现的重要保证;还要加强对员工的宣传教育,普及安全目标管理的基本知识与方法,充分发挥员工在目标管理中的作用。

(2)企业要有完善的、系统的安全基础工作。企业安全基础工作的水平,直接关系着安全目标制定的科学性、先进性和客观性。制定可行的目标管理指标和保证措施,需要企业有完善的安全管理基础资料和监测数据。

(3)安全生产目标管理需要全员参与。安全生产目标管理是以目标责任者为主的自主管理,是通过目标的层层分解、措施的层层落实来实现的。将目标落实到每个人身上,渗透到每个环节,使每个员工在安全管理上都承担一定的目标责任。因此,必须充分发动群众,将企业的全体员工科学地组织起来,实行全员、全过程、全方位参与,才能保证安全目标的有效实施。

(4)安全生产目标管理需要责、权、利相结合。实施安全生产目标管理时要明确员工在目标管理中的职责,没有职责的责任制只是流于形式。同时,要根据目标责任大小和完成任务的需要赋予他们在日常管理上的权力,还要给予他们应得的利益,责、权、利的有机结合才能调动广大员工的积极性和持久性。

(5)安全生产目标管理要与其他安全管理方法相结合。安全生产目标管理是综合性很强的科学管理方法,它是企业安全管理的"纲",是一定时期内企业安全管理的集中体现。在实现安全目标过程中,要依靠和发挥各种安全管理方法的作用,如制定安全技术措施计划、开展安全教育和安全检查等。只有两者有机结合,才能使企业的安全管理工作做得更好。

三、安全生产目标的评价与考核

安全生产目标的评价与考核是对实际取得的目标成果作出的客观评价,对达到目标的应给予奖励,对未达到目标的应给予惩罚,从而使先进受到鼓舞,落后得到激励,进一步调动全体员工追求更高目标的积极性。通过考评还可以总结经验和教训,发扬优势,解决存在的问题,明确前进的方向,为改进下个周期安全生产目标管理提供依据,打下基础。

水利水电施工企业应制订安全生产目标考核管理办法,至少每季度对本单位安全生产目标的完成情况进行自查和评估一次,涉及施工项目的自查报告应当报监理单位和项目法人备案。水利施工企业至少在年中和年终对安全生产目标完成情况进行考核,并根据考核结果,按照考核管理办法进行奖惩。

第二节 安全生产管理机构与人员配备

为了加强安全生产工作的组织领导,水利水电工程施工企业及其下属单位应建立安全生产委员会或安全生产领导小组,负责组织、研究、部署本单位安全生产工作,专题研究重大安全生产事项,制订、实施、加强和改进本企业安全生产工作的措施。安全生产委员会或安全生产领导小组是企业安全生产工作的最高权力机构。安全生产委员会或安全生产领导小组应由本企业的主要负责人牵头,由分管安全生产的负责人、分管业务负责人、安全生产管理部门及相关部门负责人、安全生产管理人员、工会代表以及从业人员代表组成。当机构或人员变动时,应及时调整。安全生产委员会或安全生产领导小组的成立和调整均应以文件形式发布。

一、安全生产管理机构设置

码 3-3 文档:水利施工企业安全生产组织体系机构设置

安全生产管理机构是指企业内部设置的专门负责安全生产管理事务的独立的职能部门。水利水电工程施工企业应按照《建筑施工企业安全生产管理机构设置及专职安全生产管理人员配备办法》(建质〔2008〕91 号)等文件的规定设置安全生产管理机构,配备专、兼职安全生产管理人员。专职安全生产管理人员专门负责安全生产管理,不再兼任其他工作。水利水电工程施工企业设置安全生产管理机构和配备安全生产管理人员都应以文件方式予以明确。

《水利工程建设安全生产管理规定》(水利部令第 26 号)第二十条规定,施工单位应当设立安全生产管理机构,按照国家有关规定配备专职安全生产管理人员。施工现场必须有专职安全生产管理人员。专职安全生产管理人员负责对安全生产进行现场监督检查。如发现生产安全事故隐患,应当及时向项目负责人和安全生产管理机构报告;对违章指挥、违章操作的,应当立即制止。

《水利水电工程施工安全管理导则》(SL 721—2015)规定,水利水电工程施工企业应当成立安全生产领导小组,设置安全生产管理机构,配备专职安全生产管理人员,并报项目法人备案。

水利水电工程施工企业安全生产管理机构负责人依据企业安全生产实际,适时修订企业安全生产规章制度,调配各级安全生产管理人员,监督、指导并评价企业各部门或分支机构的安全生产管理工作,配合有关部门进行事故的调查处理等。

水利水电工程施工企业安全生产管理机构工作人员负责安全生产相关数据统计、安全防护和劳动保护用品配备及检查、施工现场安全督查等。

二、安全生产管理机构职责

水利水电工程施工企业安全生产委员会或安全生产领导小组应每季度召开一次会议,并形成会议纪要,印发相关单位,其应主要履行下列职责:

(1)贯彻国家有关法律法规、规章、制度和标准,建立完善的施工安全管理制度。

(2)组织制订安全生产目标管理计划,建立健全项目安全生产责任制。

(3)部署安全生产管理工作,决定安全生产重大事项,协调解决安全生产重大问题。

(4)组织编制施工组织设计、专项施工方案、安全技术措施计划、事故应急救援预案和安全生产费用使用计划。

(5)组织安全生产绩效考核等。

水利水电工程施工企业安全生产管理机构应主要履行下列职责:

(1)贯彻执行国家有关法律、法规、规章、制度、标准。

(2)组织或参与拟订安全生产规章制度、操作规程和生产安全事故应急救援预案,制订安全生产费用使用计划,编制施工组织设计、专项施工方案、安全技术措施计划,检查安全技术交底工作。

(3)组织重大危险源监控和生产安全事故隐患排查治理,提出改进安全生产管理的建议。

(4)负责安全生产教育培训和管理工作,如实记录安全生产教育和培训情况。

(5)组织事故应急救援预案的演练工作。

(6)组织或参与安全防护设施、设施设备、危险性较大的单项工程验收。

(7)制止和纠正违章指挥、违章作业和违反劳动纪律的行为。

(8)负责项目安全生产管理资料的收集、整理、归档,按时上报各种安全生产报表和材料。

(9)统计、分析和报告生产安全事故,配合事故的调查和处理等。

水利水电工程施工企业应每周由项目负责人主持召开一次安全生产例会,分析现场安全生产形势,研究解决安全生产问题。各部门负责人、各班组长、分包单位现场负责人等参加会议。会议应作详细记录,并形成会议纪要。

三、安全管理人员配备

《安全生产法》第二十四条规定,矿山、金属冶炼、建筑施工、运输单位和危险物品的生产、经营、储存、装卸单位,应当设置安全生产管理机构或者配备专职安全生产管理人员。

水利水电工程施工企业主要负责人,是指对本企业日常生产经营活动和安全生产工作全面负责、有生产经营决策权的人员,包括企业法定代表人、经理、企业分管安全生产工作副经理等,主要负责人依法对本企业安全生产工作全面负责。水利水电工程施工企业应当建立健全安全生产责任制度和安全生产教育培训制度,制定安全生产规章制度和操作规程,保证本单位建立和完善安全生产条件所需资金的投入,对所承担的水利工程进行定期和专项安全检查,并做好安全检查记录。

水利水电工程施工企业项目负责人,是指由企业法定代表人授权,负责水利水电工程项目施工管理的负责人。

水利水电工程施工企业专职安全生产管理人员,是指在企业专职从事安全生产管理工作的人员,包括企业安全生产管理机构的负责人及其工作人员和施工现场专职安全员。

水利水电工程施工企业安全生产管理人员要能较好地履行所规定的安全生产管理职责,必须达到一定的学历,具备一定的安全生产专业知识和实际工作经验,熟悉所服务的水利水电工程施工企业的工艺、设备、作业人员和经营管理情况,经水行政主管部门安全生产考核合格后方可任职。另外,由于安全生产管理人员要经常深入现场进行安全检查和隐患及事故调查、分析,其身心健康状况应良好,不得有妨碍其履行职责的生理和心理疾患。

施工现场专职安全生产管理人员负责施工现场安全生产巡视督查,并做好记录。发现现场存在安全隐患时,应及时向企业安全生产管理机构和工程项目负责人报告;对违章指挥、违章操作的,应立即制止。

(一)水利水电工程施工企业专职安全生产管理人员配备

《建筑施工企业安全生产管理机构设置及专职安全生产管理人员配备办法》第八条规定,建筑施工企业安全生产管理机构专职安全生产管理人员的配备应满足下列要求,并应根据企业经营规模、设备管理和生产需要予以增加:

(1)建筑施工总承包资质序列企业:特级资质不少于6人;一级资质不少于4人;二级和二级以下资质企业不少于3人。

(2)建筑施工专业承包资质序列企业:一级资质不少于3人;二级和二级以下资质企业不少于2人。

(3)建筑施工劳务分包资质序列企业:不少于2人。

(4)建筑施工企业的分公司、区域公司等较大的分支机构(以下简称分支机构)应依据实际生产情况配备不少于2人的专职安全生产管理人员。

(二)水利工程建设项目专职安全管理人员配备

水利水电工程施工企业应当按以下标准在项目部配备专职安全管理人员。

1. 总承包单位

《建筑施工企业安全生产管理机构设置及专职安全生产管理人员配备办法》第十三条规定,总承包单位配备项目专职安全生产管理人员应当满足下列要求:

(1)建筑工程、装修工程,按照建筑面积配备:

①1万平方米以下的工程不少于1人;

②1万~5万平方米的工程不少于2人;

③5万平方米及以上的工程不少于3人,且按专业配备专职安全生产管理人员。

(2)土木工程、线路管道、设备安装工程,按照工程合同价配备:

①5 000万元以下的工程不少于1人;

②5 000万~1亿元的工程不少于2人;

③1亿元及以上的工程不少于3人,且按专业配备专职安全生产管理人员。

2. 分包单位

《建筑施工企业安全生产管理机构设置及专职安全生产管理人员配备办法》第十四条规定,分包单位配备项目专职安全生产管理人员应当满足下列要求:

(1)专业承包单位应配置至少1人,并根据所承担的分部分项工程的工程量和施工危险程度增加。

(2)劳务分包单位施工人员在50人以下的,应当配备1名专职安全生产管理人员;50~200人的,应当配备2名专职安全生产管理人员;200人及以上的,应当配备3名及以上专职安全生产管理人员,并根据所承担的分部分项工程施工危险实际情况增加,不得少于工程施工人员总人数的5‰。

(3)采用新技术、新工艺、新材料或致害因素多、施工作业难度大的工程项目,项目专职安全生产管理人员的数量应当根据施工实际情况适度增加。

(4)建筑施工企业应当实行建设工程项目专职安全生产管理人员委派制度。

第三节 安全生产投入与管理

一、安全生产投入的法律法规要求和分类

(一)安全生产投入的法律法规要求

安全生产投入是指为了实现安全而投入的人力、物力、财力和时间等。《安全生产法》第二十条明确指出,生产经营单位应当具备安全生产法和有关法律、行政法规和国家标准或者行业规定的安全生产条件;不具备安全生产条件的,不得从事生产经营活动。

《企业安全生产标准化基本规范》(GB/T 33000—2016)提到,企业应建立安全生产投入保障制度,按照有关规定提取和使用安全生产费用,并建立使用台账。

水利水电施工企业必须安排适当的资金,用于改善安全设施,更新安全技术装备、器材、仪器仪表以及其他安全生产投入,以保证企业达到法律、法规、标准规定的安全生产条件。水利水电施工企业对工程项目安全生产投入资金的使用负总责,分包单位对所分包工程的安全生产投入资金的使用负责。

(二)安全生产投入分类

安全生产投入是水利水电施工企业安全生产的基本保证,施工项目是安全生产投入的对象,其投入费用从工程项目施工生产成本、直接费用和管理费用中单独列支,专款专用。安全生产投入内容很多,按照投入的动力和目的划分为两类,即主动投入和被动投入。

主动投入是从生产过程的安全目的出发,预先采取各种措施而需要的投入。这种投入是主动的、积极的、必不可少的。主动投入主要包括安全措施费用、安全预防管理费用和安全防护用品费用。

被动投入一般指在事故发生后的经济损失及产生的社会影响和危害。这种投入是消极的、被动的、无可奈何的,但它并不是不可避免的。被动投入包括事故造成的直接损失和间接损失,按照我国有关规定,前者是指事故造成人身伤亡及善后处理支出的费用和毁坏财产的价值;后者指因事故导致产值减少、资源破坏和事故影响而造成的其他损失价值。

二、安全生产费用的使用和管理

安全生产费用是指企业按照规定标准提取,在成本中列支,专门用于完善和改进企业

安全生产条件的资金。在水利水电工程建设中,用于安全技术措施的经费和安全文明施工措施经费是为了确保施工安全文明生产必要投入而单独设立的专项费用。

(一)法律法规依据与责任主体

根据《企业安全生产费用提取和使用管理办法》(财资〔2022〕136号)的要求,水利水电施工企业安全生产费用提取标准为建筑安装工程造价的2.5%,提取的安全生产费用列入工程造价,在竞标时,不得删减。总包单位应将安全生产费用按比例直接支付分包单位,分包单位不再重复提取。水利水电施工企业在工程报价中应包含工程施工的安全作业环境及安全施工措施所需费用。工程承包合同中应明确安全作业环境及安全施工措施所需费用。对列入工程建设概算的安全生产费用,应用于施工安全防护用具及设施的采购和更新、安全施工措施的落实、安全生产条件的改善,不得挪作他用。

(二)安全生产费用使用

安全生产费用按照"企业提取、政府监管、确保需要、规范使用"的原则进行财务管理,水利水电施工企业安全生产费用主要用于下列几个方面:

(1)完善、改造和维护安全防护设施设备支出(不含"三同时"要求初期投入的安全设施),包括施工现场临时用电系统、洞口、临边、机械设备、高处作业防护、交叉作业防护、防火、防爆、防尘、防毒、防雷、防台风、防地质灾害、地下工程有害气体监测、通风、临时安全防护等设施设备支出。

(2)配备、维护、保养应急救援器材、设备支出和应急演练支出。

(3)开展重大危险源和事故隐患评估、监控和整改支出。

(4)安全生产检查、咨询、评价(不包括新建、改建、扩建项目安全评价)和标准化建设支出。

(5)配备和更新现场作业人员安全防护用品支出。

(6)安全生产宣传、教育、培训支出。

(7)安全生产适用的新技术、新装备、新工艺、新标准的推广应用支出。

(8)安全设施及特种设备检测、检验支出。

(9)安全生产信息化建设及相关设备支出。

(10)其他与安全生产相关的支出等。

在规定的使用范围内,水利水电施工企业应当将安全生产费用优先用于满足安全生产监督管理部门以及水利行业主管部门对企业安全生产提出的整改措施或达到安全生产标准所需支出。水利水电施工企业提取安全生产费用应当专户核算,按规定范围安排使用,不得挤占、挪用。年度结余资金结转下年度使用,当年计提安全生产费用不足的,超出部分按正常成本费用渠道列支。

(三)安全生产费用管理

水利水电施工企业安全生产费用管理工作主要包括下列几个方面:

(1)制定安全生产的费用保障制度,明确提取、使用、管理的程序、职责及权限。

(2)按照《企业安全生产费用提取和使用管理办法》(财资〔2022〕136号)的规定足额提取安全生产费用;在编制投标文件时将安全生产费用列入工程造价。

(3)根据安全生产需要编制安全生产费用计划,并严格审批程序,建立安全生产费用使用台账。

(4)每年对安全生产费用的落实情况进行检查、总结和考核。

码 3-4 文档:企业安全生产费用使用台账

三、安全技术措施计划

安全技术措施计划是水利水电施工企业财务计划的一个组成部分,是改善企业安全生产条件、有效防止事故和职业病的重要保证制度。水利水电施工企业为了保证安全资金的有效投入,应编制安全技术措施计划。

(一)安全技术措施

安全技术措施计划的核心是安全技术措施。安全技术措施是为研究解决生产中安全技术方面的问题而采取的措施。针对生产劳动中的不安全因素,采取科学有效的技术措施予以控制和消除。按照导致事故的原因可分为防止事故发生的安全技术措施、减少事故损失的安全技术措施。

(1)防止事故发生的安全技术措施是指为了防止事故发生,采取的约束、限制能量或危险物质防止其意外释放的技术措施。常用的防止事故发生的安全技术措施有消除危险源、限制能量或危险物质等。

(2)减少事故损失的安全技术措施是指防止意外释放的能量引起人的伤害或物的损坏,或减轻其对人的伤害或对物的破坏的技术措施。常用的减少事故损失的安全技术措施有隔离、设置薄弱环节、个体防护、避难与救援等。

(二)安全技术措施计划的基本内容

1. 安全技术措施计划的项目范围

安全技术措施计划大体可以分为下列4类:

(1)安全技术措施。安全技术措施是指以防止工伤事故和减少事故损失为目的的一切技术措施。如安全防护装置、保险装置、信号装置、防火防爆装置等。

(2)卫生技术措施。卫生技术措施是指改善对员工身体健康有害的生产环境条件,防止职业中毒与职业病的技术措施。如防尘、防毒、防噪声与振动、通风、降温、防寒、防辐射等装置或设施。

(3)辅助措施。辅助措施是指保证工业卫生方面所必需的房屋及一切卫生性保障措施。如尘毒作业人员的淋浴室、更衣室等。

(4)安全宣传教育措施。安全宣传教育措施是指提高作业人员安全素质的宣传教育设备、仪器、教材和场所。

2. 安全技术措施计划的编制内容

每一项安全技术措施计划应至少包括下列内容:

(1)措施应用的单位或工作场所。

(2)措施名称。

(3)措施的目的和内容。

(4)经费预算及来源。

(5)实施部门和负责人。

(6)开工日期和竣工日期。

(7)措施预期效果及检查验收。

(三)安全技术措施计划编制的原则

安全技术措施计划编制的原则包括:

(1)必要性和可行性原则。编制计划时,一方面,要考虑安全生产的实际需要,如针对在安全生产检查中发现的隐患、可能引发伤亡事故和职业病的主要原因,新技术、新工艺、新设备等的应用,安全技术革新项目和职工提出的合理化建议等方面编制安全技术措施;另一方面,还要考虑技术可行性与经济承受能力。

(2)自力更生与勤俭节约的原则。编制计划时,要注意充分利用现有的设备和设施,挖掘潜力,讲究实效。

(3)轻重缓急与统筹安排的原则。对影响最大、危险性最大的项目应优先考虑,逐步有计划地解决。

(4)领导和群众相结合的原则。加强领导,依靠群众,使计划切实可行,以便顺利实施。

(四)安全技术措施计划编制的要求

安全技术措施计划编制的要求包括下列内容:

(1)对施工现场安全管理和施工过程的安全控制进行全面策划,编制安全技术措施,并进行动态管理。

(2)要在工程开工前编制,并经过审批。随着工程更改等情况变化,安全技术措施也必须及时补充完善。

(3)要有针对性。编制安全技术措施的技术人员必须掌握工程概况、施工方法、场地环境、条件等第一手资料,熟悉安全生产法律法规、标准等,编写有针对性的安全技术措施:

①针对不同工程可能造成的施工危害;

②针对不同的施工方法,如立体交叉作业、大构件整体提升吊装、大模板施工等;

③针对使用的各种机械设备、变配电设施给施工人员可能带来的危险因素;

④针对施工中有毒有害、易爆、易燃等作业,可能给施工人员造成的危害;

⑤针对施工场地及周围环境,可能给施工人员或周围居民带来危害,以及材料、设备运输带来的困难和不安全因素。

(4)考虑全面、具体。安全技术措施应贯穿于全部施工工序中,多种因素和各种不利条件考虑全面、具体,但并不等于罗列、抄录通常的操作工艺、施工方法以及日常安全工作制度、安全纪律等制度性规定。

(5)对达到一定规模的危险性较大的单项工程(基坑支护、降水工程,土方和石方开挖工程,模板工程及支撑体系,起重吊装及安装拆卸工程,脚手架工程,拆除、爆破工程,围堰工程,水上作业工程,沉井工程,临时用电工程,其他危险性较大的工程)应编制专项施工方案,由施工单位技术负责人组织施工技术、安全、质量等部门的专业技术人员进行审核。经审核合格的,应由施工单位技术负责人签字确认。实行分包的,应由总承包单位和分包单位技术负责人共同签字确认。经施工单位审核合格后应报监理单位，由项目总监理工程师审核签字，并报项目法人备案。对于超过一定规模的危险性较大的单项工程（深基坑工程，模板工程及支撑体系，起重吊装及安装拆卸工程，脚手架工程，拆除、爆破工程，其他危险性较大的工程）的专项施工方案，水利水电施工企业还应组织专家进行论证、审查。

总之，应该根据工程施工的具体情况进行系统分析，选择最佳施工安全方案，编制有针对性的安全技术措施。

（五）安全技术措施计划的编制注意事项

安全技术措施计划所需要的设备、材料，应列入物资技术供应计划；对于各项措施，应规定实现的期限和负责人，水利水电施工企业的领导人对安全技术措施计划的编制和贯彻执行负责，水利水电施工企业在编制和实施安全技术措施计划中应做到下列要求：

（1）在编制生产、技术、财务计划的同时，必须负责编制安全技术措施计划。

（2）国家规定的安全技术措施经费，必须按比例提取和正确使用，不得挪用。

（3）应以改善劳动条件、解决事故隐患、防止伤亡事故和进行尘毒治理、预防职业病等为目的，确定有关安全技术措施计划的范围及所需经费。

（4）安全技术措施计划的制订与实施，以及安全技术措施经费的提取与使用，应接受工会的监督。

第四节　安全生产规章制度

一、安全生产规章制度

安全生产规章制度是指水利水电施工企业依据国家有关法律法规、国家和行业标准，结合水利工程施工安全生产实际，以企业名义颁发的有关安全生产的规范性文件。一般包括规程、标准、规定、措施、办法、制度、指导意见等。

码 3-5　PPT：生产经营单位安全生产主体责任落实

安全生产规章制度是水利水电施工企业贯彻国家有关安全生产法律法规、国家和行业标准，贯彻国家安全生产方针政策的行动指南，使水利水电施工企业有效防范安全风险，保障从业人员安全健康、财产安全、公共安全，加强安全生产管理的重要措施。

（一）建立健全安全生产规章制度的必要性

建立健全安全生产规章制度是水利水电施工企业的法定责任，企业是安全生产的责任主体。《安全生产法》第四条规定，生产经营单位必须遵守本法和其他有关安全生产的法律、法规，加强安全生产管理，建立健全安全生产责任制度，改善安全生产条件，确保安全生产。《突发事件应对法》第二十二条规定，所有单位应当建立健全安全管理制度，定期检查本单位各项安全防范措施的落实情况，及时消除事故隐患。因此，建立健全安全生产规章制度是国家有关安全生产法律法规明确的生产经营单位的法定责任。

建立健全安全生产规章制度是水利水电施工企业安全生产的重要保障。安全风险来自于生产经营过程,只要生产经营活动在进行,安全风险就客观存在。客观上需要企业对施工过程中的机械设备、人员操作进行系统分析、评价,制定出一系列的操作规程和安全控制措施,以保障生产经营工作有序、安全地运行,将安全风险降到最低。

建立健全安全生产规章制度是水利水电施工企业保护从业人员安全与健康的重要手段。国家有关保护从业人员安全与健康的法律法规、国家和行业标准的具体实施只有通过企业的安全生产规章制度才能体现出来,才能使从业人员明确自己的权利和义务。同时,为从业人员遵章守纪提供了标准和依据。

(二)安全生产规章制度建设的依据与原则

安全生产规章制度是以安全生产法律法规、国家和行业标准、地方政府的法规和标准为依据。水利水电施工企业安全生产规章制度是一系列法律法规在企业生产经营过程具体贯彻落实的体现。

安全生产规章制度建设必须按照"安全第一、预防为主、综合治理"的要求,坚持主要负责人负责、系统性、规范化和标准化等原则。安全第一,要求企业必须把安全生产放在各项工作的首位,正确处理好安全生产与工程进度、经济效益的关系;预防为主,就是要求企业的安全生产管理工作要以危险有害因素的辨识、评价和控制为基础,建立安全生产规章制度,通过制度的实施达到规范人员行为、消除不安全状态、实现安全生产的目标;综合治理,就是要求在管理上综合采取组织措施、技术措施,落实责任,各负其责,齐抓共管。

主要负责人负责的原则。《安全生产法》规定,建立、健全本单位安全生产责任制,组织制定本单位安全生产规章制度和操作规程,是生产经营单位的主要负责人的职责。安全生产规章制度的建设和实施,涉及生产经营单位的各个环节和全体人员,只有主要负责人负责,才能有效调动和使用企业的所有资源,才能协调好各方关系,规章制度的落实才能够得到保证。

系统性原则。安全风险来自于生产经营活动过程之中,因此安全生产规章制度的建设应按照安全系统工程的原理,涵盖生产经营的全过程、全员、全方位。

规范化和标准化原则。施工企业安全生产规章制度的建设应实现规范化和标准化管理,以确保安全生产规章制度建设得严密、完整、有序,建立完整的安全生产规章制度体系,建立安全生产规章制度起草、审核、发布、教育培训、执行、反馈、持续改进的组织管理程序,做到目的明确、流程清晰、具有可操作性。

(三)水利水电施工企业安全生产规章制度体系

目前,我国还没有明确的安全生产规章制度分类标准。从广义上讲,安全生产规章制度应包括安全管理和安全技术两个方面的内容。在长期的安全生产实践过程中,许多水利水电施工企业按照自身的习惯和传统,形成了具有行业特色的安全生产规章制度体系。

1. 综合安全管理制度

综合安全管理制度包括但不限于安全生产目标管理制度、安全生产责任制度、安全生产考核奖惩制度、安全管理定期例行工作制度、安全设施和费用管理制度、安全技术措施审查制度、技术交底制度、分包(供)方管理制度、重大危险源管理制度、危险物品使用管理制度、危险性较大的单项工程管理制度、隐患排查和治理制度、事故调查报告处理制度、应急管理制度、消防安全管理制度、社会治安管理制度、安全生产档案管理制度等。

2. 人员安全管理制度

人员安全管理制度包括但不限于安全教育培训制度，人身意外伤害保险管理制度，劳保用品发放使用和管理制度，安全工器具使用管理制度，用工管理制度，特种作业及特殊危险作业管理制度，岗位安全规范，职业健康管理制度，现场作业安全管理制度等。

3. 设施设备安全管理制度

设施设备安全管理制度包括但不限于生产设备设施安全管理制度、定期巡视检查制度、定期检测检验制度、定期维护检修制度、安全操作规程。

4. 环境安全管理制度

环境安全管理制度包括但不限于安全标准管理制度、作业环境管理制度、职业卫生与健康管理制度等。

(四)安全生产规章制度的管理

(1)起草。一般由企业安全生产管理部门或相关职能部门负责起草，起草前应明确目的、适用范围、主管部门、解释部门及实施日期等，同时应做好相关资料的准备和收集工作。

规章制度编制应做到目的明确、条理清楚、结构严谨、用词准确、文字简明、标点符号正确。水利水电施工企业安全生产规章制度应至少包含：①适用范围；②具体内容和要求；③责任人(部门)的职责与权限；④基本工作程序及标准；⑤考核与奖惩措施。

(2)会签或公开征求意见。起草的规章制度，应通过正式渠道征得相关职能部门或员工的意见和建议，以利于规章制度颁布后的贯彻落实。当意见不能取得一致时，应由安全生产领导小组组织讨论，统一认识，达成一致。

(3)审核。制度签发前，应进行审核。一是由企业负责法律事务的部门进行合规性审查；二是专业技术性较强的规章制度应邀请相关专家进行评审；三是安全奖惩等涉及全员性的制度，应经过职工代表大会或职工代表审议。

(4)签发。技术规程、安全操作规程等技术性较强的安全生产规章制度，一般由企业主管生产的领导或总工程师签发，涉及全局性的综合管理制度应由企业的主要负责人签发。

(5)发布。应采用固定的方式进行发布，如红头文件、内部办公网络等。发布的范围应涵盖应执行的部门、人员，有些特殊的制度还须正式送达相关人员，并由接收人员签字。

(6)培训。新颁布的安全生产规章制度、修订的安全生产规章制度，应组织进行培训，安全操作规程类规章制度还应组织相关人员进行考试。

(7)反馈。应定期检查安全生产规章制度执行中存在的问题，建立信息反馈渠道，及时掌握安全生产规章制度的执行效果。

(8)持续改进。水利水电施工企业应将适用的安全生产法律法规、规章制度、标准清单和企业安全生产管理制度、安全操作规程(手册)分门别类印制成册或制订电子文档配发给单位各部门和各岗位，组织全体从业人员学习，并做好学习记录。企业安全生产管理部门应每年至少一次组织对本单位执行安全生产法律法规、规章制度、标准清单和企业安全管理制度、安全操作规程(手册)情况进行检查评估,评估报告应当报企业法人和企业安全生产领导小组审阅。对安全操作规程,除每年进行审查和修订外,应每3~5年进行一次全面修订,并重新发布。企业应根据检查评估结论对本单位制订的安全生产管理制度实行动态管理,及时进行修订、备案和重新编印。

二、安全生产责任制

《安全生产法》明确规定:生产经营单位必须建立、健全安全生产责任制。

安全生产责任制主要是指企业的各级领导、职能部门和在一定岗位上的劳动者个人对安全生产工作负责任的一种制度,也是企业的一项基本管理制度。安全生产责任制的实施是对已有安全生产制度的再落实管理,无论是政府还是企业,在实施安全生产责任制之前要考虑实施的环境、实施的对象,选择不同的方法,应用不同的方式,对具体的安全生产过程进行全方位、全过程的分解,确定不同生产行为过程的负责人,制定清晰明确的责任制度和责任评价制度,保障安全生产主体责任的落实,是所有安全生产规章制度的核心。

(一)安全生产责任制的制定原则

水利水电施工企业应建立健全以主要负责人为核心的安全生产责任制,明确各级负责人、各职能部门和各岗位的责任人员、责任范围和考核标准。安全生产责任制的制订应当遵循以下原则:

(1)法治性原则。企业安全生产责任制的建立要遵循国家安全生产方面的法律法规,同时要遵循一些地方性的安全生产法律法规。

(2)科学性原则。科学性原则就是在制定企业安全生产责任制时,要有根有据,使制订的制度与本企业、本项目、本工序的生产实际相符合,而不是简单地仅凭自己的经验体会去制订。

(3)民主性原则。责任制度是规范劳动者行为,并为行为负责。企业安全生产责任制的内容要从企业实际出发,广泛听取劳动者意见,集思广益、综合分析,能反映全体劳动者的客观意愿。企业责任制度要本着公开的精神,使得全体劳动者都知道规章制度,特别是应清晰知道自己所承担的责任,这是民主原则的重要体现,也是实现民主的有效方式和途径。

(4)有效性原则。包括两个方面:一是制度本身能对防止事故有效;二是制度执行有效。要保证制度的有效性必须做到内容规定明确,与实际相符,制度具有操作性。

(二)安全生产责任制的制定程序

水利水电施工企业安全生产责任制的制定一般参照以下程序:

(1)确定主体责任制度管理机构。水利水电施工企业应当设立专门的安全生产管理部门负责安全生产责任制的制定和管理工作。

(2)资料收集和分析。将企业生产活动进行分解,确定安全生产任务和安全生产目标。

(3)安全生产责任制的编写。成立编写组,根据安全生产任务和安全生产目标提出主体责任制度的整体架构,确定责任清单,编写制度初稿。

(4)讨论修改与审议审定。安全生产责任制度应当经充分讨论,也可聘请外部专家进行专题咨询和评审,讨论由企业安全生产管理部门组织,讨论修改后应提交企业安全生产领导小组审议或提交企业董事会、总经理办公会议等决策机构审定,审定后应当及时发布。

安全生产责任制的建立程序主要体现在制度编写前准备、制度编写和制度执行反馈后修改等环节,而对于具体的细节问题,企业可根据实际进行调整,以期达到最佳效果。

水利水电施工企业在编写责任制度时还应注意以下几点:

(1)首先要明确岗位职责,在什么岗位应该有哪些工作内容,然后根据作业内容融入与之有关联的安全生产责任。

(2)要包括国家及地方的法律法规、行业和企业标准。

(3)有制度必须有检查,有检查必须有结果,有结果必须有奖惩。

(4)责任人必须签字并签署日期,要让责任人了解自己承担的是什么角色,应该承担什么责任和义务。

(5)落实责任制。

(三)安全生产责任制体系

水利水电施工企业应当建立完整的安全生产责任制体系,范围覆盖本企业所有组织、管理部门和岗位,纵向到底,横向到边,其主要包括两个方面:一是纵向方面,应涵盖各级人员;二是横向方面,应涵盖各职能部门。

各级人员主要包括公司总经理、分管安全生产工作副总经理、分管业务副总理、总工程师(技术负责人)、工程项目部经理、工长、施工员、专职安全管理人员、工程项目技术负责人、工程项目安全管理人员、班组长、操作人员等。各级部门主要包括工程管理部门、财务部门、安全生产管理部门、人力资源管理部门、质检部门、生产技术管理部门、机械设备管理部门、消防保卫管理部门、工会、分包单位等。安全生产责任制体系架构见图3-1。

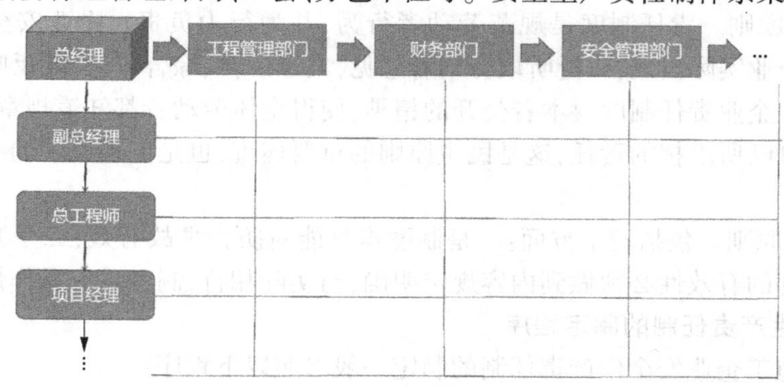

图3-1 安全生产责任制体系架构

(四)安全生产责任制的执行与考评

水利水电施工企业建立安全生产责任制的同时,要结合企业实际建立健全各项配套制度,特别要发挥工会的监督作用,保证安全生产责任制真正得到落实。要建立安全生产监督检查制度,强化日常的监督检查工作;要建立有效的考评奖惩制度,对责任制落实情况进行考核与奖惩;要建立严格的责任追究制度,完善问责机制,确保责任制的真正落实到位。

水利水电施工企业安全生产责任制应以文件形式印发,企业安全管理部门应每季度对安全生产责任制落实情况进行检查、考核,记录在案;应定期组织对相关安全生产责任制的适宜性进行评估,根据评估结论,及时更新和调整责任制内容,保证安全生产责任制的及时有效性。更新后的安全生产责任制应按规定进行备案,并以文件形式重新印发。

三、安全管理人员安全管理职责

(一)企业主要负责人

水利水电施工企业主要负责人是安全生产第一责任人,对全企业的安全生产工作全面负责,必须保证本企业安全生产和企业员工在工作中的安全、健康和生产过程的顺利进行。水利施工企业主要负责人应履行下列安全管理职责:

(1)贯彻执行国家法律法规、规章、制度和标准,建立健全安全生产责任制,组织制定安全生产管理制度、安全生产目标计划、生产安全事故应急救援预案。

(2)保证安全生产费用的足额投入和有效使用。

(3)组织安全教育和培训;依法为从业人员办理保险。

(4)组织编制、落实安全技术措施和专项施工方案。

(5)组织危险性较大的单项工程、重大事故隐患治理和特种设备验收。

(6)组织事故应急救援演练。

(7)组织安全生产检查,制订隐患整改措施并监督落实。

(8)及时、如实报告安全生产事故,组织生产安全事故现场保护和抢救工作,组织、配合事故的调查等。

(二)企业技术负责人

水利水电施工企业技术负责人主要负责项目施工安全技术管理工作,其应履行下列安全管理职责:

(1)组织施工组织设计方案、专项工程施工方案、重大事故隐患治理方案的编制和审查。

(2)参与制定安全生产管理规章制度和安全生产目标管理计划。

(3)组织工程安全技术交底。

(4)组织事故隐患排查、治理。

(5)组织项目施工安全重大危险源的识别、控制和管理。

(6)参与或配合安全生产事故的调查等。

(三)项目负责人

水利水电施工企业项目负责人是施工现场安全生产的第一责任人,对施工现场的安全生产全面负责。水利水电施工企业项目负责人主要有下列安全生产职责:

(1)依据项目规模特点,建立安全生产管理体系,制定本项目安全生产管理具体办法和要求,按有关规定配备专职安全管理人员,落实安全生产管理责任,并组织监督、检查安全管理工作实施情况。

(2)组织制订具体的施工现场安全施工费用计划,确保安全生产费用的有效使用。

(3)负责组织项目主管、安全副经理、总工程师、安监人员落实施工组织设计、施工方案及其安全技术措施,监督单元工程施工中安全施工措施的实施。

(4)项目开工前对施工现场形象进行规划、管理,达到安全文明工地标准。

(5)负责组织对本项目全体人员进行安全生产法律法规、规章制度以及安全防护知识与技能的培训教育。

(6)负责组织项目各专业人员进行危险源辨识,做好预防预控,制定文明安全施工计划并贯彻执行;负责组织安全生产和文明施工定期与不定期检查,评估安全管理绩效,研究分析并及时解决存在的问题;同时,接受上级机关对施工现场安全文明施工的检查,对检查中发现的事故隐患和提出的问题,定人、定时间、定措施予以整改,及时反馈整改意见,并采取预防措施避免重复发生。

(7)负责组织制定安全文明施工方面的奖惩制度,并组织实施。

(8)负责组织监督分包单位在其资质等级许可的范围内承揽业务,并根据有关规定以及合同约定对其实施安全管理。

(9)组织制定安全生产事故的应急救援预案。

(10)及时、如实报告生产安全事故,组织抢救,做好现场保护工作,积极配合有关部门调查事故原因,提出预防事故重复发生和防止事故危害扩延的措施。

(四)专职安全生产管理人员

水利水电施工企业专职安全生产管理人员应履行下列安全管理职责:

(1)组织或参与制定安全生产各项规章制度、操作规程和安全生产事故应急救援预案。

(2)协助企业主要负责人签订安全生产目标责任书,并进行考核。

(3)参与编制施工组织设计和专项施工方案,制订并监督落实重大危险源安全管理和重大事故隐患治理措施。

(4)协助项目负责人开展安全教育培训、考核。

(5)负责安全生产日常检查,建立安全生产管理台账。

(6)制止和纠正违章指挥、强令冒险作业和违反劳动纪律的行为。

(7)编制安全生产费用使用计划并监督落实。

(8)参与或监督班前安全活动和安全技术交底。

(9)参与事故应急救援演练。

(10)参与安全设施设备、危险性较大的单项工程、重大事故隐患治理验收。

(11)及时报告安全生产事故,配合调查处理。

(12)负责安全生产管理资料收集、整理和归档等。

(五)班组长

班组长应履行下列安全管理职责:

(1)执行国家法律法规、规章、制度、标准和安全操作规程,掌握班组人员的健康状况。

(2)组织学习安全操作规程,监督个人劳动保护用品的正确使用。

(3)负责安全技术交底和班前教育。

(4)检查作业现场安全生产状况,及时发现纠正问题。

(5)组织实施安全防护、危险源管理和事故隐患治理等。

四、企业安全操作规程管理

(一)企业安全操作规程的编制

根据《水利安全生产标准化评审管理暂行办法》(水安监〔2013〕189号)的要求,水利水电施工企业应根据国家安全生产方针政策法规及本企业的安全生产规章制度,结合岗位、工种特点,引用或编制齐全、完善、适用的岗位安全操作规程,发放到相关班组、岗位,并对员工进行培训和考核。

安全操作规程一般应包括下列内容:

(1)操作必须遵循的程序和方法。

(2)操作过程中有可能出现的危及安全的异常现象及紧急处理方法。

(3)操作过程中应经常检查的部位、部件及检查验证是否处于安全稳定状态的方法。

(4)对作业人员无法处理的问题的报告方法。

(5)禁止作业人员出现的不安全行为。

(6)非本岗人员禁止出现的不安全行为。

(7)停止作业后的维护和保养方法等。

(二)企业安全操作规程的执行

安全操作规程是保护从业人员安全与健康的重要手段,也为从业人员遵章守纪、规范操作提供标准和依据。安全操作规程的执行主要落实在宣传贯彻、严格执行、评估修订、监督检查等环节。

(1)加强宣传贯彻。水利水电施工企业必须加大对安全操作规程的宣传力度,通过大力宣传贯彻和教育培训,使员工掌握安全操作规程的要领,熟悉规程的各项规定。

(2)重在落实与执行。安全操作规程一旦编制下发,要始终保持规程的严肃性,保证正确的规定和指令安排得到有效执行。

(3)注重监督检查与评估修订。水利水电施工企业应当定期对安全操作规程的执行情况进行监督检查与评估,并根据检查反馈的问题和评估情况,对规程进行及时修订,确保有效性和适用性。

第五节　安全教育培训

安全教育培训是各级领导从"以人为本"的高度出发,实现"安全第一、预防为主、综合治理"的根本保证,其最终目的是教育从事安全生产相关工作的人员如何提高自身安全素质,保障生命安全。

水利水电施工企业应确定安全教育培训主管部门,按规定及岗位需要,定期识别安全教育培训需求,制订、实施安全教育培训计划,提供相应的资源保证。并应做好安全教育培训记录,建立安全教育培训档案,实施分级管理,对培训效果进行评估和改进。

一、安全教育培训的种类

安全教育培训按教育培训的对象分类，可分为安全管理人员（包括企业主要负责人、项目负责专职安全生产管理人员）、岗位操作人员（包括特种作业人员、新员工、转岗或离岗人员等）和其他人员的安全教育。水利水电施工企业根据教育培训对象、侧重内容的不同提出教育培训要求。企业安全教育漫画如图 3-2 所示。

图 3-2 企业安全教育漫画

（一）安全管理人员的安全教育培训

水利水电施工企业主要负责人、项目负责人、专职安全生产管理人员应具备与本企业所从事的生产经营活动相适应的安全生产知识、管理能力和资格，每年按规定进行再培训。

1. 安全管理人员安全教育培训学时要求

水利水电施工企业主要负责人、项目负责人、专职安全生产管理人员安全教育培训学时应满足 SL 721—2015 等规范要求。

2. 安全管理人员安全教育培训内容要求

水利水电施工企业主要负责人、项目负责人安全教育培训应当包括下列内容：

（1）国家安全生产方针、政策和有关安全生产的法律、法规、规章及标准。

（2）安全生产管理基本知识、安全生产技术、安全生产专业知识。

（3）重大危险源管理、重大事故防范、应急管理和救援组织以及事故调查处理的有关规定。

（4）职业危害及其预防措施。

(5)国内外先进的安全生产管理经验。

(6)典型事故和应急救援案例分析。

(7)其他需要培训的内容。

水利水电工程建设专职安全生产管理人员安全教育培训应当包括下列内容:

(1)国家安全生产方针、政策和有关安全生产的法律、法规、规章及标准。

(2)安全生产管理、安全生产技术、职业卫生等知识。

(3)伤亡事故统计、报告及职业危害防范、调查处理方法。

(4)应急管理、应急预案编制以及应急处置的内容和要求。

(5)国内外先进的安全生产管理经验。

(6)典型事故和应急救援案例分析。

(7)其他需要培训的内容等。

(二)岗位操作人员安全教育培训

1.特种作业人员安全教育培训

特种作业是指容易发生事故,对操作者本人、他人的安全健康及设备、设施的安全可能造成重大危害的作业。水利水电工程建设项目特种作业包括电工作业、焊接与热切制作业、高处作业、制冷与空调作业、安全监管总局认定的其他作业。

直接从事特种作业的人员称为特种作业人员。特种作业人员必须经专门的安全技术培训并考核合格,取得特种作业操作证后,方可上岗作业。

特种作业操作证在全国范围内有效,有效期为6年,每3年复审1次。特种作业人员在特种作业操作证有效期内,连续从事本工种10年以上,严格遵守有关安全生产法律、法规的,经原考核发证机关或者从业所在地考核发证机关同意,特种作业操作证的复审时间可以延长至每6年1次。特种作业操作证申请复审或者延期复审前,特种作业人员应当参加必要的安全培训并考试合格。安全培训时间不少于8个学时,主要培训法律、法规、标准、事故案例和有关新工艺、新技术、新装备等知识。再复审、延期复审仍不合格,或者未按期复审的,特种作业操作证失效。

2.新员工三级安全教育

三级安全教育一般是指企业、部门、班组的安全教育。一般是由企业的安全、教育、劳动、技术等部门配合组织进行的。受教育者必须经过教育、考试,合格后才准许进入生产岗位;考试不合格者不得上岗工作,必须重新补考,合格后方可工作。

企业级安全教育指新员工分配到工作岗位之前,由水利水电施工企业的安全生产部门进行的初步安全教育。教育培训的重点内容是国家和地方有关安全生产法律、法规、规章、制度、标准、企业安全生产规章制度和劳动纪律、从业人员安全生产权利和义务等。

部门级安全教育指新员工分配到部门后,由部门进行安全教育。培训内容重点是:本岗位工作及作业环境范围内的安全风险辨识、评价和控制措施;典型事故案例;岗位安全职责、操作技能及强制性标准;自救互救、急救方法、疏散和现场紧急情况的处理;安全设施、个人防护用品的使用和维护等。

班组级安全教育指新员工进入工作岗位前的教育,一般采用“老带新”或“师带徒”的方式。教育内容:本工种的安全操作规程和技能、劳动纪律、安全作业与职业卫生要求、作业质量与安全标准、岗位之间衔接配合注意事项、危险点识别、事故防范和紧急避险方法等。

新员工三级安全教育时间应满足 SL 721—2015 等规范要求。新员工工作一段时间后,为加深其对三级安全教育的感性和理性认识,也为了使其适应现场变化,必须进行安全继续教育。培训内容可从原先的三级安全教育内容中有重点地选择,并进行考核,不合格者不得上岗工作。

3.“五新”教育培训

在新工艺、新技术、新材料、新装备、新流程投入使用前,对有关管理、操作人员进行有针对性的安全技术和操作技能培训。

4.转岗或待岗安全教育

待岗、转岗的职工,上岗前必须经过安全生产教育培训,时间不得少于 20 学时。

(三)其他从业人员安全教育培训

水利水电施工企业应督促分包单位对员工按照规定进行安全生产教育培训,经考核合格后进入施工现场,并保存好员工安全教育培训记录资料;需持证上岗的岗位,不安排无证人员上岗作业。

水利水电施工企业应对外来参观、学习等人员进行有关安全规定、可能接触到的危险及应急知识等内容的安全教育和告知,并由专人带领做好相关监护工作。

二、安全教育培训实施与考核

码 3-6　文档:PDCA 循环

安全教育培训的指导思想是企业开展安全培训的总的指导理念,也是主动开展企业职业健康安全教育的关键。安全教育培训工作是一个系统工程,涉及计划、实施、检查与评估、改进等诸多环节。只有确定与企业职业健康安全方针一致的安全教育培训指导思想才能实现企业安全教育系统的 PDCA 循环,确保安全教育培训体系的有效运行,顺利实现企业的职业健康安全方针。

(一)制订安全教育培训计划

水利水电施工企业应定期识别安全教育培训需求,制订教育培训计划。安全教育培训计划要确定培训内容、培训的对象和时间,对培训的经费做出概算。

一般来说,教育培训对象主要分为安全管理人员、特种作业人员、一般操作人员;教育培训时间可分为定期培训(如安全管理人员和特种作业人员的年度培训)和不定期培训(如一般性操作工人的安全基础知识培训、企业安全生产规章制度和操作规程培训、分阶段的危险源专项培训等)。教育培训的内容、对象和时间确定后,安全教育培训计划还应对培训的经费做出概算。

(二)选择安全教育培训方式

从教育培训手段看,目前多数还是授课的传统手段,运用多媒体技术开展教育培训还不太普遍。从解决行业内较大教育培训需求和教育培训资源相对不足的矛盾来看,采取多媒体技术大范围开展培训势在必行。

一般性操作工人的安全基础知识的教育培训,应遵循易懂、易记、易操作、趣味性强的原则，建议采用发放图文并茂的安全知识小手册、播放安全教育多媒体教程的方式增强培训效果。多媒体安全教育培训可使枯燥的安全培训工作寓教于乐，充分提升安全培训效果。现场培训可应用便携式多媒体安全培训工具箱。

多媒体安全培训工具箱对安全培训教室所需的硬件、软件、课件进行集成，并以培训自动化、多媒体化的优势将安全生产管理人员从繁重的安全培训工作中彻底解放出来。

VR体验式培训以现场施工环境为背景，采用虚拟环境人机交互体验的方式，高度还原事故发生过程，让体验人员从视觉、听觉、触觉等感官深刻体验现场施工可能对人产生的伤害，对工人产生持久的威慑力，达到更好的培训效果。水利工程安全生产虚拟仿真实训室见图3-3。

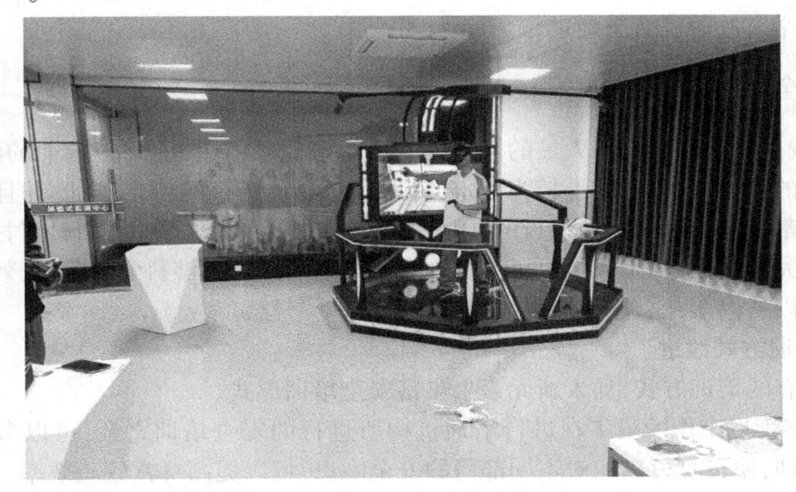

图3-3　水利工程安全生产虚拟仿真实训室

另外，班组班前、班后会作为安全教育培训的重要补充，应予以充分重视。

（三）安全教育培训考核

考核是评价教育培训效果的重要环节，是改进安全教育培训效果的重要输入信息。依据考核结果，可以评定员工接受教育培训的认知程度和采用的教育培训方式的适宜程度。

考核的形式主要有下列几种：

（1）书面形式开卷。适宜普及性培训的考核，如针对一般性操作工人的安全教育培训。

（2）书面形式闭卷。适宜专业性较强的培训，如管理人员和特殊工种人员的年度考核。

（3）计算机联考。将试卷用计算机程序编制好，并放在企业局域网上，员工可以通过在本地网或通过远程登录的方式在计算机上答题，这种模式一般适用于公司管理人员和特殊工种人员。计算机联考便于培训档案管理，具有到期提醒功能。

（四）安全教育培训档案

安全教育培训档案的管理是安全教育培训的重要环节，通过建立安全教育培训档案，在整体上对培训人员的安全素质做必要的跟踪和综合评估，在招收员工时可以与历史数据进行比对,比对的结果可以作为是否录用或发放安全上岗证的重要依据。安全教育培训档案可以使用计算机管理,通过该程序完成个人培训档案录入、个人培训档案查询、个人安全素质评价、企业安全教育与培训综合评价等功能。

(五)评估安全培训效果

开展安全培训效果评估的目的在于为改进安全教育与培训的诸多环节提供信息输入,评估的内容主要从间接培训效果、直接培训效果和现场培训效果三个方面来进行。间接培训效果主要是在培训完后通过问卷的方式对培训采取的方式、培训的内容、培训的技巧方面进行评价;直接培训效果的评价依据主要为考核结果,以参加培训的人员的考核分数来确定安全教育与培训的效果;现场培训效果主要是根据在生产过程中出现的违章情况和发生安全事故的频数来确定。

三、安全培训改进措施

目前,我国针对水利施工人员的培训体系还不够完善,在技能培训方面的课程较少,且多为初级的培训,培训形式上较为固定,缺乏针对具体目标的特定培训,并且由于这些培训基本上都是国家强制要求进行的,因此施工人员接受的往往只是进行应付式的培训。即使按规定完成培训,施工人员也可能因为安全培训的方法不够科学,以至于效果不够明显,为此,可以从以下几个层面加以改进。

(一)培训方式改进

改变原有的培训方式,加入新元素来丰富安全培训形式。

(1)从事管理工作的员工在进行培训机构所进行的安全培训之余,可以参加其他部门的安全培训,使自身可以应对不同部门的安全隐患,可以提高日常管理效率。对于作业人员来说,在进行安全培训时,如果使用视频等多媒体的方式播放具体的安全事故可以增强受训员工的感官刺激,加深其对安全生产的认识。

(2)对于新员工来说,在进行入职培训的过程中,如果在进行常规的安全培训之外,针对不同岗位的具体情况,对本岗位存在的安全隐患进行额外的培训,这样可以降低员工在日后生产过程中的安全风险。另外,通过有经验的老员工在新员工培训之后带领其进行岗位实际操作流程的参观,并对安全隐患加以指出,可以帮助新员工加强记忆。

(3)工程项目开工前,由项目部组织的安全培训应细化为班组进行。除必要时的安全知识外,要根据从事的岗位不同进行机具设备及安全防护设施的性能和作用、本工种安全操作规程的培训,同时对本工种安全事故剖析、易发生事故部位及劳动用品的使用要求都应进行相应培训。

(4)当同一岗位的操作工人因文化程度可能导致接受程度不同的情况,尤其是在施工中存在学历低的农民工时,可采用不同的培训方式。文化程度较高的工作人员可采用文字讲授的方式进行培训,文化程度较低的工人除接受讲授法外,还可进行实地教学,语言讲解与实际操作结合,直观、易于理解;或者采用多媒体教学,展示工程施工中潜在的事故隐患。对此可引进新技术,如BIM技术,使用建模的方式模拟施工流程及可能发生的事故,让员工在情景模拟中处理安全事故,增加应对经验。

(5)项目部可利用网络资源建立或共享网络化的安全教育培训和信息管理平台,在工程项目施工过程中进行远程培训、远程互动交流等。

（二）增加员工互动

定期组织安全预演实训，这样才能发现知识短板，让员工在情景模拟中切身学会如何采取安全措施，将平时学习的理论知识通过演练转变为实操技能，在日后的工程施工中遇到相同的事件时便能从容应对。

开展安全知识竞赛，增强安全培训活力，在竞争中产生动力，更好地完成工作任务。通过采取安全知识问答、书面考试等形式，对于表现优秀的员工给予一定的奖励，以此提高员工参与安全培训的积极性，促进全体员工的学习动力，推动安全管理工作更好地开展。

（三）作业前评估

风险预评估与员工人身安全及工程项目的安全生产息息相关。每次作业前，应根据工作内容、工作环境，找出潜在的危险源，进行风险评估，这样可以让员工实现预警，从思想上提高安全风险意识，并在安全培训中有针对性地对潜在风险进行培训。同时，鼓励动员所有施工参与人员进行风险分析，根据自己岗位特点，发现其特有的可能引发事故的危险源，并在安全培训时重点学习。

（四）个人培训模型建立

在完成完全培训后，选择固定的时间对员工进行测试，既能了解员工掌握安全知识量的情况，又可根据各次测试结果不断完善记忆遗忘曲线模型。在以施工项目部为一整体进行全体施工人员统一培训的同时，可根据个人的测试数据建立私人培训模型，完全符合个人的记忆特点。根据私人记忆遗忘曲线模型，员工可以安排适合自己的安全培训，这样可以更高效率地提高自己的安全意识。尤其是在工程施工过程中，可能不能及时地对全体施工人员进行统一的安全培训，这时工作人员就可以根据自己的遗忘规律进行自我学习，这样不仅能降低安全事故的发生概率，又保证了自身的安全。

第六节　安全风险分级管控

危险源为可能导致人员伤亡、健康损害、财产损失或环境破坏，在一定的触发因素作用下可转化为事故的根源或状态。危险源分为重大危险源和一般危险源；重大危险源为可能导致人员重大伤亡、健康严重损害、财产重大损失或环境严重破坏，在一定的触发因素作用下可转化为事故的根源或状态；一般危险源为重大危险源以外的其他危险源。

危险源辨识指对有可能产生危险的根源或状态进行分析，识别危险源的存在并确定其特性的过程，包括辨识出危险源以及判定危险源类别与级别。

风险评价指对危险源在一定触发因素作用下导致事故发生的可能性及危害程度进行调查、分析、论证等，以判断危险源风险程度，确定风险等级的过程。

安全风险分级管控指通过科学、合理的风险评价方法确定风险级别，并按照复杂及难易程度等，制定相应措施，确定管控层级，调配所需人力、物力、财力等资源进行风险管控的系统化管理过程，是降低安全生产风险的重要一环。安全生产风险管控体系可以全面提高安全生产防控能力和水平，改变被动的状态，提升全员参与的积极性和安全管理氛围,提升水利水电工程安全生产管理水平。

一、危险源辨识

危险源辨识就是识别危险源并确定其特性的过程。危险源辨识主要是对危险源的识别,对其性质加以判断,对可能造成的危害、影响提前进行预防,以确保生产的安全、稳定。危险源辨识不但需要对危险源识别,还必须对其性质加以判断,对风险点内存在的危险源进行辨识,辨识应覆盖风险点内全部的设备设施和作业活动,并充分考虑不同状态和不同环境带来的影响。

危险源辨识应辨识的因素主要包括人的不安全行为(从"人、机、料、法、环"五个要素辨识)、物的不安全状态、环境的不安全条件、安全管理的缺陷。

(一)危险源辨识范围

(1)所有人员:包括内部人员及相关方(劳务分包方、供应商和访问者等)。

(2)所有活动:包括作业场所人员的常规和非常规活动。

(3)所有设施:包括建筑物及其设施、施工生产用机械设备(自有或租用)等。

(4)管辖范围内的作业场所:包括施工生产场所及影响从事生产活动的周边环境(地理、自然、人文),以及有特殊要求的场所。

(5)辨识时应考虑三种时态:过去时(以往产生并遗留下来的,对目前的活动和过程仍存在影响的风险)、现在时(目前正发生或存在并对活动和过程持续产生影响的风险)和将来时(计划中的活动在将来可能产生影响的风险);辨识时应考虑三种状态:正常、异常和紧急。

(二)水利水电工程施工危险源类别

危险源分五个类别,分别为施工作业类、机械设备类、设施场所类、作业环境类和其他类,各类辨识与风险评价的主要对象如下:

(1)施工作业类:明挖施工,洞挖施工,石方爆破,填筑工程,灌浆工程,斜井竖井开挖,地质缺陷处理,砂石料生产,混凝土生产,混凝土浇筑,脚手架工程,模板工程及支撑体系,钢筋制作和安装,金属结构制作和安装,机电设备安装,建筑物拆除,配套电网工程,降排水,水上(下)作业,有限空间作业,高空作业,管道安装,其他单项工程等。

(2)机械设备类:运输车辆,特种设备,起重吊装及安装拆卸等。

(3)设施场所类:存弃渣场,基坑,爆破器材库,油库油罐区,材料设备仓库,供水系统,通风系统,供电系统,修理厂、钢筋厂及模具加工厂等金属结构制作加工厂场所,预制构件场所,施工道路、桥梁,隧洞,围堰等。

(4)作业环境类:不良地质地段,潜在滑坡区,超标准洪水,粉尘,有毒、有害气体及有毒化学品泄漏环境等。

(5)其他类:野外施工,消防安全,营地选址等。

对首次采用的新技术、新工艺、新设备、新材料及尚无相关技术标准的危险性较大的单项工程应作为危险源对象进行辨识与风险评价。

(三)危险源辨识方法

危险源应由熟悉水利水电工程施工安全技术或安全方面经验丰富的人员,采用科学、相适应的方法进行辨识、分类和分级，汇总制定危险源清单，并确定危险源名称、类别、级别、事故诱因、可能导致的事故等内容，必要时可进行集体讨论或组织专家咨询。

危险源辨识方法主要有直接判定法、安全检查表法、预先危险性分析法、因果分析法等。危险源辨识应先采用直接判定法，不能用直接判定法辨识的，可采用其他方法进行判定。当工程区域内出现符合《水利水电工程施工危险源辨识与风险评价导则（试行）》（办监督函〔2018〕1693号）的附件《水利水电工程施工重大危险源清单（指南）》中的任何一条要素的，可直接判定为重大危险源。

（四）重大危险源的监控与管理

《安全生产法》（2021年修订版）第四十条规定生产经营单位对重大危险源应当登记建档，进行定期检测、评估、监控，并制定应急预案，告知从业人员和相关人员在紧急情况下应当采取的应急措施。

生产经营单位应当按照国家有关规定将本单位重大危险源及有关安全措施、应急措施报有关地方人民政府应急管理部门和有关部门备案。有关地方人民政府应急管理部门和有关部门应当通过相关信息系统实现信息共享。

1. 重大危险源登记建档与备案

水利水电工程施工企业应在开工前，对施工现场的危险设施或场所组织重大危险源辨识，并将辨识成果及时报监理单位和项目法人。经过辨识确定的各级危险源，责任单位应当逐项登记，有关辨识、风险评价和控制过程资料应当归档备案。

水利水电工程施工企业要对本企业的各类危险源逐项进行登记，建立危险源管理档案，并按照国家和地方有关部门规定的危险源和登记申报的具体要求，每个项目开工前将有关材料报送至建设单位备案。

码3-7　文档：重大危险源安全巡视检查记录表

水利水电工程施工企业应根据项目重大危险源管理制度制定相应管理办法，并报监理单位、项目法人备案。

水利水电工程施工企业应针对重大危险源制定防控措施并应登记建档。

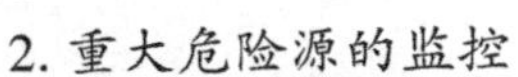

2. 重大危险源的监控

（1）明确重大危险源管理的责任部门和责任人，严格落实分级管控措施。

（2）对重大危险源的安全状况进行定期检查、评估和监控，并做好记录。

（3）安排专人巡视，并如实记录监控情况。

（4）在重大危险源现场设置明显的安全警示标志和警示牌，警示牌的内容应包括危险源名称、地点、责任人员、可能的事故类型、控制措施等。

码3-8　文档：重大危险源安全警示牌

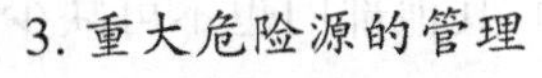

3. 重大危险源的管理

（1）按照国家有关规定，定期对重大危险源的安全设施和安全监测监控系统进行检测、检验并进行经常性维护、保养，保证安全设施和安全监测监控系统有效、可靠运行。维护、保养、检测应做好记录,并由有关人员签字。

(2)组织对重大危险源的管理人员进行培训,使其了解重大危险源的危险特性,熟悉重大危险源安全管理规章制度,掌握安全操作技能和应急措施。

(3)制定重大危险源事故应急预案,建立应急救援组织或配备应急救援人员、必要的防护装备及应急救援器材、设备、物资,并保障其完好和方便使用。

(4)将重大危险源可能发生的事故后果和应急措施等信息,以适当方式告知可能受影响的单位、区域及人员。

(5)对可能导致安全事故的险情,按规定进行上报。

(6)根据施工进展加强重大危险源的日常监督检查,对危险源实施动态的辨识、风险评价和控制。

二、危险源风险评价

(一)评价方法

危险源风险评价方法主要有直接评定法、作业条件危险性评价法(LEC 法)、风险矩阵法(LS 法)等。选择 LEC 法进行评价时,L 指事故发生的可能性、E 指人员暴露于危险环境中的频繁程度、C 指一旦发生事故可能造成的后果,取值应建立在单位现有控制措施的基础上,并遵循从严从高的原则。

对于重大危险源,其风险等级应直接评定为重大风险。对于一般危险源,其风险等级应结合实际选取适当的评价方法确定。

(二)风险评价准则

水利水电工程施工单位应结合本单位实际情况,制定本单位的安全生产风险判定准则。风险评价准则的制定应充分考虑以下要求:

(1)有关安全生产法律、法规。

(2)国家、行业和地方技术标准。

(3)本单位的安全生产方针和目标。

(4)本单位的安全管理制度、技术标准。

(三)危险源的风险分级

危险源的风险分为四个等级,由高到低依次为重大风险、较大风险、一般风险和低风险,通常用红、橙、黄、蓝四种颜色标示。

三、风险分级管控

(一)风险管控原则

(1)控制损失,以控制损失为目标的风险管理。

(2)全员参与,风险管理不是安全生产部门的独立管理活动,其他部门也不可缺少。

(3)决策支撑,系统的所有决策都应考虑风险和风险管理。

(4)应用系统化、结构化的方法。

(5)以信息为基础,风险管理过程要以有效的信息为基础。

(6)对环境有较强的依赖性,环境所承担的风险对风险管理过程有决定性作用。

(7)风险管理需要群体踊跃参与、加强沟通过程,单一的管控主体无法彻底有效地控制风险,团体的有效沟通和协作,能够为风险管理的有效性、可行性和针对性提供保障。

(二)风险管控层级

风险常规管控层级如下:

(1)重大风险:发生风险事件的概率、危害程度均为大,或危害程度为大、发生风险事件概率为中。该风险极其危险,由项目法人组织监理单位、施工单位共同管控,主管部门重点监督检查。

(2)较大风险:发生风险事件概率、危害程度均为中,或危害程度为中、发生风险事件概率为小。该风险高度危险,由监理单位组织施工单位共同管控,项目法人监督。

(3)一般风险:发生风险事件概率为中、危害程度为小。该风险中度危险,由施工单位管控,监理单位监督。

(4)低风险:发生风险事件概率、危害程度均为小。该风险轻度危险,由施工单位自行管控。

此外,水利水电工程施工单位应根据水利部水利安全生产风险管控"六项机制"建设工作相关要求合理确定管控层级。

(三)风险管控措施

风险管控措施包括工程技术措施、管理措施、培训教育措施、个体防护措施、应急处置措施。

1. 工程技术措施

工程技术措施是指作业、设备设施本身固有的控制措施,通常采用的工程技术措施如下:

(1)消除:通过合理的设计和科学的管理,尽可能从根本上消除危险、危害因素,如职工宿舍区集中供暖取代每间宿舍燃煤采暖,消除一氧化碳中毒这一危险源。

(2)预防:当消除危险、危害因素有困难时,可采取预防性技术措施,预防危险、危害发生,如使用漏电保护装置、起重量限制器、力矩限制器、起升高度限制器、防坠器等。

(3)减弱:在无法消除危险、危害因素和难以预防的情况下,可采取减少危险、危害的措施,如设置安全防护网、安全电压、避雷装置等。

(4)隔离:在无法消除、预防、减弱危险、危害的情况下,应将人员与危险、危害因素隔开,将不能共存的物质分开,如圆盘锯防护罩、拆除脚手架设置隔离区、钢筋调直区域设置隔离带、氧气瓶与乙炔瓶分开放置等。

(5)警告:在易发生故障和危险性较大的地方,配置醒目的安全色、安全标志,必要时,设置声、光或声光组合报警装置,如塔式起重机起重力矩设置声音报警装置等。

2. 管理措施

通常采用的管理措施:制定安全管理制度、成立安全管理组织机构、制定安全技术操作规程、编制专项施工方案、组织专家论证、进行安全技术交底、对安全生产进行监控、进行安全检查、技术检测以及实施安全奖罚等。

3.培训教育措施

通常采用的培训教育措施：员工入场三级培训、每年再培训、安全管理人员及特种作业人员继续教育、作业前安全技术交底、体验式安全教育以及其他方面的培训。

4.个体防护措施

通常采用的个体防护措施：安全帽、安全带、防护服、耳塞、听力防护罩、防护眼镜、防护手套、绝缘鞋、呼吸器等。

5.应急处置措施

通常采用的应急处置措施：紧急情况分析、应急预案制定、现场处置方案制定、应急物资准备以及应急演练等。

四、风险分级管控工作程序及内容

（一）成立组织机构

水利水电工程施工企业应建立以主要负责人为第一责任人的安全生产风险分级管控工作领导机构，机构由单位领导班子成员，各部门负责人等组成，应明确机构职责、目标与任务，全面负责单位的安全生产风险分级管控的研究、统筹、协调、指导和保障等工作。

单位风险管控领导小组应由单位主要负责人任组长，成员应包括分管安全经理、分管生产经理、分管经营经理、技术负责人、安全总监及技术、安全、质量、设备、材料、人力、财务等机构负责人。日常办事机构宜设置在单位安全生产管理部门。

水利水电施工项目风险管控工作小组应由项目负责人任组长，成员至少包括项目技术、安全、施工、材料、机械、班组等部门负责人。项目部各岗位管理人员、作业人员应全员参与风险分级管控活动，确保风险分级管控覆盖工程项目所有区域、场所、岗位、作业活动和管理活动，确保施工现场危险源辨识全面系统、规范有效。

（二）明确责任

水利水电工程施工单位应建立健全全员安全生产责任制，落实从主要负责人到每位从业人员的安全生产风险分级管控责任。主要负责人对本单位安全生产风险分级管控的研究、统筹、协调、指导和保障全面负责，各分管负责人对分管业务范围内的安全生产风险分级管控工作负责，部门、班组和岗位人员负责本部门、本班组和本岗位安全生产风险分级管控工作。

1.单位风险管控领导小组

（1）负责单位整体风险分级管控体系的建立与运行，负责对施工项目部安全生产风险分级管控工作小组进行监督指导。

（2）应建立风险分级管控制度，明确各部门、各岗位的风险管控职责。

（3）应掌握风险的分布情况、可能后果、风险级别及控制措施等。

（4）负责开展单位安全生产风险评估工作，对单位危险源进行识别、分析、评价等，及时制定更新安全生产风险分级管控清单。

（5）负责对重大风险进行管控。

2. 施工项目部风险管控工作小组

(1)负责施工项目风险分级管控体系的建立与运行,负责对施工作业班组风险分级管控进行监督指导。

(2)应建立风险分级管控制度,明确各部门、各岗位的风险管控职责。

(3)应掌握所负责的施工项目部风险的分布情况、可能后果、风险级别及控制措施等。

(4)负责开展施工项目部安全生产风险评估工作,对项目危险源进行识别、分析、评价等;项目施工活动中发现的新危险源应及时上报单位,及时更新安全生产风险分级管控清单。

(5)负责对较大风险进行管控。

3. 生产作业班组

(1)负责生产作业班组风险分级管控体系的运行,对施工作业人员风险分级管控进行监督指导。

(2)应掌握生产作业班组风险的分布情况、可能后果、风险级别及控制措施等。

(3)负责开展生产作业班组安全生产风险评估工作,将作业生产活动中发现的新危险源及时上报项目部。

(4)对本班组作业人员的生产作业活动进行风险管控交底。

(5)负责对一般风险进行管控。

4. 生产作业人员

(1)应掌握本岗位涉及的风险的分布情况、可能后果、风险级别及控制措施等。

(2)将本岗位施工活动中发现的新危险源及时上生产工作业班组。

(3)负责对低风险进行管控。

(三)建立制度、编写文件

水利水电工程施工企业应建立风险分级管控制度,明确各级负责人、各部门、各岗位安全生产风险分级管控职责范围和工作要求;编制风险分级管控作业指导书、风险点登记台账、作业活动清单、设备设施清单、评价记录、风险分级管控清单等有关文件;明确风险管控信息通报、报送和台账管理等相关要求;按有关规定建立专项资金使用等保障制度。

水利水电工程施工单位及其施工项目部应建立风险分级管控制度,明确各级负责人、各部门、各岗位安全生产风险分级管控职责范围和工作要求;编制风险分级管控作业指导书、风险点登记台账、作业活动清单、设备设施清单、评价记录、风险分级管控清单等有关文件;明确风险管控信息通报、报送和台账管理等相关要求;按有关规定建立专项资金使用等保障制度。

(四)全员参与

水利水电工程施工企业应当保证全员参与风险分级管控活动,确保风险分级管控工作覆盖各区域、场所、岗位、各项作业和管理活动。应将风险分级管控的培训纳入安全培训计划,按照单位、部门和班组分层次、分阶段组织员工进行培训,使其掌握本单位风险点排查、危险源辨识和风险评价方法、风险评价结果、风险管控措施,并形成培训记录。应当加强对风险分级管控情况的监督考核。

在风险分级管控体系建设初期,水利水电工程施工企业及其施工项目部应组织全员开展风险分级管控体系建设培训,培训内容包括建设方案、流程、方法、要求等。水利水电工程施工企业应将风险分级管控培训纳入年度安全培训计划,分层次、分阶段组织员工进行培训,使其掌握本单位风险类别、危险源辨识和风险评价方法、风险评价结果、风险管控措施,并保留培训记录。

(五)融合深化

水利水电工程施工企业应将风险分级管控与事故隐患排查治理、安全生产标准化、六项机制建设等工作相结合,形成一体化的安全管理体系,使风险分级管控贯穿于生产经营活动全过程,成为单位各层级、各岗位日常工作的重要组成部分。

(六)运行考核

水利水电工程施工企业应建立健全风险分级管控考核奖惩制度,对风险分级管控体系运行目标考核,并依据考核结果进行奖惩。

第七节　事故隐患排查治理

安全生产事故隐患,是指生产经营单位违反安全生产法律、法规、规章、标准、规程和安全生产管理制度的规定,或者因其他因素在生产经营活动中存在可能导致事故发生的物的危险状态、人的不安全行为和管理上的缺陷隐患。其分为两类:一类是“违反”型隐患,所有违法、违标、违规等行为和状态均视为事故隐患。将各种“违反”的概念规定为事故隐患为在安全生产管理领域增强对遵守各种规定的“执行力”奠定了坚实的基础。另一类是由于某些因素而引起的三种现实表现:物的危险状态、人的不安全行为和管理上的缺陷。企业与生产经营相关的所有场所、所有环境、所有人员、所有设备等都会发生物、人、管理方面的缺陷。

《水利工程生产安全重大事故隐患判定标准(试行)》(水安监〔2017〕344号)规定,事故隐患排查治理是水利建设各参建单位和运行管理单位安全生产工作的重点,科学判定隐患级别是排查治理的基础。水利建设各参建单位和运行管理单位是事故隐患判定工作的主体,要根据有关法律法规、技术标准和判定标准对排查出的事故隐患进行科学合理判定。对于判定出的重大事故隐患,有关单位要立即组织整改,不能立即整改的,要做到整改责任、资金、措施、时限和应急预案“五落实”。重大事故隐患及其整改进展情况需经本单位负责人同意后报有管辖权的水行政主管部门。水利工程生产安全重大事故隐患判定分为直接判定法和综合判定法,应先采用直接判定法,不能用直接判定法的,采用综合判定法判定。

一、生产安全事故隐患排查

水利水电工程施工企业是事故隐患排查的责任主体,应建立健全事故隐患排查制度,逐级建立并落实从主要负责人到每个从业人员的事故隐患排查责任制。水利水电工程施工企业主要负责人对本企业的事故隐患排查治理工作全面负责，任何单位和个人发现重大事故隐患，均有权向项目主管部门和安全生产监督机构报告。

码 3-9　文档：重大事故隐患整改台账

水利水电工程施工企业应根据事故隐患排查制度开展事故隐患排查，排查前应制定排查方案，明确排查的目的、范围和方法。企业应采用定期综合检查、专项检查、季节性检查、节假日检查和日常检查等方式开展隐患排查并将排查出的事故隐患及时书面通知有关单位，定人、定时、定措施进行整改，并按照事故隐患的等级建立事故隐患信息台账。

（一）事故隐患排查治理职责

《安全生产事故隐患排查治理暂行规定》（国安监总局令第 16 号）第二章规定，生产经营单位应当依照法律、法规、规章、标准和规程的要求从事生产经营活动。严禁非法从事生产经营活动。生产经营单位是事故隐患排查、治理和防控的责任主体，应当履行的事故隐患排查治理职责为：

（1）建立健全事故隐患排查治理和建档监控等制度，逐级建立并落实从主要负责人到每个从业人员的隐患排查治理和监控责任制。

（2）保证事故隐患排查治理所需的资金，建立资金使用专项制度。

（3）定期组织安全生产管理人员、工程技术人员和其他相关人员排查本企业的事故隐患。对排查出的事故隐患，应当按照事故隐患的等级进行登记，建立事故隐患信息档案，并按照职责分工实施监控治理。

（4）建立事故隐患报告和举报奖励制度，鼓励、发动职工发现和排除事故隐患，鼓励社会公众举报。对发现、排除和举报事故隐患的有功人员，应当给予物质奖励和表彰。

（5）将项目、场所、设备发包、出租的，应当与承包、承租单位签订安全生产管理协议，并在协议中明确各方对事故隐患排查、治理和防控的管理职责。生产经营单位对承包、承租单位的事故隐患排查治理负有统一协调和监督管理的职责。

（6）安全监管监察部门和有关部门的监督检查人员依法履行事故隐患监督检查职责时，生产经营单位应当积极配合，不得拒绝和阻挠。

（7）生产经营单位应当每季、每年对本单位事故隐患排查治理情况进行统计分析，并分别于下一季度 15 日前和下一年 1 月 31 日前向安全监管监察部门和有关部门报送书面统计分析表。统计分析表应当由生产经营单位主要负责人签字。对于重大事故隐患，生产经营单位除依照前款规定报送外，应当及时向安全监管监察部门和有关部门报告。

（8）对于一般事故隐患，由生产经营单位（车间、分厂、区队等）负责人或者有关人员立即组织整改。对于重大事故隐患，由生产经营单位主要负责人组织制定并实施事故隐患治理方案。

（9）在事故隐患治理过程中，应当采取相应的安全防范措施，防止事故发生。事故隐患排除前或者排除过程中无法保证安全的，应当从危险区域内撤出作业人员，并疏散可能危及的其他人员，设置警戒标志，暂时停产停业或者停止使用；对暂时难以停产或者停止使用的相关生产储存装置、设施、设备，应当加强维护和保养，防止事故发生。

(10)应当加强对自然灾害的预防。对于因自然灾害可能导致事故灾难的隐患,应当按照有关法律、法规、标准和《安全生产事故隐患排查治理暂行规定》(国安监总局令第16号)的要求排查治理,采取可靠的预防措施,制定应急预案。在接到有关自然灾害预报时,应当及时向下属单位发出预警通知;发生自然灾害可能危及生产经营单位和人员安全的情况时,应当采取撤离人员、停止作业、加强监测等安全措施,并及时向当地人民政府及其有关部门报告。

(11)地方人民政府或者安全监管监察部门及有关部门挂牌督办并责令全部或者局部停产停业治理的重大事故隐患,治理工作结束后,有条件的生产经营单位应当组织本单位的技术人员和专家对重大事故隐患的治理情况进行评估;其他生产经营单位应当委托具备相应资质的安全评价机构对重大事故隐患的治理情况进行评估。经治理后符合安全生产条件的,生产经营单位应当向安全监管监察部门和有关部门提出恢复生产的书面申请,经安全监管监察部门和有关部门审查同意后,方可恢复生产经营。

(二)事故隐患排查的方式

隐患排查的组织方式主要有综合检查、专业专项检查、季节性检查、节假日检查、日常检查等。

(1)综合检查。综合检查是以落实岗位安全责任制为重点、各专业共同参与的全面检查,主要查安全监督组织、安全思想、安全活动、安全规程、制度的执行等。水利水电工程施工企业应至少每两月自行组织一次安全生产综合检查。

(2)专业专项检查。专业专项检查主要是对锅炉、压力容器、电气设备、机械设备、安全装备、监测仪器、危险物品、运输车辆等系统分别进行的专业检查,即在装置开、停机前,新装置竣工及试运转等时期进行的专项安全检查。

(3)季节性检查。季节性检查是根据各季节特点开展的专项检查。春季安全大检查以防雷、防静电、防解冻跑漏为重点;夏季安全大检查以防暑降温、防食物中毒、防台风、防洪防汛为重点;秋季安全大检查以防火、防冻保温为重点;冬季安全大检查以防火、防爆、防煤气中毒、防冻、防凝、防滑为重点。

(4)节假日检查。节假日检查主要是节前对安全、保卫、消防、机械设备、安全设备设施、备品备件、应急预案等进行的检查,特别是对节日干部、检维修队伍的值班安排和原辅料、备品备件、应急预案的落实情况等应进行重点检查。

(5)日常检查。日常检查包括现场安全规程执行情况,安全措施是否可行,安全工器具是否合格,作业人员是否符合要求、有无违章违规作业,检查现场安全情况、作业现场安全措施是否正确完备、作业环境是否符合有关规定要求。

(三)事故隐患排查的主要内容

隐患排查的范围包括所有与施工有关的场所、环境、人员和设备设施。就某一次隐患排查而言,应包括本次排查目的、限定范围内的所有场所、所有环境、所有人员、所有设备。

(四)重大事故隐患报告的内容

《安全生产事故隐患排查治理暂行规定》第十四条规定,对于重大事故隐患,生产经营单位除依照前款规定报送外,应当及时向安全监管监察部门和有关部门报告。重大事故隐患报告内容应当包括：

(1)隐患的现状及其产生原因。

(2)隐患的危害程度和整改难易程度分析。

(3)隐患的治理方案。

二、生产安全事故隐患治理

(一)隐患治理要求

水利水电工程施工企业应建立健全事故隐患治理和建档监控等制度，逐级建立并落实隐患治理和监控责任制。对于危害和整改难度较小，发现后能够立即整改排除的一般事故隐患，应立即组织整改。重大事故隐患治理方案应由水利工程建设项目主要负责人组织制定，经监理单位审核，报项目法人同意后实施。项目法人应将重大事故隐患治理方案报项目主管部门和安全生产监督机构备案。

码 3-10 PPT：水利工程安全生产事故原因分析及管理建议

《安全生产事故隐患排查治理暂行规定》第十六条规定，生产经营单位在事故隐患治理过程中，应当采取相应的安全防范措施，防止事故发生。事故隐患排除前或者排除过程中无法保证安全的，应当从危险区域内撤出作业人员，并疏散可能危及的其他人员，设置警戒标志，暂时停产停业或者停止使用；对暂时难以停产或者停止使用的相关生产储存装置、设施、设备，应当加强维护和保养，防止事故发生。

(二)重大事故隐患治理方案

(1)重大事故隐患描述。

(2)治理的目标和任务。

(3)采取的方法和措施。

(4)经费和物资的落实。

(5)负责治理的机构和人员。

(6)治理的时限和要求。

(7)安全措施和应急预案等。

(三)隐患治理措施

1.治理措施的基本要求

(1)能消除或减弱生产过程中产生的危险、有害因素。

(2)处置危险和有害物，使其降低到国家规定的限值内。

(3)预防生产装置失灵和操作失误产生的危险、有害因素。

(4)能有效地预制重大事故和职业危害的发生。

(5)发生意外事故时，能为遇险人员提供自救和互救条件。

2.工程技术措施

工程技术措施的实施等级顺序是直接安全技术措施、间接安全技术措施、指示性安全技术措施等。选择安全技术措施应遵循的具体原则应按消除、预防、减弱、隔离、连锁、警告的等级顺序进行。具体如下：

(1)消除。尽可能从根本上消除危险、有害因素，如采用无害化工艺技术、生产中以无害物质代替有害物质、实现自动化作业、遥控技术等。

(2)预防。当消除危险、有害因素有困难时，可采取预防性技术措施，预防危险、危害的发生，如使用安全阀、安全屏护、漏电保护装置、安全电压、熔断器、防爆膜、事故排放装置等。

(3)减弱。在无法消除危险、有害因素和难以预防的情况下，可采取减少危险、危害的措施，如局部通风排毒装置、生产中以低毒性物质代替高毒性物质、降温措施、避雷装置、消除静电装置、减振装置、消声装置等。

(4)隔离。在无法消除、预防、减弱的情况下，应将人员与危险、有害因素隔开，将不能共存的物质分开，如遥控作业、安全罩、防护屏、隔离操作室、安全距离、事故发生时的自救装置(如防护服、各类防毒面具)等。

(5)连锁。当操作者失误或设备运行一旦达到危险状态时，应通过连锁装置终止危险、危害发生。

(6)警告。在易发生故障和危险性较大的地方，配置醒目的安全色、安全标志，必要时设置声、光或声光组合报警装置。

(7)个体防护。在易发生危险的作业中，穿戴防护用品，如戴安全帽、穿防护服等。

3. 安全管理措施

安全管理措施往往能系统性地解决很多普遍和长期存在的隐患，需要在实施隐患治理时，主动和有意识地研究分析隐患产生原因中的管理因素，发现和掌握其管理规律，除提高安全意识、加强培训教育和加强安全检查等措施外，更需要通过修订并贯彻执行有关规章制度和操作规程，从根本上解决问题。

事故隐患治理工作要按照“排查—发现—评估—报告—治理(控制)—验收—销号”的流程形成闭环管理，消除管理中的缺陷，要求治理措施完成后，水利水电工程施工企业主管部门和人员对其结果进行验证和效果评估。验证就是检查措施的实现情况，是否按方案和计划的要求一一落实了；效果评估是对完成的措施是否起到了隐患治理和整改的作用，是彻底解决了问题，还是部分的、达到某种可接受程度的解决，是否真正能做到“预防为主”。当然不可忽略的还有隐患的治理措施是否会带来或产生新的风险。

(四)预测预警

水利水电工程施工企业应采取多种途径及时获取水文、气象等信息，在接到自然灾害预报时，及时发出预警信息。每季、每年对本企业事故隐患排查治理情况进行统计分析，开展安全生产预测预警。

《安全生产事故隐患排查治理暂行规定》第十七条规定，生产经营单位应当加强对自然灾害的预防。对于因自然灾害可能导致事故灾难的隐患，应当按照有关法律、法规、标准和本规定的要求排查治理，采取可靠的预防措施，制定应急预案。在接到有关自然灾害预报时，应当及时向下属单位发出预警通知；发生自然灾害可能危及生产经营单位和人员安全的情况时，应当采取撤离人员、停止作业、加强检测等安全措施，并及时向当地人民政府及其有关部门报告。

第八节　安全生产标准化建设

一、安全生产标准化建设概述

码 3-11　PPT：水利安全生产标准化建设

所谓安全生产标准化建设，就是用科学的方法和手段，提高人的安全意识，创造人的安全环境，规范人的安全行为，使人、机器设备、环境达到最佳统一，从而实现最大限度地防止和减少伤亡事故的目的。安全生产标准化建设的核心是人，即企业的每个员工。因此，它涉及的面很广，既涉及人的思想，又涉及人的行为，还涉及人所从事的环境，所管理的机械设备、物体材料等方面的内容。

开展安全生产标准化工作，要遵循"安全第一、预防为主、综合治理"的方针，以隐患排查治理为基础，提高安全生产水平，减少事故发生，保障人身安全健康，保证生产经营活动的顺利进行。通过加强本企业各个岗位和环节的安全生产标准化建设，不断提高安全管理水平，促进安全生产主体责任落实到位。建立预防机制，规范生产行为，使各生产环节符合有关安全生产法律法规和标准规范的要求，人、机器设备、物料、环境处于良好的生产状态，并持续改进。安全生产标准化建设是落实企业安全生产主体责任，强化企业安全生产基础工作，改善安全生产条件，提高管理水平，预防事故的重要手段，对保障职工群众生命财产安全具有重要的意义。在水利行业，为了推进水利生产经营单位安全生产标准化建设进程，规范水利安全生产标准化评审工作，水利部根据《国务院安委会关于深入开展企业安全生产标准化建设的指导意见》（安委〔2011〕4 号）等文件精神要求，结合水利实际，制定和发布了《水利部关于水利安全生产标准化达标动态管理的实施意见》（水监督〔2021〕143 号）、《关于印发水利安全生产标准化评审标准的通知》（办安监〔2018〕52 号）、《水利安全生产标准化评审管理暂行办法》（水安监〔2013〕189 号）、《水利安全生产标准化评审管理暂行办法实施细则》（办安监〔2013〕168 号）等一系列文件。

二、安全生产标准化建设流程

水利水电工程建设安全生产标准化工作采用"策划、实施、检查、改进"动态循环的模式，结合自身的特点，建立并保持安全生产标准化系统，通过自我检查、自我纠正和自我完善，建立安全绩效持续改进的安全生产长效机制。

（一）策划阶段

策划阶段是指水利水电施工企业成立安全生产标准化组织机构，辨识安全生产标准化法律法规标准规范等要求，分析本企业组织机构、人员素质、设备设施等信息，对本企业安全管理现状进行初步评估，从而建立具体实施方案的阶段。

水利水电施工企业在安全生产标准化策划阶段主要包括下列工作内容：

（1）根据有关规定和企业实际需求，成立安全生产标准化组织机构，明确人员职责，全面部署协调、实施安全生产标准化建设工作。

（2）识别和获取适用的安全生产标准化法律法规、标准规范及其他要求。

(3)对企业安全管理现状进行评估,创建安全生产标准化实施方案。

(4)对各职能部门、班组安全生产标准化情况进行现状摸底。

(5)领导高度重视安全生产标准化建设,并公开表明态度。

(二)实施阶段

实施阶段是指水利水电施工企业将安全生产标准化策划方案具体落实、实施的过程。水利水电施工企业在安全生产标准化执行阶段的主要工作包括下列内容:

(1)组织全面、分层次的安全生产标准化教育培训,使企业各级、各部门员工理解并掌握安全生产标准化建设及评审的要求和内容,理解安全生产标准化达标对本企业和个人的重要意义,保证安全生产标准化建设工作的顺利实施。

(2)根据识别和获取的适用安全生产标准化法律法规、标准规范及其他要求,构建本企业安全生产标准化体系文件,实现对本企业安全生产标准化文件的制定、修订完善。

(3)加强设备设施管理、作业现场控制、事故隐患排查治理、重大危险源监控、事故管理、应急管理等工作,严格落实安全生产标准化文件的规定,确保各项管理制度、操作规程等落实到位,实现安全生产标准化工作有效实施。

(三)检查阶段

检查阶段是指水利水电施工企业衡量安全生产标准化策划和实施效果,及时发现、查找问题的过程。水利水电施工企业应定期组织安全生产标准化建设情况的检查:一方面督促各职能部门、班组安全生产标准化工作的落实;另一方面及时发现存在的问题,及时整改,实现持续改进。

(四)改进阶段

改进阶段是指水利水电施工企业根据安全检查结果,对发现的问题进行整改,并对整改进行验证,实现安全生产标准化建设不断完善、提高的过程。水利水电施工企业在完成安全生产标准化建设情况检查后,对检查中发现的问题及时落实整改,主要包括下列内容:

(1)制定整改计划,落实责任部门、责任人、责任时间等。

(2)各责任部门、责任人按照整改计划,编制并实施整改方案。

(3)安全生产标准化组织机构对问题整改情况及时验证,并进行统计分析。

三、安全生产标准化达标评审

(一)评级等级

(1)计分方法。水利水电施工企业安全生产标准化达标评级采用对照《水利水电施工企业安全生产标准化评审标准》(办安监〔2018〕52号),对不符合项扣分时,应以“标准分”为准,累计扣完本项分值为止,不计负分。

$$评审得分 = (实得分 \div 应得分) \times 100$$

式中:实得分为评分项目实际得分值的总和;应得分为评分项目标准分值的总和。

(2)评审等级。依据评审得分,水利水电施工企业安全生产标准化等级分为一级、二级和三级,各评审等级的具体划分标准为:

①一级。评审得分90分以上(含),且各一级评审项目得分不低于应得分的70%。

②二级。评审得分80分以上(含),且各一级评审项目得分不低于应得分的70%。

③三级。评审得分70分以上(含),且各一级评审项目得分不低于应得分的60%。

④不达标。评审得分低于70分,或任何一项一级评审项目得分低于应得分的60%。

(二)达标评审流程

按照分级管理的原则,水利部部属水利水电施工企业一级、二级、三级安全生产标准化达标评级工作和非部属水利水电施工企业一级安全生产标准化达标评审工作由水利部安全生产标准化评审委员会负责。非部属水利水电施工企业二级和三级安全生产标准化达标评审工作由各省、自治区、直辖市水行政主管部门负责。

水利部部属水利水电施工企业以及申请一级的非部属水利水电施工企业安全生产标准化达标评审按下列流程:

(1)单位自评。水利水电施工企业依据《水利水电施工企业安全生产标准化评审标准》(办安监〔2018〕52号)进行自查整改,或聘请有关中介机构进行咨询服务,自主验收评分形成自评报告。

(2)评审申请。水利水电施工企业根据自主评定的结果,确定申请评审等级,经上级主管单位或所在地省级水行政主管部门同意向水利部提出评审申请,并进行网上申报,评审申请材料应该包括申请表和自评报告。

①部属水利水电施工企业经上级主管单位审核同意后,向水利部提出评审申请;

②地方水利水电施工企业申请水利安全生产标准化一级的,经所在地省级水行政主管部门审核同意后,向水利部提出评审申请;

③上述两款规定以外的水利水电施工企业申请水利安全生产标准化一级的,经上级主管单位审核同意后,向水利部提出评审申请。

(3)评审审核。水利部安全生产标准化评审委员会办公室收到被评审单位提交的自评报告后,应进行初审。初审通过后,由水利部安全生产标准化评审委员会办公室组织评审。认为有必要时,可组织现场核查。

(4)公告、发证。审定通过的水利水电施工企业在水利安全监督网上公示,公示期为7个工作日。公示无异议的,由水利部颁发证书、牌匾;公示有异议的,由水利部安全生产标准化评审委员会办公室核查处理。

非部属水利水电施工企业申请二级、三级的达标评审,整体也按照单位自评—评审申请—评审审核—公告、发证的流程进行,具体的评审流程由各省级水行政主管部门制定。

山东省水利水电施工企业安全生产标准化评审会议、组织现场核查见图3-4、图3-5。

四、保持与换证

安全生产标准化达标评级工作是水利水电施工企业安全生产管理的长效机制,获级单位应对取得的成果长期保持、持续改进和不断提高,再获得更高级别的荣誉称号。

(一)保持

保持是指水利水电施工企业对取得荣誉称号的延续。

水利水电施工企业取得水利安全生产标准化等级证书后,每年应对本企业安全生产标准化的情况至少进行一次自我评审,并形成报告,及时发现和解决企业生产经营中的安全问题,持续改进,不断提高安全生产水平。

图 3-4　企业安全生产标准化评审会议

图 3-5　组织现场核查

(二)换证

换证是指水利水电施工企业获取的证书、牌匾有效期已满时,须到原发证单位换取新证。

(1)证书有效期满前 3 个月,应向原发证机关提出延期申请。

(2)评审机构对申请企业进行全面复评,复评通过后换发新等级证书。

(3)等级证书的有效期届满后,未申请复评或复评未通过的单位不得继续使用等级证书,并报请有管辖权的水行政主管部门向社会公告。

第九节　安全文化建设

依据《水利水电施工企业安全生产标准化评审标准(试行)》,水利水电施工企业应制定企业安全文化建设规划和计划,重视企业安全文化建设,营造安全文化氛围,形成企业安全价值观,促进安全生产工作。采取多种形式的安全文化活动,形成全体员工所认同、共同遵守、带有本企业特点的安全价值观,形成安全自我约束机制。

一、安全文化建设规划

水利水电施工企业进行安全文化建设,首先应从总体上进行规划,主要应进行安全文化建设现状分析、制定《安全文化建设纲要》、实施安全文化建设各项措施、评估和总结安全文化建设成效等几项工作。

(一)安全文化建设现状分析

水利水电施工企业应当依据《企业安全文化建设评价准则》(AQ/T 9005—2008),通过现场环境布置调研、资料查阅、行为观察、问卷调查、职工沟通等方式对安全文化建设现状进行评估,分析当前安全文化建设存在的问题和不足,提出解决办法。

(二)制定《安全文化建设纲要》

水利水电施工企业在安全文化建设现状分析的基础上,结合实际情况及未来的战略规划,制定《安全文化建设纲要》。《安全文化建设纲要》应明确不同阶段具体的工作任务、工作目标、工作方法和保证措施,能有效指导安全文化建设的稳步开展。

(三)实施安全文化建设各项措施

水利水电施工企业应结合自身安全文化建设所处阶段,对症下药,有针对性地实施安全文化建设的各项措施,充分提升安全文化建设的成效。

(四)评估和总结安全文化建设成效

水利水电施工企业应对安全文化建设情况进行深入解析,总结安全文化建设的先进经验,提出可进一步提升的方面,实现安全文化建设的持续完善和改进。

水利水电工程施工企业安全文化建设的总体模式如图3-6所示。

二、安全文化建设实施

水利水电施工企业在安全文化建设实施过程中,应注重下列几点:

(1)安全文化建设是一项长期的过程,需要领导高度重视,明确员工是企业最宝贵的财富,是最重要的资源。

(2)必须全员参与。安全文化建设的主体是团队,但离不开个体安全人格的培养和塑造。同时应注意培养骨干,对参与安全文化建设的其他人员起到模范带头作用。

(3)必须以人为本,注重对人行为的引导及安全习惯的养成,通过创造良好的安全氛围和协调的人、机器设备、环境关系,对人的观念、意识、态度、行为等形成从无到有的影响。

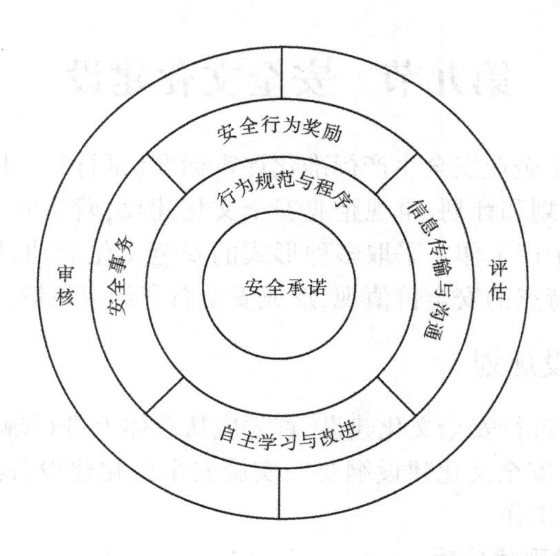

图 3-6　水利水电工程施工企业安全文化建设的总体模式

(4)必须强调各方面的教育培训(包括法律法规、安全意识、安全技术、事故预防、危险预知应急处理等)活动,广泛宣传、普及企业文化基本知识,使员工对企业安全文化基本知识及核心理念有基本的了解、掌握。

(5)注重制度的执行。制度仍是安全文化建设与保持的支撑,而标准化、精细化、可视化是制度执行的保障。

(6)采取"柔和型"的管理方式。通过激励的方式能充分调动全体员工参与安全文化建设的积极性和创造性。

水利水电施工企业安全文化建设的具体实施应逐层推进,主要可分为约束阶段、引导阶段、传播阶段和持续阶段。不同的阶段应侧重于不同的安全文化建设手段。

(一)约束阶段

约束阶段对员工的管理侧重于通过制度或行为准则等方式进行行为约束,它要求各级管理层对安全责任做出承诺,员工按要求执行安全规章制度。这一阶段应着重对安全管理制度进行梳理,形成完善的安全制度管理体系,主要包括下列内容:

(1)建立健全和优化各项规章制度。

(2)编制管理手册及程序文件,严格依照制度、规范、流程、标准化进行安全管理,从下列 4 个方面展开实施:①安全管理标准程序;②人员安全管理标准程序;③设备设施管理标准程序;④环境管理标准程序。

每部分包括不同的管理单元,管理单元下分管理要素,不同管理要素对应不同的关键流程管理控制节点,提供安全管理的内容和工作标准,明确管理的对象、管理的范围和管理的方法。

(二)引导阶段

在引导阶段中,开始注重对员工行为的规范和安全意识的提升,该阶段的特点是通过教育培训和安全激励等方式提高员工安全文化素质,引导员工养成良好的安全行为习惯,增强执行安全规章制度的自觉性。

这一阶段的实施内容主要包括编制《安全文化手册》、强化教育培训等。

(1)编制《安全文化手册》。水利水电施工企业根据自身安全文化建设情况及行业特点,编制《安全文化手册》。手册应融入安全文化理念、安全愿景、安全生产目标、安全管理等,能有效提升全体从业人员的安全意识和安全态度,逐步形成为全体员工所认同、共同遵守的安全价值观,实现员工的自我约束,保障安全生产水平持续提高。

(2)强化教育培训。教育培训应注重采取灵活多样的教学形式(如多媒体教学等)、丰富教学内容,同时侧重于对规章制度、企业文化、安全生产标准化达标及班组安全生产建设的教育培训,形成良好的安全学习交流氛围。

(三)传播阶段

在传播阶段中,安全意识已深入人心。员工可以方便快捷地获取安全信息,工作和生活中时刻能感受到安全文化的感染和熏陶。

这一阶段的实施内容主要包括设计安全可视化系统、开展安全文化活动等。

(1)设计安全可视化系统。结合水利水电施工企业现场实际环境,设计内容丰富、载体形式多样、传播媒介丰富的安全可视化系统。通过一系列看得见、用得上、感召力量、引领思想、凝聚人心的安全文化宣教体系的建设,营造浓厚的安全文化氛围,提高人员的安全意识。如以安全文化宣传挂图、展板、漫画牌、折页等为载体进行安全理念、安全常识的宣传。

(2)开展安全文化活动。水利水电施工企业应开展多种形式的安全文化活动,包括安全技能演习、安全演讲比赛、班组安全建“小家”等,充分提升员工参与安全文化建设的热情与兴趣。

(四)持续阶段

持续(总结)阶段应重点关注安全文化建设的总结评估和持续改进,以形成安全文化持久的生命力。此阶段要求在前3个阶段已具备成效的基础上进行,侧重于对前期安全文化建设成果的总结、评估,整改不足、推广经验,以使安全文化建设不断完善、持续改进,该阶段主要实施的内容是进行安全文化评估和建设总结。

(1)进行安全文化评估。结合《企业安全文化建设评价准则》《全国安全文化建设示范企业评价标准(修订版)》等标准对安全文化的建设进行总结评估。评估内容主要包括下列内容:

①基础特征,包括企业状态特征、文化特征、形象特征、员工特征和技术特征,以及监管环境、经营环境、文化环境;

②安全承诺,包括安全承诺的内容、表述、传播和认同;

③安全管理,包括安全权责、管理机构、制度执行和管理效果;

④安全环境,包括安全指引、安全防护和环境感受;

⑤安全培训与学习,包括重要性体现、充分性体现和有效性体现;

⑥安全信息传播,包括信息资源、信息系统及效能体现;

⑦安全行为激励,包括激励机制、激励方式及激励效果;

⑧安全事务参与,包括安全会议与活动、安全报告、安全建议及沟通交流;

⑨决策层行为,包括公开承诺、责任履行与自我完善;

⑩管理层行为，包括责任履行、指导下属与自我完善；

⑪员工层行为，包括安全态度、知识技能、行为习惯及团队合作；

⑫死亡事故、重伤事故及违章记录情况。

（2）进行安全文化建设总结。对前期安全文化建设总结的目的是将已形成的价值体系、环境氛围、行为习惯固化下来传承下去，同时对上一阶段安全文化建设存在的问题进行修订与完善，持续改进以实现安全文化建设的总目标。

第十节　案例分析

码 3-12　文档：安全文化评估和建设总结

一、某铁矿创建安全标准化

（一）情景描述

某铁矿为采选联合企业，开采方式为地下开采、竖井开拓、无底柱分段崩落法回采，开采规模为年产原矿 330 万 t，服务年限为 30 年，最终产品为铁精粉。矿山附属有日处理 10 000 t 原矿的选矿厂和终期库容 4 500 万 m^3、坝高 196 m 的尾矿库（重大危险源）。该矿 2008 年 8 月着手安全标准化系统创建工作。在随后的一年多时间，该矿依据《金属非金属矿山安全标准化规范导则》（AQ/T 2050. 1—2016）、《金属非金属矿山安全标准化规范地下矿山实施指南》（AQ/T 2050. 2—2016）和《金属非金属矿山安全标准化规范尾矿库实施指南》（AQ/T 2050. 4—2016）的规定，先后完成骨干培训、企业安全生产现状评估、安全标准化系统策划和制度（记录）文件起草等工作。2009 年 12 月 18 日，该矿以红头文件正式发布了上述制度文件，并规定自即日起执行。2010 年 6 月 10 日至 12 日，该矿实施了安全标准化系统自评，并形成自评报告，企业安全标准化等级自评为二级。2010 年 7 月，该矿聘请政府安全监管部门认可的某安全评价机构对其安全标准化系统实施外部评价。评价机构现场评价发现：

（1）尾矿库坝面有纵向裂缝，坝端无截水沟，山坡雨水冲刷坝肩。

（2）部分采场顶板有发生大面积冒落的可能。

（3）实测部分巷道和采场风量、风速、风质不能满足安全规程规定等。

最终，评价机构在评价报告中给出该矿安全标准化等级为三级。2010 年 8 月，该矿向当地政府安全监管部门提出金属非金属矿山安全标准化三级企业的认定申请。

（二）案例说明

本案例包含或涉及下列内容：

（1）安全生产标准化的基本概念。

（2）企业安全生产标准化的创建依据。

（3）金属非金属矿山安全标准化创建原则、过程和核心内容。

（4）金属非金属矿山安全标准化等级评定原则和要求。

（5）安全生产标准化要素评价（审核）方法。

(三)注意事项

(1)案例中尾矿库属病库,应先行整改。

(2)案例中作业现场存在重大风险,评价时需关注安全生产组织保障、危险源辨识与风险评价、检查、安全生产教育与培训、应急管理等多个相关要素的运行情况。

(3)案例中只做了骨干培训,而安全标准化的创建工作强调全员参与。

(4)评价人员在实施评价时要综合运用文件资料查询、相关人员问询、现场实际查看所获取的信息作出判断,并关注要素之间的关联。

二、某机械产品生产企业规章制度制定

(一)情景描述

某生产经营单位从事机械产品生产、制造和自营产品的配套保障,企业设有3个生产性车间、1个动力车间、1个三产服务公司。

机械加工车间:配置有3台数控机床和数十台普通机床,产品除有个别工件需要使用镁合金材料在数控机床上加工生产外,其他各类金属工件均可采用适宜的数控机床或普通机床加工生产;配有2台运输材料和工件产品的场内机动车辆,配有场内机动车辆驾驶员3人。

表面处理车间:设置1个喷漆工房、1个木制品工房、承担产品的表面喷漆、包装箱的制作等事项;车间有与生产配套的空气压缩机1台、烘干箱、木工锯床和刨床等,并设有调漆间和可供3日喷漆用量的车间暂存漆料间。

装调车间:为企业形成最终的产品,工作的程序为产品总装、调试、装箱。该企业生产的成型机械产品最大质量约为1.3 t,车间配有1台地面操作的3 t行吊车、1台3 t轮式叉车,配有行吊车操作员、叉车驾驶操作员各2人。

动力车间:设有供水站、高低压配电室、锅炉(煤、气、油、电)等动力供应站室负责全厂生产经营和生活用的水、暖、电的动力保障工作。

三产服务公司:主要负责员工食堂的管理、闲置厂房和临街门面房的租赁及经营。

企业有员工320余人,其中安全生产监督管理人员3人。企业针对自身生产经营活动实际特点,根据安全生产法律法规和标准,落实了安全生产主体责任管理,建立、健全了各层面的安全生产责任制度、规章制度和操作规程及应急预案等。

(二)案例说明

本案例涉及下列内容:

(1)危险有害因素辨识。

(2)企业最高层安全生产制度与管理(包括安全生产职责、考核与奖惩、安全检查、事故隐患排查治理、有毒有害作业人员管理、劳动保护用品、教育培训等制度与职责)。

(3)生产经营性的安全生产规章制度(包括厂内机动车和叉车使用、喷漆和木制品工房、调漆间和暂存漆料间、总装调试装箱、动力保障、高低压配室值班、特种设备和压力容器、员工食堂、厂房租赁和承包经营、应急管理等安全管理制度)。

(4)生产操作安全规程(包括镁合金材料加工、数控机床、普通、车钳铣刨磨冲等机床、喷漆工、木工机械、空气压缩机、烘干箱、行吊床、装配调试、产品包装工、高压电工、低压电工、锅炉工、水暖工、水质化验工、炊事机械、厨师等操作规程)。

(5)法律法规对特种作业人员资格的要求(场内机动车辆驾驶、吊车操作、压力容器操作,电工,司炉工等)。

(三)关键知识点及依据

(1)安全生产法律法规和标准。《安全生产法》对生产经营单位安全生产保障的要求。

(2)危险有害因素辨识、评价及安全措施等危险化学品安全管理基础知识。如《生产过程危险和有害因素分类与代码》(GB/T 13861—2022)、《危险化学品安全管理条例》等。

(3)特种作业及特种设备的种类及安全管理要求。如《特种设备安全监察条例》《特种作业人员安全技术培训考核管理规定》等。

(四)注意事项

(1)有多种机械设备的加工作业,应关注易燃工件加工的生产安全事项。

(2)案例中存在高处作业、室外作业。

(3)产品吊装和场内机动车辆属于特种设备。

(4)应关注易燃物品和易燃易爆危险化学品及锅炉压力容器的作业安全问题。

三、某水电厂基于“党建+安全”的特色安全文化建设

(一)概述

生产型企业的文化核心就是安全文化,某水电厂基于“党建+安全”的水电厂特色安全文化建设,旨在通过开展安全理念、安全制度、安全行为、安全环境等安全文化体系建设,坚持党建引领,以贴近群众、融入群众为出发点,构建珍爱生命、守护光明的核心安全理念,形成“1+2+4”三维安全体系特色模式,确保安全生产“党政同责、一岗双责、齐抓共管、失职追责”要求落地,筑牢安全发展基石。

(二)内涵和做法

1. 坚持目标引领,构建安全文化体系

以“零事故”“零违章”“零缺陷”“零差错”为目标,构建“1+2+4”特色三维安全文化体系,即围绕一个核心、两个抓手、四项基本建设,营造浓厚的安全文化氛围。

(1)一个核心。以强化“三基”建设为核心,夯实安全生产基层基础基本功,深化风险分级管控和隐患排查治理双重预防机制,以“管住计划、管住队伍、管住人员、管住现场”为重点,依托安全督查中心,常态化开展生产现场安全巡查+远程视频督查,实现“平台、终端、中心、队伍”数字化安全管控。

(2)两个抓手。以“党建+安全”为抓手,广泛凝聚安全合力;以“班组自主安全管理能力提升活动”为抓手,增强作业人员安全风险意识和安全防范能力。

一是持续深化“党建+安全”工作机制,建立党建和安全生产联动机制、安全生产“对口联系”机制、安全生产“五双”(双学习、双述职、双约谈、双考核、双监督)机制,广泛开展

“共产党员身边无违章”活动，建立共产党员安全巡查队，广泛凝聚安全合力，推动安全生产工作持续提升。

二是积极探寻班组安全管理新模式、新方法，率先引入“危险预知训练活动”，开创“班组自主安全管理能力提升活动”，并在国网公司系统内推广运用，编制班组自主安全活动指导手册和口袋书。通过员工“自主识别、自主预防”作业现场的危险因素，使班组成员变“听”为“说”，变“被动接受”为“主动思考”，切实增强现场作业人员的安全风险意识和安全防范能力。

(3)四项基本建设。开展“多元化创新”“全方位宣教”“一体化应急”“安全专项提升活动”四项基本建设。

一是多元化创新。依托大众创新平台，创建青年创新创效工作室和劳模创新工作室，不断推动QC小组创新、群众性创新、科技创新。以创新推动设备管理从专业管理向全员管理、从维修管理向健康管理、从设备管理向资产管理转变，推行“全科医生+专家队伍”设备管理模式；按照“先数字、后智能、搭平台、上系统”总思路，以提升设备本质安全为目标，稳步推进传感数字化、设备智能化、通信网络化、管控一体化、决策智能化的数字化智能水电厂建设。

二是全方位宣教。建立安全文化展示区和安全教育基地，构建安全警示教育室、安全文化长廊、安全宣传栏、安全角、VR沉浸式安全教育实践区等硬件设施，筑牢安全文化硬实力。依托全媒体宣传矩阵，创新性开展互动式安全培训、“一把手”讲安全课等，扎实推进安全生产月、安全“五进”(进企业、进农村、进社区、进学校、进家庭)活动、安全教育培训，夯实线下、线上学习平台，宣教活动三大主阵地，以强化安全培训、宣传安全文化、打造安全品牌、树立安全先进典型、加强班组安全建设为手段增强软实力，不断丰富安全文化建设内涵和外延，筑牢安全防火墙。

三是一体化应急。电厂打破组织界限构建多维联动防汛应急管理组织体系，打破专业壁垒构建多维联动防汛应急管理保障体系，打破信息壁垒构建多维联动防汛应急管理流域协同体系，打破责任盲区构建多维联动防汛应急管理政企协同体系，主动加入政府防汛及地质灾害预警工作平台，实现政企联动、企企协同。汛前科学治理筑牢“防洪堤”，汛期精准预警练就“千里眼”，形成一体化应急新格局。建立与电站周边居民聚集区政府联系机制，及时进行汛情灾情风险告知，保障流域各级电站安全稳定运行，构筑安全生产利益共同体，履行社会责任，实现安全共赢。

四是安全专项提升活动。开展“五问三问”大讨论宣传教育活动，结合专业例会、部门会议、支部“三会一课”“安全月”活动等形式，全面分析本专业、本岗位安全薄弱环节和风险隐患。“五问”即“两个至上”是否真正入脑入心，领导班子成员“两个清单”是否制定、内容是否清楚、执行是否流于形式，“三管三必须”内容是否清楚、是否真正落实到位，各级领导干部对安全生产是否做到履职尽责，专项整治、隐患排查治理是否做到真排查、真整改。“三问”即什么是违章，“十不干”内容是否清楚，现场作业如何做到“三不伤害”(不伤害自己、不伤害他人、不被他人所伤害)。开展“进村入户送安全”志愿者活动、“安全第一责任人书写安全寄语”明信片活动，开展“三个一”(一次中心组专题安全学习，一次党委安全专题会，一次主题“安全日”)“向违章开战”“三年专项整治”等活动，筛查安全薄弱环节和风险隐患，营造以人为本的安全氛围，形成群防群治基础保障，确保安全理念入脑入心。

2. 坚持“党建+安全”落地，构建安全文化核心运行模式

(1)推行“双学习”机制。电厂党委、党支部(党总支)结合党委中心组学习、“三会一课”和主题党日活动，每半年至少开展一次安全生产专题学习，将学习新时代总体安全观、安全生产法律法规、规章制度等纳入活动内容。

(2)推行“双述职”机制。安监部门、党建部门将各业务机构开展党建引领安全生产情况，纳入四级领导安全述职评议和党组织书记抓党建述职评议内容，引导安全生产管理人员抓安全融入党建工作，推动党建和安全生产共融并进。

(3)推行“双约谈”机制。违章现象达到约谈标准的，电厂安监部门、党建部门共同组织对违章单位党政主要负责人进行安全党建双约谈，实现责任共担、措施共拿。

(4)推行“双考核”机制。安监部门、党建部门将各部门、业务机构“党建+安全”工作绩效纳入安全工作绩效、党建工作绩效考核评价，同时将其作为年度评优评先等重要依据。安监部门每月统计党支部(党总支)和党员违章情况，纳入月度安全分析会通报，违章情况反馈相关单位党政主要负责人和党建部门备案。

(5)推行“双监督”机制。优秀党员纳入电厂安全巡查专家队伍，设立“违章曝光平台”，职工群众可对党员安全生产行为进行监督。每年在组织生活会上，广泛征求安全生产意见建议，督促党员率先垂范。

3. 坚持党员无违章，筑牢安全文化理念共识

巩固全员安全理念共识，关键是共产党员安全行为要融入到生产业务工作中，通过入眼、入脑、入心层层递进的言传身教式环境熏陶，每月开展“安全无违章班组、安全无违章党员”评选，充分发挥党员责任区、党员示范岗的作用，实现党员及身边“无事故”、工作“零违章”；利用安全日活动开展“共产党员身边无违章”承诺宣誓，共产党员要在非党员见证下进行宣誓，并统一签订承诺书，营造党员“自身不违章、身边无违章”的反违章氛围。

4. 坚持标准化，筑牢安全文化基础保障

安全生产标准化创建列入电厂党委核心监管事项，定期听取安全生产标准化建设组织、策划、实施情况，组织监督检查和考评。2018 年 10 月，经外部专家评审，电厂成功创建安全生产标准化一级企业，围绕安全生产标准化达标评级 13 个核心要素，通过评估、整改和建设使电厂各生产环节符合有关安全生产法律法规和标准规范的要求，“人、机、物、环”处于良好的安全状态，依托标准化核心要素年度考评来实现安全文化体系运行效果综合评估并持续改进，不断提升电厂安全管理水平。

(三)总结评价

通过体系运行，2021 年该电厂成功创建省级安全文化建设示范企业，2022 年积极创建国家级安全文化示范企业。安全文化建设只有起点，没有终点，电厂始终坚持党建引领安全文化，凝聚党政工团合力，秉承“珍爱生命，守护光明”的安全理念，通过入眼、入脑、入心层层递进的文化宣传，巩固全员理念共识，内化于心，外化于行，积极开展安全品牌化建设，为电厂安全发展行稳致远奠定坚实基础。

该水电厂牢固树立安全发展和全员安全理念,坚守“发展决不能以牺牲安全为代价”这条不可逾越的红线,全面构建“1+2+4”三维安全体系特色模式,保持和巩固安全生产标准化一级创建成果,突出预防为主、源头治理和过程管控,从精神理念、行为规范、规章制度、物质保障等方面构建具有一方特色的安全文化。

第四章　水利水电工程施工现场安全管理

水利水电工程现场安全是施工单位在施工过程中必须重视的问题,在施工全过程中贯穿安全管理。通过提升水利水电工程施工现场安全管理水平,可以避免出现安全事故,也可以避免施工人员的生命安全。因此,现阶段,水利水电工程施工单位重点探究关于施工现场安全管理的问题,具有重要的意义。

第一节　施工现场的平面布置与划分

施工现场的布置是文明施工和安全生产的重要部分,是现代施工的一个重要标志,也是施工企业一项基础性的管理工作。现场布置与安全生产是相辅相成的,是避免工作交叉、实现施工现场安全有序的重要基础工作。

一、基本规定

根据《水利水电工程施工通用安全技术规程》(SL 398—2007),水利工程施工现场的布置有以下基本要求:

(1)施工生产区域宜实行封闭管理。主要进出口处应设有明显的施工警示标志和安全文明生产规定、禁令,与施工无关的人员、设备不应进入封闭作业区。在危险作业场所应设有事故报警及紧急疏散通道设施。

(2)进入施工生产区域的人员应遵守施工现场安全文明生产管理规定,正确穿戴使用防护用品和佩戴标志。

(3)施工生产现场应设有专(兼)职安全人员进行安全检查,及时督促整改隐患,纠正违章行为。

(4)爆破、高边坡、隧洞、水上(下)、高处、多层交叉施工、大件运输、大型施工设备安装及拆除等危险作业应有专项安全技术措施,并应设专人进行安全监护。

(5)施工设施的设置应符合防汛、防火、防砸、防风、防雷及职业卫生等要求。

(6)设备、原材料、半成品、成品等应分类存放、标志清晰、稳固整齐,并保持通道畅通。

(7)作业场所应保持整洁、无积水;排水管、沟应保持畅通,施工作业面应做到工完场清。

(8)施工现场的井、洞、坑、沟、口等危险处应设置明显的警示标志,并应采取加盖板或设置围栏等防护措施。

(9)临水、临空、临边等部位应设置高度不低于 1.2 m 的安全防护栏杆,下部有防护要求时还应设置高度不低于 0.2 m 的挡脚板。

(10)施工生产现场临时的机动车道路宽度不宜小于 3.0 m,人行通道宽度不宜小于

0.8 m,做好道路日常清扫、保养和维修。

(11)交通频繁的施工道路、交叉路口应按规定设置警示标志或信号指示灯;开挖、弃渣场地应设专人指挥。

(12)爆破作业应统一指挥,统一信号,专人警戒并划定安全警戒区。爆破后应经爆破人员检查,确认安全后,其他人员方能进入现场。洞挖、通风不良的狭窄场所,应在通风排烟、恢复照明及安全处理后,方可进行其他作业。

(13)脚手架、排架平台等施工设施的搭设应符合安全要求,经验收合格后,方可投入使用。

(14)上下层垂直立体作业应有隔离防护设施,或错开作业时间,并应有专人监护。

(15)高边坡作业前应处理边坡危石和不稳定体,并应在作业面上方设置防护设施。

(16)隧洞作业应保持照明、通风良好、排水畅通,应采取必要的安全措施。

(17)施工现场电气设备应绝缘可靠,线路敷设整齐,应按规定设置接地线。开关板应设有防雨罩,闸刀、接线盒应完好并安装漏电保护器。

(18)施工照明及线路,应遵守下列规定:

①露天施工现场宜采用高效能的照明设备;

②施工现场及作业地点应有足够的照明,主要通道应装设路灯;

③在存放易燃、易爆物品场所或有瓦斯的巷道内,照明设备应符合防爆要求。

(19)施工生产区应按消防的有关规定,设置相应消防池、消防栓、水管等消防器材,并保持消防通道畅通。

(20)施工生产中使用明火和易燃物品时应做好相应防火措施。存放和使用易燃易爆物品的场所严禁明火和吸烟。

(21)大型拆除工作,应遵守下列规定:

①拆除项目开工前,应制定专项安全技术措施,确定施工范围和警戒范围,进行封闭管理,并应有专人指挥和专人安全监护;

②拆除作业开始前,应对风、水、电等动力管线妥善移设、防护或切断;

③拆除作业应自上而下进行,严禁多层或内外同时进行拆除。

二、施工现场的布置要求

根据《水利水电工程施工通用安全技术规程》(SL 398—2007),水利工程施工现场的布置还有以下规定:

(1)现场施工总体规划布置应遵循合理使用场地、有利施工、便于管理等基本原则。分区布置,应满足防洪、防火等安全要求及环境保护要求。

(2)生产、生活、办公区和危险化学品仓库的布置,应遵守下列规定:

①与工程施工顺序和施工方法相适应;

②选址地质稳定,不受洪水、滑坡、泥石流、塌方及危石等威胁;

③交通道路畅通,区域道路宜避免与施工主干线交叉;

④生产车间,生活、办公房屋,仓库的间距应符合防火安全要求;

⑤危险化学品仓库应远离其他区布置。

(3)施工区内起重设施、施工机械、移动式电焊机及工具房、水泵房、空压机房、电工值班房等布置应符合安全、卫生、环境保护要求。

(4)混凝土、砂石料等辅助生产系统和制作加工维修厂、车间的布置,应符合以下要求:

①单独布置,基础稳固,交通方便、畅通;

②应设置处理废水、粉尘等污染的设施;

③应减少因施工生产产生的噪声对生活区、办公区的干扰。

(5)生产区仓库、堆料场布置应符合以下要求:

①单独设置并靠近所服务的对象区域,进出交通畅通;

②存放易燃、易爆、有毒等危险物品的仓储场所应符合有关安全的要求;

③应有消防通道和消防设施。

(6)生产区大型施工机械与车辆停放场的布置应与施工生产相适应,要求场地平整、排水畅通、基础稳固,并应满足消防安全要求。

(7)弃渣场布置应满足环境保护、水土保持和安全防护的要求。

(8)生活区应遵守下列规定:

①噪声应符合表 4-1 规定;

表 4-1 生产性噪声传播至非噪声作业地点噪声声级的限值

地点名称	卫生限值/[dB(A)]	等效限值/[dB(A)]
噪声车间办公室	75	不超过 55
非噪声车间办公室	60	
会议室	60	
计算机、精密加工室	70	

②大气环境质量不应低于《环境空气质量标准》(GB 3095—2012)三级标准;

③生活饮用水符合国家饮用水标准。

(9)各区域应根据人群分布状况修建公共厕所或设置移动式公共厕所。

(10)各区域应有合理排水系统,沟、管、网排水畅通。

(11)有关单位宜设立医疗急救中心(站),医疗急救中心(站)宜布置在生活区内。施工现场应设立现场救护站。

三、其他要求

根据《水利水电工程施工组织设计规范》(SL 303—2017),水利工程施工现场的布置有以下要求:

(1)主要施工工厂设施和临时设施的布置应考虑施工期洪水的影响。防洪标准应根据工程规模、工期长短、河流水文特性等情况,分析不同标准洪水对其危害程度,在 5~20

年重现期范围内采用。防洪标准低于5年一遇或高于20年一遇，应有充分论证。

(2)工程附近场地狭窄、施工布置困难时，可采取下列措施：

①适当利用库区场地布置前期施工临时设施；

②充分利用山坡进行小台阶式布置；

③提高临时房屋建筑层数和适当缩小间距；

④重复利用场地；

⑤利用弃渣填平洼地或冲沟作为施工场地。

(3)施工总布置应做好土石方挖、填平衡，统筹规划堆渣、弃渣场地；弃渣处理应符合环境保护及水土保持要求。

(4)下列地点不应设置施工临时设施：

①严重不良地质区或滑坡体危害区；

②泥石流、山洪、沙暴或雪崩可能危害区；

③重点保护文物、古迹、名胜区或自然保护区；

④与重要资源开发有干扰的区域；

⑤受爆破或其他因素影响严重的区域。

(5)河道沿岸的主要施工场地、防护措施应按选定的防洪标准确定，大型工程场地防护范围可根据永久工程水力学模型试验论证。

(6)施工场地排水应遵守下列规定：

①确定场内冲沟、小溪的洪水流量，合理选择排洪或拦蓄措施。

②相邻场地宜减少相对高差，避免形成洼地积水；台阶式布置的高差较大时，设挡护和排水设施。

③排水系统完善、畅通、衔接合理。

④污水、废水处理满足排放要求。

四、特种材料仓库的布置要求

火工材料、油料等特种材料仓库应根据《建筑设计防火规范》(GB 50016—2014)、《水电工程设计防火规范》(GB 50872—2014)和《水利水电工程劳动安全与工业卫生设计规范》(GB 50706—2011)等标准的有关规定布置。

第二节　封闭管理与施工场地

施工现场的作业条件差，不安全因素多，容易对场内人员造成伤害。因此，必须在施工现场关键区域(如水轮发电机组安装区、变电所等)和危险区域(如爆破区、滑坡险情区、拌和楼拆除作业区等)周围设置连续性围挡，实施封闭式管理，将施工现场与外界隔离，防止无关人员随意进入场地，既解决了“扰民”又防止了“民扰”，同时起到了保护环境、美化市容的作用。

一、封闭管理

码 4-1 文档:门卫管理制度

(一)大门

(1)施工现场应当有固定的出入口,出入口处应设置大门。

(2)施工现场的大门应牢固美观,两侧应当设置门垛并与围挡连续,大门上方应有企业名称或企业标识。

(3)出入口处应当设置门卫值班室,配备专职门卫,制定门卫管理制度及交接班记录制度。

(4)施工现场的施工人员应当佩戴工作卡。

码 4-2 文档:门卫交接班记录制度

(二)围挡

(1)围挡分类。施工现场的围挡按照安装位置及功能主要分为外围封闭式围挡和作业区域隔离围挡,常用的主要有砌体围挡、彩钢板围挡、工具式围挡等。

(2)围挡的设置。要求如下:

①材质:施工现场的围挡用材应坚固、稳定、整洁、美观,封闭性围挡宜选用砌体、金属材板等硬质材料,禁止使用竹笆或安全网。

②高度:围挡的安装应符合规范要求,围挡高度不低于 1.8 m;在市区施工时,主要路段的工地高度不低于 2.5 m,其他一般路段不低于 1.8 m。

③使用:禁止在围挡内侧堆放泥土、砂石等散状材料,严禁将围挡作挡土墙使用。

(三)公示牌

公示牌是施工现场重要标志的一项内容,不但内容应有针对性,而且公示牌制作与挂设应规范整齐、美观、字体工整,宜设置在施工现场进口处。

(1)施工现场的标牌主要为五牌二图。①五牌:工程概况牌、消防保卫牌、安全生产牌、文明施工牌、管理人员名单及监督电话牌;②二图:施工现场总平面布置图、安全管理网络图。

(2)两栏一报。施工现场应设置“两栏一报”,即读报栏、宣传栏和黑板报,丰富学习内容,表扬好人好事。

(3)重大危险源公示(警示)牌。水利水电工程施工单位应建立重大危险源公示制度,在施工现场醒目位置设立重大危险源公示(警示)牌,公示施工中不同部位、不同时段的重大危险源。公示牌一般包括危险源名称、地点、责任人员、可能的事故类型、控制措施等内容,尺寸规格可结合本地区、本企业及本工程特点设置。

二、场地管理

(一)场地硬化

施工现场的场地应当清除障碍物,进行整平处理并采取硬化措施,使施工场地平整坚实,无坑洼和凹凸不平,雨季不积水,大风天不扬尘。有条件的可以做混凝土地面,无条件的可以采用石屑、焦渣、细石等方式硬化。

(二)场地绿化

施工现场应根据季节情况采取相应的绿化措施,达到美化环境和降低扬尘的效果。办公区域、生活区域必须进行植株绿化;场内闲置、裸露土地应优先采用草坪进行绿化。

(三)场内排水

施工现场应具有良好的排水系统,办公生活区、主干道路两侧、脚手架基础等部位应设置排水沟及沉淀池;现场废水不得直接排入河流和市政污水管网。

(四)场地清理

作业区及建筑物楼层(如管理房)内,要做到工完料净场地清;施工现场的垃圾应分类集中堆放,应采用容器或搭设专用封闭式垃圾道的方式清运。

(五)材料堆放

(1)材料堆放的一般要求如下:

①材料的堆放应当根据用量大小、使用时间长短、供应与运输情况确定,用量大、使用时间长、供应运输方便的,应当分期分批进场,以减少堆场和仓库面积;

②施工现场各种工具、构件、材料的堆放必须按照总平面图规定的位置放置;

③位置应选择适当,便于运输和装卸,尽量减少二次搬运;

④地势较高、坚实、平坦,回填土应分层夯实,要有排水措施,符合安全、防火的要求;

⑤应当按照品种、规格分类堆放,并设明显公示牌,标明名称、规格和产地等;

⑥各种材料物品必须堆放整齐;

⑦易燃易爆物品应分类储藏在专用库房内,并应制定防火措施。

(2)主要材料半成品的堆放要求如下:

①施工现场的材料应按照总平面布置图的布局分类存放,并挂牌标明;

②大型工具,应当一头见齐;

③钢筋应当堆放整齐,用方木垫起,不宜放在潮湿的地方或暴露在外受雨水冲淋;

④砖应砌成方垛,不得超高,距沟槽坑边不小于0.5 m,防止坍塌;

⑤砂应堆成方,石子应当按不同粒径规格分别堆放成方;

⑥各种模板应当按规格分类堆放整齐,地面应平整坚实,叠放高度一般不宜超过2 m;大模板存放应放在经专门设计的存架上,应当采用两块大模板面对面存放,当存放在施工建(构)筑物上时,应当满足自稳角度并有可靠的防倾倒措施;

⑦混凝土构件堆放场地应坚实、平整,按规格、型号分类堆放,垫木位置要正确,多层构件的垫木要上下对齐,垛位不准超高;混凝土墙板宜设插放架,插放架要焊接或绑扎牢固,防止倒塌。

三、道路

(1)永久性机动车辆道路、桥梁、隧道,应按照《公路工程质量检验评定标准　第一册　土建工程》(JTG F80/1—2017)的有关规定,并考虑施工运输的安全要求进行设计修建。

(2)铁路专用线应按国家有关规定进行设计、布置、建设。

(3)施工生产区内机动车辆临时道路应符合下列规定:

①道路纵坡不宜大于8%,进入基坑等特殊部位的个别短距离地段最大纵坡不应超过15%;道路最小转弯半径不应小于15 m;路面宽度不应小于施工车辆宽度的1.5倍,且双车道路面宽度不宜窄于7.0 m,单车道不宜窄于4.0 m,单车道应在可视范围内设有会车位置。

②路基基础及边坡保持稳定。

③在急弯、陡坡等危险路段及岔路、涵洞口应设有相应警示标志。

④悬崖陡坡、路边临空边缘除应设有警示标志外还应设有安全墩、挡墙等安全防护设施。

⑤路面应经常清扫、维护和保养并应做好排水设施,不应占用有效路面。

(4)交通繁忙的路口和危险地段应有专人指挥或监护。

(5)施工现场的轨道机车道路,应遵守下列规定:

①基础稳固,边坡保持稳定;

②纵坡应小于3%;

③机车轨道的端部应设有钢轨车挡,其高度不低于机车轮的半径,并设有红色警示灯;

④机车轨道的外侧应设有宽度不小于0.6 m的人行通道,人行通道临空高度大于2.0 m时,边缘应设置防护栏杆;

⑤机车轨道、现场公路、人行通道等的交叉路口应设置明显的警示标志或设专人值班监护;

⑥设有专用的机车检修轨道;

⑦通信联系信号齐全可靠。

(6)施工现场临时性桥梁,应根据桥梁的用途、承重载荷和相应技术规范进行设计修建,并符合以下要求:

①宽度应不小于施工车辆最大宽度的1.5倍;

②人行道宽度应不小于1.0 m,并应设置防护栏杆。

(7)施工现场架设临时性跨越沟槽的便桥和边坡栈桥,应符合以下要求:

①基础稳固、平坦畅通;

②人行便桥、栈桥宽度不应小于1.2 m;

③手推车便桥、栈桥宽度不应小于1.5 m;

④机动翻斗车便桥、栈桥,应根据荷载进行设计施工,其最小宽度不应小于2.5 m;

⑤设有防护栏杆。

(8)施工现场的各种桥梁、便桥上不应堆放设备及材料等物品,应及时维护、保养,定期进行检查。

(9)施工交通隧道,应符合以下要求:

①隧道在平面上宜布置为直线;

②机车交通隧道的高度应满足机车以及装运货物设施总高度的要求,宽度不应小于

车体宽度与人行通道宽度之和的 1.2 倍；

③汽车交通隧道洞内单线路基宽度应不小于 3.0 m，双线路基宽度应不小于 5.0 m；

④洞口应有防护设施，洞内不良地质条件洞段应进行支护；

⑤长度 100 m 以上的隧道内应设有照明设施；

⑥应设有排水沟，排水畅通；

⑦隧道内斗车路基的纵坡不宜超过 1.0%。

(10)施工现场工作面、固定生产设备及设施处所等应设置人行通道，并应符合以下要求：

①基础牢固、通道无障碍，有防滑措施并设置护栏，无积水；

②宽度不应小于 0.6 m；

③危险地段应设置警示标志或警戒线。

第三节　临时设施

施工现场的临时设施主要是指施工期间暂设性使用的各种临时建筑物或构筑物。临时设施必须合理选址、正确用材，确保满足使用功能，达到安全、卫生、环保、消防的要求。

一、临时设施的种类

施工现场的临时设施较多，按照使用功能可分为以下几类：

(1)办公设施，包括办公室、会议室、资料室、门卫值班室。

(2)生活设施，包括宿舍、食堂、厕所、淋浴室、阅览室、娱乐室、卫生保健室。

(3)生产设施，包括材料仓库、防护棚、加工棚(如混凝土搅拌、砂浆搅拌、木材加工、钢筋加工、金属加工和机械维修厂站)、操作棚。

(4)辅助设施，包括道路、现场排水设施、围挡、大门、供水处、吸烟处。

二、临时设施的结构设计

施工现场搭建临时设施应采用以概率理论为基础的极限状态设计方法，以分项系数设计表达式进行计算，绘制施工图纸并经企业技术负责人审批方可搭建。《施工现场临时建筑物技术规范》(JGJ/T 188—2009)规定，临时建筑的结构安全等级不应低于三级，结构重要性系数不应小于 0.9，临时建筑设计使用年限应为 5 年，临时建筑结构设计应满足抗震、抗风要求，并应进行地基和基础承载力计算。

(一)围挡的结构设计要求

(1)彩钢板围挡应符合以下规定：①围挡的高度不宜超过 2.5 m；当高度超过 1.5 m 时，宜设置斜撑，斜撑与水平地面的夹角以 45°为宜。②立柱的间距不宜大于 3.6 m。③横梁与立柱之间应采用螺栓可靠连接。④围挡应采取抗风措施。

(2)砌体围挡的结构构造应符合以下规定：

①砌体围挡不应采用空斗墙砌筑方式；

②砌体围挡厚度不宜小于200 mm,并应在两端设置壁柱,壁柱尺寸不宜小于370 mm×490 mm,壁柱间距不应大于5.0 m。

③单片砌体围挡长度大于30 m时,宜设置变形缝,变形缝两侧均应设置端柱。

④围挡顶部应采取防雨水渗透措施。

⑤壁柱与墙体间应设置拉结钢筋,拉结钢筋直径不应小于6 mm,间距不应大于500 mm,伸入两侧墙内的长度均不应小于1 000 mm。

(二)活动房的结构设计要求

活动房应符合以下规定:

(1)活动房节点应按照通用性强、连接可靠、坚固耐用、适应多次拆装的原则进行设计。各结构构件之间的连接应采用螺栓连接,不得采用现场焊接;可按刚接平板支撑设计;基柱脚地脚螺栓的直径不应小于12 mm,数量不少于4根。

(2)钢柱脚可采用预埋锚栓与柱脚板连接的外露式做法,并应符合下列规定:

①柱脚底面应至少高出室内地面50 mm。

②门式刚架结构承重体系可采用铰接柱脚;钢排架、钢框架承重体系应采用刚接柱脚。

③柱脚锚栓应采用Q235钢或Q345钢制作,直径不宜小于16 mm,数量不应少于4根。锚固长度不宜小于锚栓直径的25倍;当锚栓的锚固长度小于锚栓直径的25倍时,可加锚板,锚板厚度不宜小于12 mm。

(3)活动房的节点构造应符合下列要求:

①活动房杆件的轴线宜汇交于节点中心。

②钢排架承重体系中梁与柱或主梁与次梁之间应采用直径不小于12 mm的螺栓连接,连接螺栓的数量应根据计算确定,并不应少于2个。

(4)活动房的柱间垂直支撑宜分布均匀,其形心宜靠近侧向力(风荷载)的作用线,并应符合下列规定:

①当采用钢排架轻型钢结构承重体系时,在山墙、端跨应设置外墙柱间垂直支撑,中间跨应间隔设置柱间垂直支撑。长度每超过18 m应增设一道隔墙,并应符合山墙的规定。

②当采用钢框架或门式刚架轻型钢结构承重体系时,在山墙、两端跨和外墙纵向长度每45 m应设置一道柱间垂直支撑。

③当采用带花篮式调节螺栓的交叉圆钢作为外墙柱间垂直支撑时,圆钢的直径不应小于10 mm,圆钢与构件的夹角应在30°~60°,宜为45°。

④当房屋高度大于1.6倍的柱距时,柱间垂直支撑宜分层设置。

(5)当采用钢排架轻型钢结构承重体系时,应设置屋面垂直支撑,并应符合下列规定:

①在设置纵向柱间垂直支撑的开间应同时设置屋面垂直支撑。

②当屋架跨度不大于6 m时,沿跨度方向设置的屋面垂直支撑不应少于2道。

③当屋架跨度大于6 m时,沿跨度方向设置的屋面垂直支撑不应少于3道。

(6)活动房屋面水平支撑的设置应符合下列规定：

①设置纵向柱间支撑的开间宜同时设置屋面横向水平支撑，当采用钢排架轻型钢结构承重体系时，宜在屋架的上、下弦同时设置屋面横向水平支撑。

②未设置屋面垂直支撑的屋架间，相应于屋面垂直支撑的屋架上、下弦节点处应沿房屋纵向设置通长的刚性系杆。

③在柱顶、屋脊处应设置沿房屋纵向通长的刚性系杆，刚性系杆可由檩条兼作，檩条应按压弯杆件验算其强度、刚度和稳定性。

④由支撑斜杆组成的水平桁架，其直腹杆应按刚性系杆考虑。

(7)山墙屋架的腹杆与山墙立柱宜上下对齐，在立柱与腹杆连接处沿立杆内、外两侧应设置长度不小于 2 m 的条形连接件，并采用螺栓连接。

(8)楼板、屋面板应与主体结构可靠连接，并应符合下列规定：

①采用木楼板时，宜将木格栅和木楼板预制成标准的装配单元，木楼板装配单元的支撑长度不应小于 35 mm，木格栅的间距不应大于 600 mm，木格栅可采用矩形、木基材工字形截面，截面尺寸应通过计算确定。

②上弦节点处的檩条与屋架上弦应通过檩托板用螺栓连接。

③穿透屋面螺栓处应采取防渗漏措施。

(9)活动房结构构件的厚度应符合下列规定：

①主要承重构件的钢板厚度不应小于 2.0 mm，且不宜大于 6.0 mm；用于檩条和墙梁的冷弯薄壁型钢的壁厚不宜小于 1.5 mm；用于 H 型钢主刚架的钢板厚度不宜小于 2.3 mm。

②结构构件中受压板件的最大宽厚比应符合现行国家标准《冷弯薄壁型钢结构技术规范》(GB 50018—2002)的规定。

(10)构件的允许长细比不宜超过表 4-2 的限值。

表 4-2　构件的允许长细比

构件类型	允许长细比
主要承重构件(如受压柱、梁式桁架中的受压杆等)	150
其他构件及支撑	200
受拉构件	350
门式刚架	180

注：张紧的圆钢拉条的长细比不受此限。

(11)活动房的层间位移不宜大于柱高的 1/150；当采用门式刚架时，层间位移不宜大于柱高的 1/60。

(12)受弯构件的允许挠度应符合表 4-3 的规定。

表 4-3　受弯构件的允许竖向挠度

构件类别	允许竖向挠度
楼(屋)面梁、桁架	$L/200$
檩条、楼面板、屋面板、围护墙板	$L/150$
门式刚架	$L/180$
悬挑构件	$L/400$

注:L 为受弯构件的长度。

(13)走道托架应采用螺栓与结构柱可靠连接,当走廊宽度超过 1.0 m 时,走道托架端部应设置落地柱。

(14)活动房结构构件不宜采取对接焊接的方式进行拼接,当需要采用焊接时,焊接的形式、焊缝质量等级要求、焊接质量保证措施等除应满足现行国家标准《冷弯薄壁型钢结构技术规范》(GB 50018—2002)的要求外,还应符合下列规定:

①梁、柱的拼接应设置在杆件内力较小的节间内,且应与杆件等强。

②每根构件的接头不应超过 1 个。

③焊接材料应与主体金属材料相匹配,当不同强度等级的钢材连接时,可采用与低强度钢材相适应的焊条。

④焊缝的布置宜对称于构件的形心轴。

(三)砌体建筑的结构设计要求

(1)砌体建筑的结构静力计算应采用刚性方案,横墙间距不应大于 16 m,并应符合下列规定:

①墙体布置应闭合纵横墙的布置宜均匀对称,在平面内宜对齐;同一轴线上的窗间墙宽度宜均匀;纵、横墙交接处应有拉结措施;烟道、通风道等竖向孔道不应削弱墙体承载力。

②横墙中开有洞口时,洞口的水平截面面积不应超过横墙面积的 50%。

③横墙长度不宜小于其高度。

④承重墙厚度不宜小于 180 mm。

(2)砌体建筑的屋盖宜采用钢木或轻钢屋架。

(3)砌体建筑应在屋架下设置闭合的钢筋混凝土圈梁,并应符合下列规定:

①圈梁宽度应与墙厚相同,高度不应小于 120 mm,圈梁纵向配筋不应少于 4 Φ 10,钢筋搭接长度应根据受拉钢筋确定,箍筋宜为Φ 6@ 250 mm。

②纵横墙交接处的圈梁应有可靠的连接。

③圈梁与屋盖之间应采取可靠的锚固措施。

(4)砌体建筑应在外墙、大房间四角设置钢筋混凝土构造柱,并符合下列规定:

①构造柱与墙体的连接处的墙体应砌成马牙槎。

②应沿墙高每隔 500 mm 设 2 Φ 6 拉结钢筋,每边伸入墙内不少于 1 m。

(5)屋盖应有足够的承载力和刚度;屋架端部应用直径不小于 14 mm 的锚栓与圈梁

或构造柱锚固，锚栓的数量应经过计算确定，且不少于2根。

(6)檩条与桁架上弦锚固应根据屋架跨度、支撑方式及使用条件选用螺栓或其他可靠的锚固方法。

(7)屋盖应根据结构的形式和跨度、屋面构造及荷载等情况选用上弦横向支撑或垂直支撑。

三、临时设施的选址与布置原则

(1)办公生活临时设施的选址应考虑与作业区相隔离，保持安全距离，同时保证周边环境具有安全性。

(2)合理布局，协调紧凑，充分利用地形，节约用地。

(3)尽量利用项目法人在施工现场或附近能提供的现有房屋和设施。

(4)临时房屋应本着厉行节约的目的，充分利用当地材料，尽量采用活动式或容易拆装的房屋。

(5)临时房屋布置应方便生产和生活。

(6)临时房屋的布置应符合安全、消防和环境卫生要求；应布置在不受山洪、江洪、滑坡、塌方及危石等威胁的区域，基础坚固，稳定性好，周围排水畅通。

(7)生活性临时房屋可布置在施工现场以外，若在场内，一般应布置在现场的四周或集中于一侧。

(8)行政管理的办公室等应靠近工地，或是在工地现场出入口。

(9)生产性临时设施应根据生产需要，全面分析比较后选择适当位置。

四、临建房屋的结构类型

(1)活动式临时房屋，如钢骨架活动房屋、彩钢板房。

(2)固定式临时房屋，主要为砖木结构、砖石结构和砖混结构。

(3)临时房屋应优先选用钢骨架彩钢板房(芯材的燃烧性能为A级)，生活、办公设施。

五、临时设施的搭设与使用管理

(一)办公室

施工现场应设置办公室，办公室内布局应合理，文件资料宜归类存放，并应保持室内清洁卫生，办公室内净高不应低于2.5 m，人均使用面积不宜小于4 m^2。

(二)会议室

施工现场应根据工程规模设置会议室，并应当设置在临时用房的首层，其使用面积不宜小于30 m^2。会议室内桌椅必须摆放整齐有序、干净卫生，并制定会议管理制度。

(三)职工夜校

施工现场应设置职工夜校，经常对职工进行各类教育培训，并应配置满足教学需求的各类物品，建立职工学习档案；制定职工夜校管理制度。

（四）职工宿舍

（1）宿舍应当选择在通风、干燥的位置，防止雨水、污水流入；不得在尚未竣工的建筑物内设置员工集体宿舍。

（2）宿舍内应保证有必要的生活空间，室内净高不得小于2.5 m，通道宽度不得小于0.9 m，每间宿舍居住人员不应超过16人，人均使用面积不宜小于2.5 m^2。

（3）宿舍必须设置可开启式外窗，床铺不得超过2层，高于地面0.3 m，间距不得小于0.5 m，严禁使用通铺。

（4）宿舍内应有防暑降温措施，宿舍应设生活用品专柜、鞋柜或鞋架、垃圾桶等生活设施。

（5）宿舍周围应当搞好环境卫生，应设置垃圾桶。

（6）生活区内应为作业人员提供晾晒衣物的场地。

（7）房屋外应道路平整、硬化，晚间有良好的照明。

（8）施工现场宜采用集中供暖，使用炉火取暖时应采取防止一氧化碳中毒的措施。彩钢板活动房严禁使用炉火或明火取暖。

（9）宿舍临时用电宜使用安全电压，采用强电照明的宜使用限流器。生活区宜单独设置手机充电柜或充电房间。

（10）制定宿舍管理制度，并安排专人管理，床头宜设置姓名卡。

（五）食堂

（1）食堂应当选择在通风、干燥、清洁、平整的位置，防止雨水、污水流入，应当保持环境卫生，距离厕所、垃圾站、有毒有害场所等污染源不宜小于15 m，且不应设在污染源的下风侧，装修材料必须符合环保、消防要求。

（2）食堂应设置独立的制作间、储藏间；门扇下方应设不低于0.2 m的防鼠挡板。制作间灶台及周边应采取易清洁、耐擦洗措施，墙面处理高度应大于1.5 m，地面应做硬化和防滑处理，并保持墙面、地面整洁。

（3）食堂应配备必要的排风设施和冷藏设施；宜设置通风天窗和油烟净化装置，油烟净化装置应定期清理。

（4）食堂宜使用电炊具。使用燃气的食堂，燃气罐应单独设置存放间并应加装燃气报警装置，存放间应通风良好并严禁存放其他物品；供气单位资质应齐全，气源应有可追溯性。

（5）食堂制作间的炊具宜存放在封闭的橱柜内，刀、盆、案板等炊具必须生熟分开；做好48 h的留样管理。

（6）食堂制作间、锅炉房、可燃材料库房及易燃易爆危险品库房等应采用单层建筑，应与宿舍和办公用房分别设置，并应按相关规定保持安全距离。

（六）厕所

（1）厕所大小应根据施工现场作业人员的数量设置，按照男厕所1∶50、女厕所1∶25的比例设置蹲便器，蹲便器间距不小于0.9 m，并且应在男厕每50人设置1 m长小便槽。

（2）高层建筑施工超过8层以后，每隔4层宜设置临时厕所。

（3）施工现场应设置水冲式或移动式厕所，厕所地面应硬化，门窗齐全并通风良好。

(4)厕位宜设置隔板,隔板高度不宜低于0.9 m。

(5)厕所应设专人负责,定时进行清扫、冲刷、消毒,防止蚊蝇滋生,化粪池应及时清掏。

(七)淋浴室

(1)淋浴室内应设置储衣柜或挂衣架,室内使用安全电压,设置防水防爆灯具。

(2)淋浴间内应设置满足需要的淋浴器,淋浴器与员工的比例宜为1:20,间距不小于1 m。

(3)应设专人管理,并有良好的通风换气措施,定期打扫卫生。

(八)防护棚

施工现场的防护棚较多,如加工站厂棚、机械操作棚、通道防护棚等。

大型站厂棚可用砖混、砖木结构,应当进行结构计算,保证结构安全。小型防护棚一般可用钢管、扣件、脚手架材料搭设,并应当严格按照《建筑施工扣件式钢管脚手架安全技术规范》(JGJ 130—2011)的要求搭设。防护棚顶应当满足承重、防雨要求。在施工坠落半径之内的,棚顶应当具有抗冲击能力,可采用多层结构。最上层材料强度应能承受10 kPa的均布静荷载,也可采用50 mm厚木板双层架设,间距应不小于600 mm。

(九)搅拌站

(1)搅拌站应有后上料场地,应当综合考虑砂石堆场、水泥库的设置位置,既要相互靠近,又要便于材料的运输和装卸。

(2)搅拌站应当尽可能设置在垂直运输机械附近,在塔式起重机吊运半径内,尽可能减少混凝土、砂浆水平运输距离;采用塔式起重机吊运时,应当留有起吊空间,使吊斗能方便地从出料口直接挂钩起吊和放下;采用小车、翻斗车运输时,应当设置在施工道路附近,以方便运输。

(3)搅拌站场地四周应当设置沉淀池、排水沟,避免清洗机械时,造成场地积水;清洗机械用水应沉淀后循环使用,节约用水;避免将未沉淀的污水直接排入城市排水设施和河流。

(4)搅拌站应当搭设搅拌棚,挂设搅拌安全操作规程和相应的警示标志、混凝土配合比牌。

(5)搅拌站应当采取封闭措施,以减少扬尘的产生,冬期施工还应考虑保温、供热等。

(十)仓库

(1)仓库的面积应根据在建工程的实际情况和施工阶段的需要计算确定。

(2)水泥仓库应当选择地势较高、排水方便、靠近搅拌站的地方。

(3)仓库内工具、器件、物品应分类放置,设置标牌,标明规格、型号。

(4)易燃易爆物品仓库的布置应当符合防火、防爆安全距离要求,并建立严格的进出库制度,设专人管理。爆破器材仓库必须符合《爆破安全规程》(GB 6722—2014)的有关规定。

(十一)油库、加油站

油库、加油站还必须符合以下规定:

(1)独立建筑,与其他建筑、设施之间的防火安全距离不应小于50 m。

(2)加油站四周应设有不低于2 m高的实体围墙,或金属网等非燃烧体栅栏。

(3)设有消防安全通道,油库内道路宜布置成环行道,车道宽应不小于4 m。

(4)露天的金属油罐、管道上部应设有阻燃物的防护棚。

(5)库内照明、动力设备应采用防爆型,装有阻火器等防火安全装置。

(6)装有保护油罐贮油安全的呼吸阀、阻火器等防火安全装置。

(7)油罐区安装有避雷针等避雷装置,其接地电阻不得大于10 Ω,且应定期检测。

(8)金属油罐及管道应设有防静电接地装置,接地电阻应不大于30 Ω,且应定期检测。

(9)配备有泡沫、干粉灭火器及沙土等灭火器材。

(10)设有醒目的安全防火、禁止吸烟等警告标志。

(11)设有与安全保卫消防部门联系的通信设施。

(12)库区内严禁一切火源,严禁吸烟及使用手机。

(13)工作人员应熟悉使用灭火器材和消防常识。

(14)运输使用的油罐车应密封,并有防静电设施。

(十二)现场值班房、移动式工具房、抽水房、空压机房、电工值班房

现场值班房、移动式工具房、抽水房、空压机房、电工值班房等应符合以下规定:

(1)值班房搭设应避开可能坠落物区域,特殊情况无法避开时,房顶应设置有效的隔离防护层。

(2)值班房高处临边位置应设有防护栏杆。

(3)移动式工具房应设有4个经过验算的吊环。

(4)配备有灭火装置或灭火器材。

第四节　安全标志

施工现场应当根据工程特点及施工的不同阶段,在容易发生事故或危险性较大的作业场所,有针对性地设置、悬挂安全标志。

一、安全标志的定义与分类

根据《安全标志及其使用导则》(GB 2894—2008)规定,安全标志是用于表达特定信息的标志,由图形符号、安全色、几何图形(边框)或文字组成。包括提醒人们注意的各种标牌、文字、符号以及灯光等,以此表达特定的安全信息。其目的是引起人们对不安全因素的注意,防止发生事故。安全标志主要包括安全色和安全标志牌等。

(一)安全色

根据《安全色》(GB 2893—2008)规定,安全色是表达安全信息含义的颜色,安全色分为红、黄、蓝、绿四种颜色,分别表示禁止、警告、指令和提示。

(二)安全标志分类

安全标志分禁止标志、警告标志、指令标志和提示标志。建筑施工现场设置、悬挂的安全标志较多,建筑施工现场常见的安全标志见表4-4。

表 4-4　常见的安全标志

序号	安全标志内容	序号	安全标志内容	序号	安全标志内容
一、禁止标志		二、警告标志		三、指令标志	
1	禁止吸烟	25	注意安全	49	必须戴防护眼镜
2	禁止烟火	26	当心火灾	50	必须保持清洁
3	禁带火种	27	当心爆炸	51	必须戴好防尘口罩
4	禁止用水灭火	28	当心腐蚀	52	必须戴防毒面具
5	禁止放易燃物	29	当心中毒	53	必须戴好护耳器
6	禁止堆放	30	当心触电	54	必须戴好安全帽
7	禁止启动	31	当心电缆	55	必须系好安全带
8	禁止合闸	32	当心机械伤人	56	必须穿好防护服
9	修理时禁止转动	33	当心化学反应	57	必须戴好防护手套
10	禁止吊篮乘人	34	当心塌方	58	必须穿好防护靴
11	禁止靠近	35	当心烫伤	59	必须用防护装置
12	禁止入内	36	当心坑洞	60	必须用防护屏
13	禁止停留	37	当心落物	四、提示标志	
14	禁止通行	38	当心吊物	61	紧急出口
15	禁止跨越	39	当心碰头	62	安全通道
16	禁止攀登	40	当心铁屑伤人	63	安全楼梯
17	禁止跳下	41	当心伤手		
18	禁止架梯	42	当心夹手		
19	禁止停车	43	当心扎脚		
20	禁止触摸	44	当心弧光		
21	禁止驶入	45	当心车辆		
22	禁止抛物	46	当心坠落		
23	禁止戴手套	47	当心绊倒		
24	禁止穿带钉鞋	48	当心滑跌		

安全标志的图形、尺寸、颜色、文字说明和制作材料等,均应符合国家标准规定。一般来说,安全标志应当明显,便于作业人员识别。如果是灯光标志,要求明亮显眼;如果是文字图形标志,则要求明确易懂。

(1)禁止标志。

禁止标志是禁止人们不安全行为的图形标志。禁止标志的基本形式是带斜杠的圆边框,框内为白底黑色图案,并在正下方用文字补充说明禁止的行为模式。

(2)警告标志。

警告标志是提醒人们对周围环境或活动引起注意,以避免可能发生危险的图形标志。几何图形为黄底黑色图形加三角形黑边的图案,并在正下方用文字补充说明当心的行为模式。

(3)指令标志。

指令标志是强制人们必须做出某种动作或采用防范措施的图形标志。几何图形为蓝底白色图形的圆形图案,并在正下方用文字补充说明必须执行的行为模式。

(4)提示标志。

提示标志是向人们提供某种信息(如标明安全设施或场所等)的图形标志。图形以长方形、绿底(防火为红底)白线条加文字说明,如"安全通道""灭火器""火警电话"等。

二、安全标志平面布置图

施工企业项目部应当根据工程项目的规模、施工现场的环境、工程结构形式以及设备、机具的位置等情况,确定危险部位,有针对性地设置安全标志。施工现场应绘制安全标志布置总平面图,根据不同阶段的施工特点,组织人员有针对性地进行设置、悬挂和增减。

安全标志布置总平面图,是重要的安全工作内业资料之一,当使用一张图不能完全表明时可以分层表明或分层绘制。安全标志布置总平面图应由绘制人员签名,项目负责人审批。

三、安全标志的设置与悬挂

按照规定,施工现场应当根据工程特点及施工阶段,有针对性地在施工现场的危险部位和有关设备、设施上设置明显的安全警示标志,提醒、警示进入施工现场的管理人员、作业人员和有关人员,时刻认识到所处环境的危险性,随时保持清醒和警惕,避免事故发生。

(一)安全标志的设置位置与方式

(1)高度。安全标志牌的设置高度应与人眼的高度一致,"禁止烟火""当心坠物"等环境标志牌下边缘距离地面高度不能小于2 m;"禁止乘人""当心伤手""禁止合闸"等局部信息标志牌的设置高度应视具体情况确定。

(2)角度。标志牌的平面与视线夹角应接近90°,观察者位于最大观察距离时,最小夹角不小于75°。

(3)位置。标志牌应设在与安全有关的醒目和明亮地方,并使大家看见后,有足够的时间来注意它所代表的内容。环境信息标志宜设在有关场所的入口处和醒目处;局部信息标志应设在所涉及的相应危险地点或设备(部件)附近的醒目处。标志牌一般不宜设置在可移动的物体上,以免这些物体位置移动后,看不见安全标志。标志牌前不得放置妨碍认读的障碍物。

(4)顺序。同一位置必须同时设置不同类型多个标志牌时,应当按照警告、禁止、指令、提示的顺序,先左后右、先上后下的排列设置。

(5)固定。建筑施工现场设置的安全标志牌的固定方式主要为附着式、悬挂式两种。在其他场所也可采用柱式。悬挂式和附着式的固定应稳固不倾斜,柱式的标志牌和支架应牢固地连接在一起。

(二)危险部位安全标志的设置

码 4-3　文档:施工现场安全标志牌一览表

根据《安全生产法》《建设工程安全管理条例》的有关规定,施工现场入口处、施工起重机械、临时用电设施、脚手架、出入通道口、楼梯口、电梯井口、孔洞口、桥梁口、隧道口、基坑边沿、爆破物及有害危险气体和液体存放处等属于危险部位,应当设置明显的安全标志。安全标志的类型、数量应当根据危险部位的性质,设置相应的安全警示标志。如在爆破物及有害危险气体和液体存放处设置"禁止烟火""禁止吸烟"等禁止标志;在施工机具旁设置"当心触电""当心伤手"等警告标志;在施工现场入口处设置"必须佩戴安全帽"等指令标志;在通道口处设置"安全通道"等指示标志。

在施工现场还应根据需要设置"荷载限值""距离限值"等安全标志。如应根据卸料平台承载力计算结果,在平台内侧设置"荷载限值"标识;外电线路防护时,设置符合规范要求的"距离限值"标识等。在施工现场的沟、坎、深基坑等处,夜间要设红灯示警。

(三)安全标志登记

安全标志设置后应当进行统计记录,并填写施工现场安全标志登记表。

第五节　劳动防护用品

正确使用劳动防护用品是保护职工安全、防止职业危害的必要措施。按照"谁用工,谁负责"的原则,施工企业应依法为作业人员提供符合国家标准的、合格的劳动防护用品,并监督、指导正确使用。

一、概念和分类

劳动防护用品主要是指劳动者在生产过程中为免遭或者减轻事故伤害和职业危害所配备的个人防护装备。

劳动防护用品根据不同的分类方法,可分为很多种类:

(1)按照防护用品性能,分为特种劳动防护用品、一般劳动防护用品。

(2)按照防护部位,分为头部防护用品、面部防护用品、视觉器官防护用品、听觉器官防护用品、呼吸器官防护用品、手部防护用品和足部防护用品等。

(3)按照防护用途,分为防尘用品、防毒用品、防酸碱用品、防油用品、防高温用品、防冲击用品、防坠落用品、防触电用品、防寒用品和防机械外伤用品等。

二、劳动防护用品的配备

施工现场使用的劳动防护用品主要包括安全帽、安全带、安全网、绝缘手套、绝缘鞋、防护面具、救生衣、反光背心等，施工单位根据不同工种和劳动条件为作业人员配备。

(1)架子工(登高架设人员)、起重吊装工、信号指挥工的劳动防护用品配备应符合下列规定：

①架子工(登高架设人员)、塔式起重机操作人员、起重吊装工应配备灵便紧口的工作服，系带防滑鞋和工作手套。

②信号指挥工应配备专用标志服装。在自然强光环境条件作业时，应配备有色防护眼镜。

(2)电工的劳动防护用品配备应符合下列规定：

①维修电工应配备绝缘鞋、绝缘手套和灵便紧口工作服；

②安装电工应配备手套和防护眼镜；

③高压电气作业时，应配备相应等级的绝缘鞋、绝缘手套和有色防护眼镜。

(3)电焊工、气割工的劳动防护品配备应符合下列规定：

①电焊工、气割工应配备阻燃防护服、绝缘鞋、鞋盖、电焊手套和焊接防护面罩。在高处作业时，应配备安全帽与面罩连接式焊接防护面罩和阻燃安全带。

②从事清除焊接作业时，应配备防护眼镜。

③从事磨削钨极作业时，应配备手套、防尘口罩和防护眼镜。

④从事酸碱等腐蚀性作业时，应配备防腐蚀性工作服、耐酸碱胶鞋、戴耐酸碱手套、防护口罩和防护眼镜。

(4)锅炉、压力容器工及管道安装工的劳动防护用品配备应符合下列规定：

①锅炉、压力容器安装工及管道安装工应配备紧口工作服和保护足趾安全鞋。在强光环境条件作业时，应配备有色防护眼镜。

②在地下或潮湿场所，应配备紧口工作服、绝缘鞋和绝缘手套。

(5)油漆工在从事涂刷、喷漆作业时，应配备防静电工作服、防静电鞋、防静电手套、防毒口罩和防护眼镜；从事砂纸打磨作业时，应配备防尘口罩和密闭式防护眼镜。

(6)普通工在从事淋灰、筛灰作业时，应配备高腰工作鞋、鞋盖、手套和防尘口罩，应配备防护眼镜；从事抬、扛物料作业时，应配备垫肩；从事人工挖扩桩孔孔井下作业时，应配备雨靴、手套和安全绳；从事拆除工作时，应配备保护足趾安全鞋、手套。

(7)混凝土工应配备工作服，系带高腰防滑鞋、鞋盖、防尘口罩和手套，宜配备防护眼镜；从事混凝土浇筑作业时，应配备胶鞋和手套；从事混凝土振捣作业时，应配备绝缘胶鞋、绝缘手套。

(8)瓦工、砌筑工应配备脚趾安全鞋、胶面手套和普通工作服。

(9)抹灰工应配备高腰布面脚底防滑鞋和手套，宜配备防护眼镜。

(10)磨石工应配备紧口工作服、绝缘胶鞋、绝缘手套和防尘口罩。

(11)石工应配备紧口工作服、保护足趾安全鞋、手套和防尘口罩，宜配备防护眼镜。

(12)机械操作工从事机械作业时,应配备紧口工作服、防噪声耳罩和防尘口罩,宜配备防护眼镜。

(13)钢筋工应配备紧口工作服、保护足趾安全鞋和手套。从事钢筋除锈作业时,应配备防尘口罩,宜配备防护眼镜。

(14)防水工的劳动防护用品配备应符合下列规定:

①从事涂刷作业时,应配备防静电工作服、防静电鞋和鞋盖、防护手套、防毒口罩和防护眼镜;

②从事沥青熔化、运送作业时,应配备防烫工作服、高腰布面胶底防滑鞋和鞋盖、工作帽、耐高温长手套、防毒口罩和防护眼镜。

(15)玻璃工应配备工作服和防切割手套;从事打磨玻璃作业时,应配备防尘口罩,宜配备防护眼镜。

(16)司炉工应配备耐高温工作服、保护足趾安全鞋、工作帽、防护手套和防尘口罩,宜配备防护眼镜;从事添加燃料作业时,应配备有色防冲击眼镜。

(17)钳工、铆工、通风工的劳动防护用品配备应符合下列规定:

①从事使用锉刀、刮刀、錾子、扁铲等工具作业时,应配备紧口工作服和防护眼镜。

②从事剔凿作业时,应配备手套和防护眼镜;从事搬抬作业时,应配备保护足趾安全鞋和手套。

③从事石棉、玻璃棉等含尘毒材料作业时,操作人员应配备防异物工作服、防尘口罩、风帽、风镜和薄膜手套。

(18)筑炉工从事磨砖、切砖作业时,应配备紧口工作服、保护足趾安全鞋、手套和防尘口罩,宜配备防护眼镜。

(19)电梯安装工、起重机械安装拆卸工从事安装、拆卸和维修作业时,应配备紧口工作服、保护足趾安全鞋和手套。

(20)其他人员的劳动防护用品配备应符合下列规定:

①从事电钻、砂轮等手持电动工具作业时,应配备绝缘鞋、绝缘手套和防护眼镜;

②从事蛙式夯实机、振动冲击夯实作业时,应配备具有绝缘功能的保护足趾安全鞋、绝缘手套和防噪声耳塞(耳罩);

③从事可能飞溅渣屑的机械设备作业时,应配备防护眼镜;

④从事地下管道检修作业时,应配备防毒面罩、防滑鞋(靴)和工作手套。

三、劳动防护用品的管理

施工企业应确保配备劳动防护用品专项经费的投入,建立完善劳动保护用品的采购、验收、保管、发放、使用、更换、报废等规章制度,加强劳动保护用品的管理。

(一)劳动防护用品的采购

(1)施工企业应建立健全劳动防护用品采购管理制度,明确企业内部有关部门、人员的采购管理职责。

(2)施工企业应选定劳动防护用品合格的供货方,为作业人员配备的劳动防护用品应符合国家有关规定，应具备生产许可证、产品合格证等相关资料。经本单位安全生产管理部门审查合格后方可使用。

(3)施工企业不得采购和使用无厂家名称、无产品合格证、无安全标志的劳动防护产品。

(二)劳动防护用品的验收

劳动防护用品在发放使用前，应有施工企业安全管理机构组织相关人员按标准进行验收：

(1)查验生产许可证、产品合格证、安全标志等是否齐全；

(2)外观检查，必要时应进行试验验收。

(三)劳动防护用品的保管

施工企业应建立劳动防护用品的管理台账，管理台账保存期限不得少于两年，以保证劳动保护用品的质量具有可追溯性。施工现场应将劳动防护用品进行分类保管，合理标识，定期查验，以保证合理供应和发放。

码 4-4　文档：劳动防护用品管理使用台账

(四)劳动防护用品的发放

劳动防护用品必须以实物形式发放，不得以货币或其他物品替代。施工企业应制定劳动防护用品发放流程，建立发放记录，以保证及时发放到从业人员手中。

(五)劳动防护用品的使用

(1)施工企业应加强对施工作业人员的教育培训，使其掌握劳动防护用品的使用规则，并在生产过程中监督、指导作业人员正确使用，使其真正发挥保护作用。对未按规定佩戴和使用劳动防护用品的人员，应严禁上岗作业。

(2)施工企业应加强对施工作业人员劳动保护用品使用情况的检查，并对施工作业人员劳动保护用品的质量和正确使用负责。实行施工总承包的工程项目，总承包企业应加强对施工现场内所有施工作业人员劳动防护用品的监督检查。督促相关分包企业和人员正确使用劳动防护用品。

(3)施工企业应对危险性较大的施工作业场所、具有尘毒危害的作业环境设置安全警示标识及应使用的安全防护用品标识牌。

(六)劳动防护用品的更换与报废

劳动防护用品的使用年限应按国家现行相关标准执行。劳动防护用品达到使用年限或报废标准的应由建筑施工企业统一收回报废，并应为作业人员配备新的劳动防护用品。劳动防护用品有定期检测要求的应按其产品的检测周期进行检测，以确保劳动防护用品的有效使用。

第六节　消防安全管理

根据《水利水电工程施工通用安全技术规程》(SL 398—2007)及《水利水电工程施工

安全管理导则》(SL 721—2015)等有关规程规范,消防安全管理应遵循以下规定。

一、一般规定

(1)水利水电工程消防设计、施工必须符合国家工程建设消防技术标准。各参建单位依法对建设工程的消防设计、施工质量负责。

(2)各参建单位的主要负责人是本单位的消防安全第一责任人。各参建单位应履行下列消防安全职责:

①制定消防安全制度、消防安全操作规程、灭火和应急疏散预案,落实消防安全责任制;

②按标准配置消防设施、器材,设置消防安全标志;

③定期组织对消防设施进行全面检测;

④开展消防宣传教育;

⑤组织消防检查;

⑥组织消防演练;

⑦组织或配合消防安全事故调查处理等。

(3)施工单位应制订油料、炸药、木材等易燃易爆危险物品的采购、运输、储存、使用、回收、销毁的消防措施和管理制度。

(4)各参建单位的宿舍、办公室、休息室建筑构件的燃烧性能等级应为A级;室内严禁存放易燃易爆物品。严禁乱拉乱接电线,未经许可不得使用电炉;利用电热设施的车间、办公室及宿舍,电热设施应由专人负责管理。

(5)使用过的油布、棉纱等易燃物品应及时回收,妥善保管或处置。挥发性的易燃物质,不应装在开口容器或放在普通仓库内;盛装过挥发油剂及易燃物质的空容器,应及时退库;施工现场设备的包装材料和其他废弃物应及时回收、清理;存放和使用易燃易爆物品的场所严禁明火和吸烟。

(6)机电设备安装中搭设的防尘棚、临时工棚及设备防尘覆盖膜等,应选用防火阻燃材料。

(7)施工生产中使用明火和易燃物品时,应做好相应防火措施,遵守施工生产作业区与建筑物之间防火安全距离的有关规定。施工区域需要使用明火时,应将使用区进行防火分隔,清除动火区域内的易燃、可燃物。

(8)施工单位使用明火或进行电(气)焊作业时,应落实防火措施,特殊部位应办理动火作业票。

(9)水利水电工程应按照国家有关规定进行消防验收、备案。

(10)各单位应建立健全各级消防责任制和管理制度、组建专职或义务消防队,并配备相应的消防设备,做好日常防火安全巡视检查,及时消除火灾隐患,经常开展消防宣传教育活动和灭火、应急疏散救护的演练。

(11)施工现场的平面布置图、施工方法和施工技术均应符合消防安全要求。现场道路应畅通,夜间应设照明,并有值班巡逻。

(12)根据施工生产防火安全需要,应配备相应的消防器材和设备,存放在明显易于取用的位置。消防器材及设备附近,严禁堆放其他物品。

(13)消防器材设备,应妥善管理,定期检验,及时更换过期器材,消防汽车、消防栓等设备器材不应挪作他用。

(14)根据施工生产防火安全的需要,合理布置消防通道和各种防火标志,消防通道应保持通畅,宽度不应小于3.5 m。

(15)宿舍、办公室、休息室内严禁存放易燃易爆物品,未经许可不得使用电炉。利用电热的车间、办公室及住室,电热设施应由专人负责管理。

(16)挥发性的易燃物质,不应装在开口容器及放在普通仓库内。装过挥发油剂及易燃物质的空容器,应及时退库。

(17)闪点在45 ℃以下的桶装、罐装易燃液体不应露天存放,存放处应有防护栅栏、通风良好。

(18)施工区域需要使用明火时,应将使用区进行防火分隔,清除动火区域内的易燃、可燃物,配置消防器材,并应由专人监护。

(19)油料、炸药、木材等常用的易燃易爆危险品存放使用场所、仓库,应有严格的防火措施和相应的消防设施,严禁使用明火和吸烟。

(20)易燃易爆危险物品的采购、运输、储存、使用、回收、销毁,应有相应的防火消防措施和管理制度。

(21)施工生产作业区与建筑物之间的防火安全距离,应遵守下列规定:

①用火作业区距所建的建筑物和其他区域不应小于25 m;

②仓库区、易燃、可燃材料堆集场距所建的建筑物和其他区域不应小于20 m;

③易燃品集中站距所建的建筑物和其他区域不应小于30 m。

(22)不准在高压架空线下搭设临时性建筑或堆放可燃物品。

(23)焊、割作业点与氧气瓶、电石桶和乙炔发生器等的距离不得小于10 m,与易燃易爆物品的距离不得小于30 m。

(24)乙炔发生器与氧气瓶之间的距离,存放时应大于5 m,使用时应大于10 m。

(25)施工现场的焊、割作业,必须符合防火要求,严格执行"十不准"规定:

①焊工必须持证上岗,无证者不准进行焊、割作业;

②属一级、二级、三级动火范围的焊、割作业,未办理动火审批手续,不准进行焊、割作业;

③焊工不了解焊、割现场周围情况,不得进行焊、割作业;

④焊工不了解焊件内部是否有易燃易爆物品时,不得进行焊、割作业;

⑤各种装过可燃气体、易燃液体和有毒物质的容器,未经彻底清洗,或未排除危险之前,不准进行焊、割作业;

⑥用可燃材料作绝热层、保冷层、隔声、隔热设备的部位,或火星能飞溅到的地方,在未采取切实可靠的安全措施前,不准进行焊、割作业;

⑦有压力或密闭的管道、容器,不准进行焊、割作业;

⑧焊、割部位附近有易燃易爆物品，在未做清理或未采取有效的安全防护措施前，不准进行焊、割作业；

⑨附近有与明火作业相抵触的工种作业时，不准进行焊、割作业；

⑩与外单位相连的部位，在没有弄清有无险情，或明知存在危险而未采取有效措施之前，不准进行焊、割作业。

(26)焊接与气割的基本规定：

①焊条电弧焊、埋弧焊、二氧化碳气体保护焊、手工钨极氩弧焊、碳弧气刨、气焊与气割安全操作应按照SL 398—2007、SL 721—2015、SL 401—2007等相关要求安全操作。

②凡从事焊接与气割的工作人员，应熟知SL 398—2007、SL 721—2015、SL 401—2007等相关标准及有关安全知识，并经过专业培训考核取得操作证，持证上岗。

③从事焊接与气割的工作人员应严格遵守各项规章制度，作业时不应擅离职守，进入岗位应按规定穿戴劳动防护用品。

④焊接和气割的场所，应设有消防设施，并保证其处于完好状态。焊工应熟练掌握其使用方法，能够正确使用。

⑤凡有液体压力、气体压力及带电的设备和容器、管道，无可靠安全保障措施禁止焊割。

⑥对贮存过易燃易爆及有毒容器、管道进行焊接与切割时，要将易燃物和有毒气体放尽，用水冲洗干净，打开全部管道窗、孔，保持良好通风，方可进行焊接和切割，容器外要有专人监护，定时轮换休息。密封的容器、管道不应焊割。

⑦禁止在油漆未干的结构和其他物体上进行焊接和切割。禁止在混凝土地面上直接进行切割。

⑧严禁在贮存易燃易爆的液体、气体、车辆、容器等的库区内从事焊、割作业。

⑨在距焊接作业点火源10 m以内，在高空作业下方和火星所涉及范围内，应彻底清除有机灰尘、木材木屑、棉纱棉布、汽油、油漆等易燃物品。如有不能撤离的易燃物品，应采取可靠的安全措施隔绝火星与易燃物接触。对填有可燃物的隔层，在未拆除前不应施焊。

⑩焊接大件须有人辅助时，动作应协调一致，工件应放平垫稳。

⑪在金属容器内进行工作时应有专人监护，要保证容器内通风良好，并应设置防尘设施。

⑫在潮湿地方、金属容器和箱型结构内作业，焊工应穿干燥的工作服和绝缘胶鞋，身体不应与被焊接件接触，脚下应垫绝缘垫。

⑬在金属容器中进行气焊和气割工作时，焊割炬应在容器外点火调试，并严禁使用漏燃气的焊割炬、管、带，以防止逸出的可燃混合气遇明火爆炸。

⑭严禁将行灯变压器及焊机调压器带入金属容器内。

⑮焊接和气割的工作场所光线应保持充足。工作行灯电压不应超过36 V，在金属容器或潮湿地点工作行灯电压不应超过12 V。

⑯风力超过5级时禁止在露天进行焊接或气割。风力5级以下、3级以上时应搭设

挡风屏,以防止火星飞溅引起火灾。

⑰离地面 1.5 m 以上进行工作应设置脚手架或专用作业平台,并应设有 1 m 高防护栏杆,脚下所用垫物要牢固可靠。

⑱工作结束后应拉下焊机闸刀,切断电源。对于气割(气焊)作业则应解除氧气、乙炔瓶(乙炔发生器)的工作状态。要仔细检查工作场地周围,确认无火源后方可离开现场。

⑲使用风动工具时,先检查风管接头是否牢固,选用的工具是否完好无损。

⑳禁止通过使用管道、设备、容器、钢轨、脚手架、钢丝绳等作为临时接地线(接零线)的通路。

㉑高空焊割作业时,还应遵守下列规定:

a. 高空焊割作业须设监护人,焊接电源开关应设在监护人近旁;

b. 焊割作业坠落点场面上,至少 10 m 以内不应存放可燃或易燃易爆物品;

c. 高空焊割作业人员应戴好符合规定的安全帽,应使用符合标准规定的防火安全带,安全带应高挂低用,固定可靠;

d. 露天下雪、下雨或有 5 级大风时严禁高处焊接作业。

二、重点部位、重点工种消防管理要求

(一)加油站、油库的消防管理规定

(1)独立建筑,与其他设施、建筑之间的防火安全距离不应小于 50 m。

(2)周围应设有高度不低于 2 m 的围墙、栅栏。

(3)库区内道路应为环形车道,路宽应不小于 3.5 m,应设有专门消防通道,保持畅通。

(4)罐体应装有呼吸阀、阻火器等防火安全装置。

(5)应安装覆盖库(站)区的避雷装置,且应定期检测,其接地电阻不应大于 100 Ω。

(6)罐体、管道应设防静电接地装置,接地网、线用 40 mm×4 mm 扁钢或直径 10 mm 圆钢埋设,且应定期检测,其接地电阻不应大于 30 Ω。

(7)主要位置应设置醒目的禁火警示标志及安全防火规定标志。

(8)应配备相应数量的泡沫、干粉灭火器和砂土等灭火器材。

(9)应使用防爆型动力和照明电器设备。

(10)库区内严禁一切火源,严禁吸烟及使用手机。

(11)工作人员应熟悉使用灭火器材和消防常识。

(12)运输使用的油罐车应密封,并有防静电设施。

(二)木材加工厂(场、车间)消防管理规定

(1)独立建筑,与周围其他设施、建筑之间的安全防火距离不应小于 20 m。

(2)安全消防通道保持畅通。

(3)原材料、半成品、成品堆放整齐有序,并留有足够的通道,保持畅通。

(4)木屑、刨花、边角料等弃物及时清除,严禁置留在场内,保持场内整洁。

(5)设有 10 m^3 以上的消防水池、消防栓及相应数量的灭火器材。

(6)作业场所内禁止使用明火和吸烟。

(7)明显位置设置醒目的禁火警示标志及安全防火规定标志。

(三)氧气、乙炔气瓶的使用规定

(1)气瓶应放置在通风良好的场所,不应靠近热源和电气设备,与其他易燃易爆物品或火源的距离一般不应小于 10 m(高处作业时与垂直地面处的平行距离)。使用过程中,乙炔瓶应放置在通风良好的场所,与氧气瓶的距离不应少于 5 m。

(2)露天使用氧气、乙炔气时,冬季应防止冻结、夏季应防止阳光直接暴晒。氧气、乙炔气瓶阀冬季冻结时,可用热水或水蒸气加热解冻,严禁用火焰烘烤和用钢材一类的器具猛击,更不应猛拧减压表的调节螺丝,以防氧气、乙炔气大量冲出而造成事故。

(3)氧气瓶严禁沾染油脂,检查气瓶口是否有漏气时可用肥皂水涂在瓶口上试验,严禁用烟头或明火试验。

(4)氧气、乙炔气瓶如果漏气应立即搬到室外,并远离火源。搬动时手不可接触气瓶嘴。

(5)开氧气、乙炔气阀时,工作人员应站在阀门连接的侧面,并缓慢开放,不应面对减压表,以防发生意外事故。使用完毕后应立即将瓶嘴的保护罩旋紧。

(6)氧气瓶中的氧气不允许全部用完,至少应留有 0.1~0.2 MPa 的剩余压力,乙炔瓶内气体也不应用尽,应保持 0.05 MPa 的余压。

(7)乙炔瓶在使用、运输和储存时,环境温度不宜超过 40 ℃;超过时应采取有效的降温措施。

(8)乙炔瓶应保持直立放置,使用时要注意固定,并应有防止倾倒的措施,严禁卧放使用。卧放的气瓶竖起来后需待 20 min 后方可输气。

(9)工作地点不固定且移动较频繁时,应装在专用小车上;同时使用乙炔瓶和氧气瓶时,应保持一定的安全距离。

(10)严禁铜、银、汞等及其制品与乙炔产生接触,使用铜合金器具时含铜量应低于70%。

(11)氧气、乙炔气瓶在使用过程中应按照《气瓶安全技术规程》(TSG 23—2021)的规定,定期检验。过期、未检验的气瓶严禁继续使用。

(四)回火防止器的使用规定

(1)应采用干式回火防止器。

(2)回火防止器应垂直放置,其工作压力应与使用压力相适应。

(3)干式回火防止器的阻火元件应经常清洗以保持气路畅通;多次回火后,应更换阻火元件。

(4)一个回火防止器应只供一把割炬或焊炬使用,不应合用。当一个乙炔发生器向多个割炬或焊炬供气时,除应装总的回火防止器外,每个工作岗位都须安装岗位式回火防止器。

(5)禁止使用无水封、漏气的、逆止阀失灵的回火防止器。

(6)回火防止器应经常清除污物防止堵塞,以免失去安全作用。

(7)回火器上的防爆膜(胶皮或铝合金片)被回火气体冲破后,应按原规格更换,严禁用其他非标准材料代替。

(五)焊割炬的使用规定

(1)工作前应检查焊、割枪各连接处的严密性及其嘴子有无堵塞现象,禁止用纯铜丝(紫铜)清理嘴孔。

(2)焊、割枪点火前应检查其喷射能力,是否漏气,同时检查焊嘴和割嘴是否畅通;无喷射能力的不应使用,应及时修理。

(3)不应使用小焊枪焊接厚的金属,也不应使用小嘴子割枪切割较厚的金属。

(4)严禁在氧气和乙炔阀门同时开启时用手或其他物体堵住焊、割枪嘴子的出气口,以防止氧气倒流入乙炔管或气瓶而引起爆炸。

(5)焊、割枪的内外部及送气管内均不允许沾染油脂,以防止氧气遇到油类燃烧爆炸。

(6)焊、割枪严禁对人点火,严禁将燃烧着的焊枪随意摆放,用毕及时熄灭火焰。

(7)焊枪熄火时应先关闭乙炔阀,后关氧气阀;割枪则应先关高压氧气阀,后关乙炔阀和氧气阀以免回火。

(8)焊、割枪点火时须先开氧气,再开乙炔,点燃后再调节火焰;遇不能点燃而出现爆声时应立即关闭阀门并进行检查和通畅嘴子后再点,严禁强行硬点以防爆炸;焊、割时间过久,枪嘴发烫出现连续爆炸声并有停火现象时,应立即关闭乙炔再关氧气,将枪嘴浸冷水疏通后再点燃工作,作业完毕熄火后应将枪吊挂或侧放,禁止将枪嘴对着地面摆放,以免引起阻塞而再用时发生回火爆炸。

(9)阀门不灵活、关闭不严或手柄破损的一律不应使用。

(10)工作人员佩戴有色眼镜,以防飞溅火花灼伤眼睛。

(六)氧气、乙炔气集中供气系统的设计与安装规定

(1)大中型生产厂区的氧气与乙炔气宜采用集中汇流排供气,设置氧气、乙炔气集中供气系统。主要包括供气间(气体库房)、管路系统等,其设计与安装的防护装置、检修保养、建筑防火均应符合 GB 50030—2013、GB 50016—2014 等的有关规定。

(2)氧气供气间与乙炔供气间的布置、设置应符合下列规定:

①氧气供气间可与乙炔供气间布置在同一座建筑物内,但应以无门、窗、洞的防火墙隔开且不应设在地下室或半地下室内。

②氧气、乙炔供气间应设围墙或栅栏并悬挂明显标志。围墙距离有爆炸物的库房的安全距离应符合相关规定。

③供气间与明火或散发火花地点的距离不应小于 10 m,供气间内不应有地沟、暗道。供气间内严禁动用明火、电炉或照明取暖,并应备有足够的消防设备。

④氧气、乙炔汇流排应有导除静电的接地装置。

⑤供气间应设置气瓶的装卸平台,平台的高度应视运输工具确定,一般高出室外地坪 0.4~1.1 m;平台的宽度不宜小于 2 m。室外装卸平台应搭设雨篷。

⑥供气间应有良好的自然通风、降温和除尘等设施,并要保证运输通道畅通。

⑦供气间内严禁存放有毒物质及易燃易爆物品;空瓶和实瓶应分开放置,并有明显标志,应设有防止气瓶倾倒的设施。

⑧氧气与乙炔供气间的气瓶、管道的各种阀门打开和关闭时应缓慢进行。

⑨供气间应设专人负责管理,并建立严格的安全运行操作规程、维护保养制度、防火规程和进出登记制度等,无关人员不应随便进入。

(3)氧气、乙炔气集中供气系统运行管理应遵守下列规定:

①系统投入正式运行前,应由主管部门组织按照 GB 50030—2013、GB 50016—2014 等的有关规定,进行全面检查验收,确认合格后方可交付使用;

②作业人员应熟知有关专业知识及相关安全操作规定,并经培训考核合格后方可上岗;

③乙炔供气间的设施、消防器材应定期做检查;

④供气间严禁氧气、乙炔瓶混放,并严禁存放易燃物品,照明应使用防爆灯;

⑤作业人员应随时检查压力情况,如发现漏气,立即停止供气;

⑥作业人员工作时不应离开工作岗位,严禁吸烟;

⑦检查乙炔间管道,应在乙炔气瓶与管道连接的阀门关严和管内的乙炔排尽后进行;

⑧禁止在室内用电炉或明火取暖;

⑨作业人员应严禁让粘有油脂的手套、棉丝和工具同氧气瓶、瓶阀、减压器管路等接触;

⑩作业人员应认真做好当班供气运行记录。

(七)易燃物品的使用管理规定

(1)储存易燃物品的仓库应执行审批制度的有关规定,并遵守下列规定:

①库房建筑宜采用单层建筑;应采用防火材料建筑;库房应有足够的安全出口,不宜少于两个;所有门窗应向外开。

②库房内不宜安装电器设备,如需安装,应根据易燃物品性质,安装防爆或密封式的电器及照明设备,并按规定设防护隔墙。

③仓库位置宜选择在有天然屏障的地区,或设在地下、半地下,宜选在生活区和生产区年主导风向的下风侧。

④不应设在人口集中的地方,与周围建筑物间应留有足够的防火间距。

⑤应设置消防车通道和与储存易燃物品性质相适应的消防设施;库房地面应采用不易打出火花的材料。

⑥易燃液体库房,应设置防止液体流散的设施。

⑦易燃液体的地上或半地下储罐应按有关规定设置防火堤。

(2)储存易燃物品的库房,应按照 GB 50016—2014 有关建筑物的耐火等级和储存物品的火灾危险性分类的规定来确定,其层数、面积应符合表 4-5 的要求,与相邻建筑物的防火间距不应小于表 4-6 的规定。

表 4-5　仓库的层数和面积

储存物品的火灾危险性类别		仓库的耐火等级	最多允许层数	每座仓库的最大允许占地面积和每个防火分区的最大允许建筑面积/m²						
				单层仓库		多层仓库		高层仓库		地下或半地下仓库(包括地下或半地下室)
				每座仓库	防火分区	每座仓库	防火分区	每座仓库	防火分区	防火分区
甲	3、4 项	一级	1	180	60	—	—	—	—	—
甲	1、2、5、6 项	一、二级	1	750	250	—	—	—	—	—
乙	1、3、4 项	一、二级	3	2 000	500	900	300	—	—	—
乙	1、3、4 项	三级	1	500	250	—	—	—	—	—
乙	2、5、6 项	一、二级	5	2 800	700	1 500	500	—	—	—
乙	2、5、6 项	三级	1	900	300	—	—	—	—	—
丙	1 项	一、二级	5	4 000	1 000	2 800	700	—	—	500
丙	1 项	三级	1	1 200	400	—	—	—	—	—
丙	2 项	一、二级	不限	6 000	1 500	4 800	1 200	4 000	1 000	300
丙	2 项	三级	3	2 100	700	1 200	400	—	—	—
丁		一、二级	不限	不限	3 000	不限	1 500	4 800	1 200	500
丁		三级	3	3 000	1 000	1 500	500	—	—	—
丁		四级	1	2 100	700	—	—	—	—	—
戊		一、二级	不限	不限	不限	不限	2 000	6 000	1 500	1 000
戊		三级	3	3 000	1 000	2 100	700	—	—	—
戊		四级	1	2 100	700	—	—	—	—	—

注:1. 仓库内的防火分区之间必须采用防火墙分隔,甲、乙类仓库内防火分区之间的防火墙不应开设门、窗、洞口;地下或半地下仓库(包括地下或半地下室)的最大允许占地面积,不应大于相应类别地上仓库的最大允许占地面积。

2. 石油库区内的桶装油品仓库应符合现行国家标准《石油库设计规范》(GB 50074—2014)的规定。

3. 一、二级耐火等级的煤均化库,每个防火分区的最大允许建筑面积不应大于 12 000 m²。

4. 独立建造的硝酸铵仓库、电石仓库、聚乙烯等高分子制品仓库、尿素仓库、配煤仓库、造纸厂的独立成品仓库,当建筑的耐火等级不低于二级时,每座仓库的最大允许占地面积和每个防火分区的最大允许建筑面积可按本表的规定增加 1 倍。

5. 一、二级耐火等级粮食平房仓的最大允许占地面积不应大于 12 000 m²,每个防火分区的最大允许建筑面积不应大于 3 000 m;三级耐火等级粮食平房仓的最大允许占地面积不应大于 3 000 m²,每个防火分区的最大允许建筑面积不应大于 1 000 m²。

6. 一、二级耐火等级且占地面积不大于 2 000 m² 的单层棉花库房,其防火分区的最大允许建筑面积不应大于 2 000 m²。

7. 一、二级耐火等级冷库的最大允许占地面积和防火分区的最大允许建筑面积应符合现行国家标准《冷库设计规范》(GB 50072—2021)的规定。

8. "—"表示不允许。

表 4-6　甲类仓库之间及与其他建筑、明火或散发火花地点、铁路、道路等的防火间距

单位：m

名称		甲类仓库储量/t			
		甲类储存物品第 3、4 项		甲类储存物品第 1、2、5、6 项	
		≤5	>5	≤10	>10
高层民用建筑、重要公共建筑		50			
裙房、其他民用建筑、明火或散发火花地点		30	40	25	30
甲类仓库		20	20	20	20
厂房和乙、丙、丁、戊类仓库	一、二级	15	20	12	15
	三级	20	25	15	20
	四级	25	30	20	25
电力系统电压为 35~500 kV 且每台变压器容量不小于 10 MV·A 的室外变、配电站，工业企业的变压器总油量大于 5 t 的室外降压变电站		30	40	25	30
厂外铁路线中心线		40			
厂内铁路线中心线		30			
厂外道路路边		20			
厂内道路路边	主要	10			
	次要	5			

注：甲类仓库之间的防火间距，当第 3、4 项物品储量不大于 2 t，第 1、2、5、6 项物品储量不大于 5 t 时，不应小于 12 m。甲类仓库与高层仓库的防火间距不应小于 13 m。

（3）易燃、可燃液体的储罐区、堆场与建筑物的防火间距不应小于表 4-7 的规定。

表 4-7　易燃、可燃液体的储罐区、堆场与建筑物的防火间距

单位：m

类别	一个罐区或堆场的总容量 V/m^3	建筑物				室外变、配电站
		一、二级		三级	四级	
		高层民用建筑	裙房，其他建筑			
甲、乙类液体储罐（区）	$1 \leqslant V<50$	40	12	15	20	30
	$50 \leqslant V<200$	50	15	20	25	35
	$200 \leqslant V<1\ 000$	60	20	25	30	40
	$1\ 000 \leqslant V<5\ 000$	70	25	30	40	50

续表 4-7

类别	一个罐区或堆场的总容量 V/m^3	建筑物				室外变、配电站
		一、二级		三级	四级	
		高层民用建筑	裙房,其他建筑			
丙类液体储罐(区)	5≤V<250	40	12	15	20	24
	250≤V<1 000	50	15	20	25	28
	1 000≤V<5 000	60	20	25	30	32
	5 000≤V<25 000	70	25	30	40	40

注:1. 当甲、乙类液体储罐和丙类液体储罐布置在同一储罐区时,罐区的总容量可按 1 m^3 甲、乙类液体相当于 5 m^3 丙类液体折算。

2. 储罐防火堤外侧基脚线至相邻建筑的距离不应小于 10 m。

3. 甲、乙、丙类液体的固定顶储罐区或半露天堆场,乙、丙类液体桶装堆场与甲类厂房(仓库)、民用建筑的防火间距,应按本表的规定增加 25%,且甲、乙类液体的固定顶储罐区或半露天堆场,乙、丙类液体桶装堆场与甲类厂房(仓库)、裙房、单、多层民用建筑的防火间距不应小于 25 m,与明火或散发火花地点的防火间距应按本表有关四级耐火等级建筑物的规定增加 25%。

4. 浮顶储罐区或闪点大于 120 ℃的液体储罐区与其他建筑的防火间距,可按本表的规定减少 25%。

5. 当数个储罐区布置在同一库区内时,储罐区之间的防火间距不应小于本表相应容量的储罐区与四级耐火等级建筑物防火间距的较大值。直埋地下的甲、乙、丙类液体卧式罐,当单罐容量不大于 50 m^3、总容量不大于 200 m^3 时,与建筑物的防火间距可按本表规定减少 50%。室外变、配电站指电力系统电压为 35~500 kV 且每台变压器容量不小于 10 MV · A 的室外变配电站和工业企业的变压器总油盘大于 5 t 的室外降压变电站。

(4)易燃、可燃液体储罐之间的防火间距不应小于表 4-8 的规定。

表 4-8　甲、乙、丙类液体储罐之间的防火间距　　单位:m

类别			固定顶储罐			浮顶储罐或设置充氮保护设备的储罐	卧式储罐
			地上式	半地下式	地下式		
甲、乙类液体储罐	单罐容量 V/m^3	V≤1 000	0.75D	0.5D	0.4D	0.4D	≥0.8 m
		V>1 000	0.6D				
丙类液体储罐		不限	0.4D	不限	不限	—	

注:1. D 为相邻较大立式储罐的直径(m),矩形储罐的直径为长边与短边之和的一半。

2. 不同液体不同形式储罐之间的防火间距不应小于本表规定的较大值。

3. 两排卧式储罐之间的防火间距不应小于 3 m。

4. 当单罐容量不大于 1 000 m^3 且采用固定冷却系统时,甲、乙类液体的地上式固定顶储罐之间的防火间距不应小于 0.6D。

5. 地上式储罐同时设置液下喷射泡沫灭火系统、固定冷却水系统和扑救防火堤内液体火灾的泡沫灭火设施时,储罐之间的防火间距可适当减小,但不宜小于 0.4D。

6. 闪点大于 120 ℃的液体,当单罐容量大于 1 000 m^3 时储罐之间的防火间距不应小于 5 m;当单罐容量不大于 1 000 m^3 时,储罐之间的防火间距不应小于 2 m。

(5)易燃、可燃液体储罐,如储量不超过表4-9的规定,可成组布置。组内储罐的布置不应超过两行,易燃液储罐之间的距离不应小于相邻较大罐的半径。储罐组之间的距离,应按与储罐组总储量相同的单罐考虑。

表4-9　甲、乙、丙类液体储罐分组布置的最大容量

类别	单罐最大容量/m^3	一组罐最大容量/m^3
甲、乙类液体	200	1 000
丙类液体	500	3 000

甲、乙、丙类液体的地上式、半地下式储罐或储罐组,其四周应设置不燃性防火堤。防火堤内的储罐布置不宜超过2排,单罐容量不大于1 000 m^3 且闪点大于120 ℃的液体储罐不宜超过4排。防火堤的有效容量不应小于其中最大储罐的容量。对于浮顶罐,防火堤的有效容量可为其中最大储罐容量的一半。防火堤内侧基脚线至立式储罐外壁的水平距离不应小于罐壁高度的一半。防火堤内侧基脚线至卧式储罐的水平距离不应小于3 m。设计高度应比计算高度高出0.2 m,且应为1~2.2 m,在防火堤的适当位置应设置便于灭火救援人员进出防火堤的踏步。沸溢性油品的地上式、半地下式储罐,每个储罐均应设置一个防火堤或防火隔堤。含油污水排水管应在防火堤的出口处设置水封设施,雨水排水管应设置阀门等封闭、隔离装置。

(6)易燃、可燃液体储罐与其泵房、装卸设备的防火间距不应小于表4-10的规定。

表4-10　易燃、可燃液体储罐与其泵房、装卸设备的防火间距　单位:m

液体类别和储罐形式		泵房	铁路或汽车装卸设备
甲、乙类液体储罐	拱顶罐	15	20
	浮顶罐	12	15
丙类液体储罐		10	12

(7)可燃、助燃气体储罐,其防火间距应根据GB 50016—2014有关章程执行。

(8)液化石油气储罐或储区与建筑物、堆场的防火间距不应小于表4-11的规定。

表4-11　液化石油气储罐或储区与建筑物、堆场的防火间距　单位:m

名称	液化天然气储罐(区)总容积/m^3							集中放散装置的天然气放散总管
	$V\leqslant10$	$10<V\leqslant30$	$30<V\leqslant50$	$50<V\leqslant200$	$200<V\leqslant500$	$500<V\leqslant1\ 000$	$1\ 000<V\leqslant2\ 000$	
单罐容积/m^3	$V\leqslant10$	$V\leqslant30$	$V\leqslant50$	$V\leqslant200$	$V\leqslant500$	$V\leqslant1\ 000$	$V\leqslant2\ 000$	
居住区、村镇和重要公共建筑(最外侧建筑物的外墙)	30	35	45	50	70	90	110	45

续表 4-11

名称		液化天然气储罐(区)总容积/m³							集中放散装置的天然气放散总管
		V≤10	10<V≤30	30<V≤50	50<V≤200	200<V≤500	500<V≤1 000	1 000<V≤2 000	
单罐容积/m³		V≤10	V≤30	V≤50	V≤200	V≤500	V≤1 000	V≤2 000	
工业企业(最外侧建筑物的外墙)		22	25	27	30	35	40	50	20
明火或散发火花地点,室外变、配电站		30	35	45	50	55	60	70	30
其他民用建筑,甲、乙类液体储罐,甲、乙类仓库,甲、乙类厂房,秸秆、芦苇、打包废纸等材料堆场		27	32	40	45	50	55	65	25
丙类液体储罐,可燃气体储罐,丙、丁类厂房,丙、丁类仓库		25	27	32	35	40	45	55	20
公路(路边)	高速,Ⅰ、Ⅱ级,城市快速	20			25				15
	其他	15			20				10
架空电力线(中心线)		1.5 倍杆高					1.5 倍杆高,但 35 kV 及以上架空电力线不应小于 40 m		2 倍杆高
架空通信线(中心线)	Ⅰ、Ⅱ级	1.5 倍杆高		30		40		1.5 倍杆高	
	其他	1.5 倍杆高							
铁路(中心线)	国家线	40	50	60	70		80		40
	企业专用线	25			30		35		30

注:居住区、村镇指 1 000 人或 300 户及以上者;当少于 1 000 人或 300 户时相应防火间距应按本表有关其他民用建筑的要求确定。

(9)易燃、可燃材料的露天、半露天堆场、储罐、库房与铁路、道路的防火间距不应小于表4-12的规定。

表4-12　露天、半露天可燃材料堆场与铁路、道路的防火间距　单位:m

名称	厂外铁路中心线	厂内铁路中心线	厂外道路路边	厂内道路路边	
				主要	次要
秸秆、芦苇、打包废纸等材料堆场	30	20	15	10	5

(10)易燃物品的储存应符合下列规定:

①应分类存放在专门仓库内。与一般物品以及性质互相抵触和灭火方法不同的易燃、可燃物品,应分库储存,并标明储存物品名称、性质和灭火方法。

②堆存时,堆垛不应过高、过密,堆垛之间以及堆垛与堤墙之间应留有一定间距;通道和通风口,主要通道的宽度不应小于2 m;每个仓库应规定储存限额。

③遇水燃烧、爆炸和怕冻、易燃、可燃的物品,不应存放在潮湿、露天、低温和容易积水的地点。库房应有防潮、保温等措施。

④受阳光照射容易燃烧、爆炸的易燃、可燃物品,不应在露天或高温的地方存放。应存放在温度较低、通风良好的场所,并应设专人定时测温,必要时采取降温及隔热措施。

⑤包装容器应当牢固、密封,发现破损、残缺、变形、渗漏和物品变质、分解等情况时,应立即进行安全处理。

⑥在入库前,应有专人负责检查,对可能带有火险隐患的易燃、可燃物品,应另行存放,经检查确认无危险后,方可入库。

⑦性质不稳定、容易分解和变质以及混有杂质而容易引起燃烧与爆炸的易燃、可燃物品,应经常进行检查、测温、化验、防止燃烧、爆炸。

⑧储存易燃、可燃物品的库房、露天堆垛、贮罐规定的安全距离内,严禁进行试验、分装、封焊、维修、动用明火等可能引起火灾的作业和活动。

⑨库房内不应设办公室、休息室,不应住人,不应用可燃材料搭建货架;仓库区应严禁烟火。

⑩库房不宜采暖,如储存物品需防冻,可用暖气采暖;散热器与易燃、可燃物品堆垛应保持安全距离。

⑪对散落的易燃、可燃物品应及时清除出库。

⑫易燃、可燃液体储罐的金属外壳应接地,防止静电效应起火,接地电阻应不大于10 Ω。

(11)易燃物品装卸与运输应符合下列要求:

①易燃物品装卸,应轻拿轻放,严防振动、撞击、摩擦、重压、倾置、倾覆。严禁使用能产生火花的工具,工作时严禁穿带钉子的鞋;在可能产生静电的容器上,应装设可靠的接地装置。

②易燃物品与其他物品以及性质相抵触和灭火方法不同的易燃物品,不应同一车船

混装运输；怕热、怕冻、怕潮的易燃物品运输时，应采取相应的隔热、保温、防潮等措施。

③运输易燃物品时，应事先进行检查，发现包装、容器不牢固、破损或渗漏等不安全因素时，在采取安全措施后，方可启运。

④装运易燃物品的车船，不应同时载运旅客，严禁携带易燃品搭乘载客车船。

⑤运输易燃物品的车辆，应避开人员稠密的地区装卸和通行。途中停歇时，应远离机关、工厂、桥梁、仓库等场所，并指定专人看管，严禁在附近动火、吸烟，禁止无关人员接近。

⑥运输易燃物品的车船，应备有与所装物品灭火方法相适应的消防器材，并应经常检查。

⑦车船运输易燃物品，严禁超载、超高、超速行驶。编队行进时，前后车船之间应保持一定的安全距离；应有专人押运，车船上应用帆布盖严，应设有警示标志。

⑧油品运输槽车改变运输品种时，应对槽罐进行彻底的清理后，方可使用。

⑨装卸作业结束后，应对作业场所进行检查，对散落、渗漏在车船或地上的易燃物品，应及时清除干净，妥善处理后方可离开作业场所。

⑩各种机动车辆在装卸易燃物品时，排气管的一侧严禁靠近易燃物品；各种车辆进入易燃物品库时，应戴防火罩或有防止打出火花的安全装置，并且严禁在库区、库房内停放、加油和修理。

⑪运输易燃物时，还应遵守《危险化学品管理条例》中危险化学品的运输的有关规定。

（12）易燃物品的使用应符合下列要求：

①使用易燃物品，应有安全防护措施和安全用具，建立和执行安全技术操作规程和各种安全管理制度，严格用火管理制度；

②易燃易爆物品进库、出库、领用，应有严格的制度；

③易燃物品应指定专人管理；

④使用易燃物品时，应加强对电源、火源的管理，作业场所应备足相应的消防器材，严禁烟火；

⑤遇水燃烧、爆炸的易燃物品，使用时应防潮、防水；

⑥怕晒的易燃物品，使用时应采取防晒、降温、隔热等措施；

⑦怕冻的易燃物品，使用时应保温、防冻；

⑧性质不稳定、容易分解和变质以及性质互相抵触和灭火方法不同的易燃物品，应经常检查，分类存放，发现可疑情况时，及时进行安全处理；

⑨作业结束后，应及时将散落、渗漏的易燃物品清除干净。

（八）油库、油罐使用管理规定

（1）应根据实际情况，建立油库安全管理制度、用火管理制度、外来人员登记制度、岗位责任制和具体实施办法。

（2）油库员工应懂得所接触油品的基本知识，熟悉油库管理制度和油库设备技术操作规程。

（3）在油库及其周围不应使用明火；因特殊情况需要用火作业的，应当按照用火管理制度办理用火证，用火证审批人应亲自到现场检查，防火措施落实后，方可批准。危险区应指定专人防火,防火人有权根据情况变化停止用火。用火人接到用火证后,要逐项检查防火措施,全部落实后方可用火。

(4)油罐防静电应遵守下列规定:

①地面立式金属罐的接地装置技术要求要符合规定。其电阻值不应大于 10 Ω。油库中其他部位的静电接地装置的电阻值不应大于 100 Ω。

②油罐汽车应保持有效长度的接地拖链,在装卸油前先接好静电接地线。使用非导电胶管输油时,要用导线将胶管两端的金属法兰进行跨接。

(5)油品入库的管理应遵守下列规定:

①油库接到发货方的启运通知和交通运输部门的车、船到达预报后应做好接收准备。

②车、船到达后,应按照启运通知核对到货凭证及车号等。

③卸收铁路罐车油品时,应收净底部余油。遇有雷雨、大雪、大风沙天气时,应暂时停止接卸。卸收船装油品时,轻油应注水冲舱,粘油要进行刮抽。

④卸收和输转油品时,指定专人巡视输油管线;连续作业时,要办理好交接班手续。

⑤油品卸收完毕后,要及时办理入库手续,做好登记、统计工作。

(6)罐装油品的储存保管应遵守下列规定:

①油罐应逐个建立分户保管账,及时准确记载油品的收、发、存数量,做到账货相符;

②油罐储油不应超过安全容量;

③对不同品种不同规格的油品,应实行专罐储存。

(7)桶装油品的储存保管应遵守下列规定:

保管要求:①应执行夏秋、冬春季定量灌装标准,并做到标记清晰、桶盖拧紧、无渗漏。②对不同品种、规格、包装的油品,应实行分类堆码,建立货堆卡片,逐月盘点数量,定期检验质量,做到货卡相符。③润滑脂类、变压器油、电容器油、汽轮机油、听装油品及工业用汽油等应入库保管,不应露天存放。

库内堆垛要求:①油桶应立放,宜双行并列,桶身紧靠。②油品闪点在 28 ℃以下的,不应超过 2 层;闪点在 28~45 ℃的,不应超过 3 层;闪点在 45 ℃以上的,不应超过 4 层。③桶装库的主通道宽度不应小于 1.8 m,垛与垛的间距不应小于 1 m,垛与墙的间距不应小于 0.25~0.5 m。

露天堆垛要求:①堆放场地应坚实平整,高出周围地面 0.2 m,四周有排水设施。②卧放时应做到:双行并列,底层加垫,桶口朝外,大门向上,垛高不超过 3 层;放时要做到:下部加垫,桶身与地面成75°角,大口向上。③堆垛长度不应超过 25 m,宽度不应超过 15 m,堆垛内排与排的间距,不应小于 1 m;垛与垛的间距,不应小于 3 m。④汽、煤油要斜放,不应卧放。润滑油要卧放,立放时应加以遮盖。

(8)油罐应符合下列规定:

①罐体应符合下列规定:无严重变形,无渗漏;罐体倾斜度不超过 1%(最大限度不超过 5 cm);油漆完好,保温层无脱落。

②附件应符合下列规定:呼吸阀、量油口齐全有效,通风管、加热盘管不堵、不漏;升降管灵活,排污阀畅通,扶梯牢固,静电接地装置良好;油罐进、出口阀门无渗漏,各部螺栓齐全、紧固。

(9)油罐出现下列问题时应及时进行维修:

①圈板纵横焊缝、底、圈板的角焊缝,发现裂纹或渗漏者;

②圈板凹陷、起鼓、折皱的允许偏差值超过规定者;

③罐体倾斜超过规定者;

④油罐与附件连接处垫片损坏者;

⑤投产5年以上的油罐,应结合清洗检查底板锈蚀程度,其中4 mm的底板余厚小于2.5 mm、4 mm以上的底板余厚小于3 mm或顶板折裂腐蚀严重者;

⑥直接埋入地下的油罐每年应挖开3~5处进行检查,发现防腐失效和渗漏者。

(10)管线和阀门的检查与维修应遵守下列规定:

①新安装和大修后的管线,输油前要用水,以工作压力的1.5倍进行强度试验。使用中的管线每1~2年进行一次强度试验。

②地上管线和管沟、管线及支架,应经常检修,清除杂草杂物,排除积水、保持整洁。

③直接埋入地下的管线,埋置时间达5年,每年应在低洼、潮湿地方,挖开数处检查,发现防腐层失效和渗漏者,应及时维修。

④油罐区、油泵房、装卸油栈台、码头、付油区和输油管线上的主要常用阀门,应每年检修一次,其他部位的阀门应每2年检修一次,平时加强保养。

⑤应及时拆除废弃不用的管线,地下管线拆除有困难时,应与使用中的管线断开。

⑥地上管线的防锈漆,应经常保持完好。油泵房和装卸作业区的管线、阀门,应按照油品的种类,涂刷不同颜色的油漆:汽油为红色,煤油为黄色,柴油为灰色。

(11)油泵房的管理应遵守下列规定:

①油泵房建筑应符合石油库设计规范要求;

②地下、半地下轻油泵房应加强通风,油蒸气浓度不应大于1.58%(体积);

③油泵及管线应做到技术状态良好,不渗不漏,附件、仪表齐全,安装符合规定,维修保养好;

④电气设备及安装应符合相应的技术规定;

⑤作业、运行、交接班应记录完整;

⑥司泵工应坚守工作岗位,严格遵守操作规程;

⑦新泵和经过大修的泵应进行试运转,管线、附件应进行水压试验。

(12)油库安全用电应遵守下列规定:

油罐区、收发油作业区、轻油泵库、轻粘油合用泵房、轻油灌油间等的电气设备,应符合下列规定:①电动机应为防爆、隔爆型;②开关、接线盒、启动器、变压器、配电装置应为防爆、隔爆型;③电气仪表、照明用具、通信电器宜选用防爆、隔爆型或安全火花型。

润滑油装卸、储存、输转、灌装场所的电气设备,应符合下列规定:①电动机、通信电气应为封闭式;②电器和仪表、配电装置应为保护型;③轻油装卸、输转、灌装、储存场所及用于运输的车、船,应使用固定式防爆照明用具,油库应使用防爆式手电筒。

(13)油库的电气设备应根据石油库设计规范和电器设备安装规定进行安装。

(14)油库消防器材的配置与管理应遵守下列规定:

灭火器材的配置:①加油站油罐库罐区,应配置石棉被、推车式泡沫灭火器、干粉灭火器及相关灭火设备;②各油库、加油站应根据实际情况制订应急救援预案,成立应急组织机构。消防器材摆放的位置、品名、数量应绘成平面图并加强管理,不应随便移动和挪作他用。

消防供水系统的管理和检修:①消防水池要经常存满水,池内不应有水草杂物。②地下供水管线要常年充水,主干线阀门要常开。地下管线每隔2~3年,要局部挖开检查,每半年应冲洗一次管线。③消防水管线(包括消火栓),每年要做一次耐压试验、试验压力应不低于工作压力的1.5倍。④每天巡回检查消火栓。每月做一次消火栓出水试验。距消火栓5 m范围内,严禁堆放杂物。⑤固定水泵要常年充水,每天做一次试运转,消防车要每天发动试车并按规定进行检查、养护。⑥消防水带要盘卷整齐,存放在干燥的专用箱里,防止受潮霉烂。每半年对全部水带按额定压力做一次耐压试验,持续5 min,不漏水者合格。使用后的水带要晾干收好。

消防泡沫系统的管理和检修:①灭火剂的保管:空气泡沫液应储存于温度在5~40 ℃的室内,禁止靠近一切热源,每年检查一次泡沫液沉淀状况。化学泡沫粉应储存在干燥通风的室内,防止潮结。酸碱粉(甲、乙粉)要分别存放,堆高不应超过1.5 m,每半年将储粉容器颠倒放置一次。灭火剂每半年抽验一次质量,发现问题及时处理。②对化学泡沫发生器的进出口,每年做一次压差测定;空气泡沫混合器,每半年做一次检查校验;化学泡沫室和空气泡沫产生器的空气滤网,应经常刷洗,保持不堵不烂,隔封玻璃要保持完好。③各种泡沫枪、钩管、升降架等,使用后都应擦净、加油,每季进行一次全面检查。④泡沫管线,每半年用清水冲洗一次;每年进行一次分段试压,试验压力应不小于1.18 MPa,5 min无渗漏。⑤各种灭火器,应避免暴晒、火烤,冬季应有防冻措施,应定期换药,每隔1~2年进行一次筒体耐压试验,发现问题及时维修。

(15)油库环境管理应遵守下列规定:

①油库清洗容器的污水,油罐的积水等,应有油水分离、沉淀处理等净化设施,污水的排放,应遵守当地环境保护规定,失效的泡沫液(粉)等,应集中处理。

②油库排水系统,应有控制设施,严加管理,防止发生事故油品流出库外。

③清洗油罐及其他容器的油渣、泥渣,可作为燃料,或进行深埋等其他处理。

④油库应有绿化规划,多种树木、花草,美化环境,净化水源,调剂空气,应创造条件,回收油气,防止污染。

(九)电焊工工作时应遵守的规定

(1)电焊工在操作前,要严格检验所用工具(包括电焊机设备、线路敷设、电缆线的接点等),使用的工具均应符合标准,保持完好状态。

(2)电焊机应有单独开关,装在防火、防雨的闸箱内,电焊机应设防雨棚(罩)。开关的保险丝容量应为该机的1.5倍。保险丝不准用铜丝或铁丝代替。

(3)焊制部位必须与氧气瓶、乙炔瓶、乙炔发生器及各种易燃、可燃材料隔离,两瓶之间的距离不得小于5 m,与明火之间的距离不得小于10 m。

(4)电焊机必须设有专用接地线,直接放在焊件上,接地线不准接在建筑物、机械设备、各种管道、避雷引下线和金属架上借路使用,防止接触火花,造成起火事故。

(5)电焊机一次、二次线应用线鼻子压接牢固,同时应加装防护罩,防止松动、短路放弧,引燃可燃物。

(6)严格执行防火规定和操作规程,操作时采取相应的防火措施,与看火人员密切配合,防止引起火灾。

(十)气焊工工作时应遵守的规定

(1)乙炔发生器、乙炔瓶、氧气瓶和焊割具的安全设施必须齐全有效。

(2)乙炔发生器旁严禁一切火源。夜间添加电石时,应使用防爆电筒照明,禁止用明火照明。

(3)乙炔发生器、乙炔瓶和氧气瓶不准放在高低压架空线路下或变压器旁。

(4)乙炔瓶、氧气瓶应直立使用,禁止平放卧倒使用。油脂或沾油物品,不要接触氧气瓶、导管及其零部件。

(5)乙炔瓶、氧气瓶严禁暴晒、撞击,防止受热膨胀。乙炔发生器、回火阻止器以及导管发生冻结时,只允许用蒸汽、热水解冻,严禁使用火烤或金属敲打。

(6)乙炔瓶、氧气瓶开启阀门时,应缓慢,防止升压过速产生高温、火花引起爆炸和火灾。

(7)测定导管及其分配装置是否漏气,应用气体探测仪或用肥皂水测试,严禁用明火测试。

(8)操作乙炔发生器和电石桶时,应使用不产生火花的工具。乙炔发生器上不能装有纯铜配件。浮桶式发生器上不准堆压其他物品。

(9)乙炔发生器的水不能含油脂,避免油脂与氧气接触发生反应,引起燃烧或爆炸。

(10)防爆膜失效后,应按规定的规格型号更换,严禁任意更换,禁止用胶皮等代替防爆膜。

(11)瓶内气体不能用尽,必须留有余气。

(12)作业结束,应将乙炔发生器内的电石、污水及其残渣清除干净,倾倒到指定的安全地点,并排除内腔和其他部位的气体。

(十一)电工作业时应遵守的规定

(1)电工应经过专门培训,掌握安装与维修的安全技术,并经过考试合格后,方准独立操作。

(2)施工现场临设线路、电气设备的安装与维修应执行《施工现场临时用电安全技术规范》(JGJ 46—2005)。

(3)新设、增设的电气设备,必须由主管部门或人员检查合格后,方可通电使用。

(4)各种电气设备或线路,不应超过安全负荷,并用牢靠、绝缘良好和安装合格的保险设备,严禁用铜丝、铁丝等代替保险丝。

(5)放置及使用易燃液体、气体的场所,应采用防爆型电气设备及照明灯具。

(6)定期检查电气设备的绝缘电阻是否符合"不低于1 kΩ/V(如对地220 V绝缘电阻应不低于0.22 Ω)"的规定,如发现隐患,应及时排除。

(7)不可用纸、布或其他可燃材料做无骨架的灯罩,灯泡距可燃物应保持一定距离。

第七节　卫生与防疫

一、卫生保健

(1)施工现场宜设置卫生保健室,配备保健医药箱、常用药及绷带、止血带、颈托、担架等急救器材。

(2)施工现场宜配备兼职或专职急救人员,处理伤员和负责职工保健,对生活卫生进行监督和定期检查食堂、饮食等卫生情况。

(3)施工现场应利用黑板报、宣传栏等形式向职工介绍卫生防疫的知识和方法,针对季节性流行病、传染病等做好对职工卫生防病的宣传教育工作。

(4)当施工现场人员出现法定传染病、食物中毒、急性职业中毒时,必须在2 h内向事故发生地水行政主管部门和卫生防疫部门报告,并应积极配合调查处理。

(5)现场施工人员患有法定的传染病或携带病原时,应及时进行隔离,并由卫生防疫部门进行处置。

(6)根据2012年国家安全监管总局等四部门联合印发的《防暑降温措施管理办法》,施工单位在下列高温天气期间,应当合理安排工作时间,减轻劳动强度,采取有效措施,保障劳动者身体健康和生命安全:

①日最高气温达到40 ℃以上,应当停止当日室外露天作业;

②日最高气温达到37 ℃以上、40 ℃以下时,用人单位全天安排劳动者室外露天作业时间累计不得超过6 h,连续作业时间不得超过国家规定,且在气温最高时段3 h内不得安排室外露天作业;

③日最高气温达到35 ℃以上、37 ℃以下时,用人单位应当采取换班轮休等方式,缩短劳动者连续作业时间,并且不得安排室外露天作业劳动者加班。

二、现场保洁

(1)办公生活区应设专职或兼职保洁员,负责卫生清扫和保洁。

(2)办公生活区应采取灭鼠、蚊、蝇、蟑螂等措施,并定期投放和喷洒药物。

三、食堂卫生

(1)食堂应取得相关部门颁发的许可证,制定食堂卫生制度,认真落实《中华人民共和国食品安全法》及其实施条例的具体要求。

(2)炊事人员必须体检合格并持证上岗,上岗应穿戴洁净的工作服、工作帽和口罩,并保持个人卫生。

(3)非炊事人员不得随意进入食堂制作间。

(4)食堂的炊具、餐具和饮水器皿,必须及时清洗消毒。

(5)施工现场应加强食品、原料的进货管理,做好进货登记,严禁购买无照、无证商贩经营的食品和原料,施工现场的食堂严禁出售变质食品。

(6)工地食堂要依据食品安全事故处理的有关规定,制定食品安全事故应急预案,提高防控食品安全事故能力和水平。

四、饮水卫生

(1)施工现场饮水可采用市政水源或自备水源。

(2)生活饮用水池(箱)应与其他用水的水池(箱)分开设置,且应有明显的标识。

(3)生活饮用水池(箱)应采用独立的结构形式,不宜埋地设置,并应采取防污染措施。

(4)生活区应设置开水炉、电热水器或保温水桶,施工区应配备流动保温水桶。开水炉、电热水器、保温水桶应上锁,由专人负责管理。

第八节 交通安全管理

水利工程建设道路交通系统的基本要素是指人(包括驾驶人、行人、乘客等)、车(包括机动车和非机动车等)、路(包括施工道路、出入口道路及其相关设施)和环境(路外管理设施、安全标志和气候条件等)。建设工程施工道路的复杂程度以及危险性往往与工程的大小、地质环境有决定性关系,而水利工程建设项目施工地质条件往往极其复杂,道路交通安全问题十分突出。

一、驾驶员管理

在人、车、路、环境四要素中,驾驶员是系统的理解者和指令的发出者及操作者,是系统的核心,其他因素必须通过人才能起作用,因此现场交通安全管理的核心是对驾驶员进行管理。

(1)各参建企业项目部应根据工作需要配置驾驶员,人员进场时应经所在单位安全保卫部门(或指定管理部门)审核,并办理资质审查、技能考核等相关手续。施工机动车辆的驾驶人员,须经相关部门组织的专业技术、安全操作考试合格。

(2)各企业项目部应定期组织机动车驾驶员安全活动,进行交通安全法规、交通安全知识的宣传教育。监理部定期检查施工企业项目部驾驶员安全教育、培训情况。危险化学品运输车辆驾驶员应经过危险化学品安全运输培训。

(3)各企业项目部应按计划组织驾驶员的年检年审工作,保证驾驶员、操作人员各类证件的有效性。监理部定期检查施工单位驾驶人员各类证件的有效性。

(4)制定相关的管理制度,并采取一定的奖惩措施,要求驾驶员遵守《中华人民共和国道路交通安全法》及地方政府的道路交通管理规定,并服从道路交通管理人员的指挥。

二、车辆管理

项目法人应对施工现场机动车辆实行统一的通行证管理,设定指定的部门办理车辆通行证,这样能很好地对现场施工车辆进行一定程度上的控制,不符合要求的车辆限制进入工地。

一般机动车辆通行证管理由项目法人委托专业现场安全保卫单位统一管理。对于供货商、设备厂家或视察检查人员进场车辆，实行临时通行证制度。车辆携带物资或拉运设备等出门时，应办理出门证，具体按物资出门有关管理规定执行。

各参建企业项目部对各自负责区域内的车辆进行安全管理，应遵守下列规定：

(1)项目工程施工现场、交通道路、厂门、弯道以及单行道交叉等禁止各种车辆停放，并结合现场的具体情况设置禁止车辆停放标记。

(2)对施工场地狭小、车辆和行人来往频繁的道路应设置临时交通指挥。

(3)严禁在道路上堆放材料、设备，禁止在路面上进行阻碍交通的作业，如确因施工需要临时占用路面或破土施工，必须报公司和监理、总包单位批准后才能占用。

(4)道路两旁堆放的设备材料要距离道路 2 m 以上，跨越道路拉设钢丝绳或架设电缆时高度不得低于 7 m。

(5)施工用的机动车辆和特种车辆(吊车、叉车、翻斗车等)的车况必须良好。进场应严格检查，并按公安、交通、管理等部门的规定定期年审，除发给的年审证外，还应持有经公司安全部门考核的司机上岗证，司机必须持"三证"上岗。

(6)运输易燃、易爆危险物品(氧气、乙炔气)的机动车辆，还须持省、市安管部门签发的危险物品专用运输证。

(7)项目工地内各种机动车辆限速行驶。

①机动车辆进出装置大门及转弯处为 5 km/h，直线行 10~15 km/h。

②运输危险物品的机动车和进出装置的机动车，其排气管应装阻火器，装危险物品的车辆还必须挂"危险品"标志牌。行车过程中，保持安全车速和保持一定的车距，严禁超车、超速、强行会车。

(8)机动车辆载货规定：

①不准超过驾驶证上核定的载货量。

②散装及粉状或滴漏的物品，不能散荡、到处飞物、滴漏在车外，必须用帆布等封盖严密。

③货车不准人、货混装，除驾驶室内可以按额定人员定座外，其他部位(驾驶室顶部、脚踏板、叶子板等处)不准载人。

(9)施工作业现场及机械设备附近不准停放自行车、三轮车，自行车必须按指定的地点停放。

(10)吊车在吊装作业时，360°旋转区域和吊车扒杆底下禁止站人。

(11)吊装作业时应有专人统一指挥。

(12)为提高机动车辆安全生产管理，确保现场交通安全，对施工项目部及机动车辆驾驶人员实行奖惩制度。对全年安全无事故的项目部及驾驶人员给予奖励；对发生事故的项目部及驾驶人员除承担事故赔偿责任外还要给予经济上的处罚，造成重大、特大人员伤亡的依法移交安全机关处理并强制解聘驾驶人员等。

三、交通安全设施管理

交通安全设施对于保障行车安全、减轻潜在事故严重程度起着重要作用。道路交通安全设施包括:交通标志、路面标线、护栏、隔离栅、照明设备、视线诱导标、防眩设施等。

(1)道路交通标志有警告标志、禁令标志、指示标志、指路标志、旅游区标志、道路施工安全标志、辅助标志等。设置交通标志的目的是给道路通行人员提供确切的信息,保证交通安全畅通。

(2)路面标线有禁止标线、指示标线、警告标线,是直接在路面上用涂料喷刷或用混凝土预制块等铺列成线条、符号,与道路标志配合的交通管制设施。路面标线种类较多,有行车道中线、停车线标线、路缘线等。标线有连续线、间断线、箭头指示线等,多使用白色或黄色。

(3)护栏按地点不同可分为路侧护栏、中央隔离带护栏和特殊地点护栏3种;按结构可分为柔性护栏、半刚性护栏和刚性护栏3类。公路上的安全护栏既要阻止车辆越出路外,防止车辆穿越中央分隔带闯入对向车道,同时具备诱导驾驶人视线的功能。

(4)隔离栅是阻止人畜进入高速车道的基础设施之一,它使高速车道全封闭得以实现。它可有效地排除横向干扰,避免由此产生的交通延误或交通事故,保障高速车道运行安全和效益的发挥。隔离栅按其使用材料的不同,可分为金属网、钢板网、刺铁丝和常青绿篱几大类。

(5)道路照明主要是为保证夜间交通的安全与畅通,可分为连续照明、局部照明及隧道照明。照明条件对道路交通安全有着很大的影响,统计资料表明,安装照明设施后,高速道路的事故率明显下降。

(6)视线诱导标一般沿道路两侧设置,具有明示道路线形、诱导驾驶人视线等用途。

(7)防眩设施的用途是遮挡对向车前照灯的眩光,分防眩网和防眩板两种。防眩网通过网股的宽度和厚度阻挡光线穿过,减少光束强度而达到防止对向车前照灯炫目的目的;防眩板是通过其宽度部分阻挡对向车前照灯的光束。

上述设施一般会在工程准备阶段设置,由项目法人统一负责进行规划和布置,并要求行驶道路设计应符合《工业企业厂内铁路、道路运输安全规程》(GB 4387—2008)和相关规定,并监督落实。

第九节　水利工程施工环境影响和保护措施

一、水利工程施工环境影响

(一)对水环境的影响

1. 废水排放污染水源

水利工程施工期对水源的污染主要来自生产废水和生活污水。生产废水主要来源于砂石骨料冲洗废水、基坑排水、混凝土拌和系统冲洗废水和施工机械、车辆维修系统含油废水;生活污水主要来源于工程管理人员和施工人员的生活排水。

2. 传统护岸工程对水生生态环境的影响

护岸工程产生的弃土、岸系疏浚物对水生生物有直接影响,包括水生生物卵、苗及幼体的危害；岸系爆破产生的强烈冲击波对水生生物有直接致命作用，影响程度取决于炸药量，一般影响范围在300~500 m；工程中造成的底质上浮还会引起水体浊度变化，直接或间接影响水生植物的光合作用，使水体溶解氧量有一定下降。

垂直的硬化护岸措施在影响水生动物、水生植物及昆虫等多种生物生长的同时，还限制了人们“进水、入水、利用水面”等亲水活动，河流景观也附上了人为烙印，丧失了自然色彩。

（二）对大气环境的影响

水利工程施工对大气环境的影响主要来源于机械燃油、施工土石方开挖、爆破、混凝土拌和、筛分及车辆运输等施工活动。污染物主要有粉尘和扬尘，尾气污染成分主要有二氧化硫（SO_2）、一氧化碳（CO）、二氧化氮（NO_2）和烃类。

1. 机械燃油污染物

施工机械燃油废气具有流动和分散排放的特点。机械燃油污染物排放具有流动、分散、总排放量不大的特点。施工场地开阔，污染物扩散能力强，加之水利工程施工场地人口密度较小，一般不至于对环境空气质量和功能造成明显的影响。

2. 施工粉尘

施工粉尘主要来自工程土石方爆破、砂石料开采和破碎、混凝土搅拌以及车辆运输等。

水利工程施工土石方开挖量一般较大，短期内产尘量较大，局部区域空气含尘量大，对现场施工人员身心健康将产生影响。

施工爆破一般是间歇性排放污染物，对环境空气造成的污染有限。

砂石料加工和混凝土拌和过程产生的粉尘，可以根据类比工程现场实测数据，推算粉尘排放浓度和总量。

根据施工区地形、地貌、空气污染物扩散条件、环境空气达标情况，预测施工期空气污染扩散方式及影响范围。

施工运输车辆卸载砂石土料产生的粉尘，施工开挖和填筑产生的土尘是影响施工区域及附近地区环境空气质量的主要影响源。

交通运输产生的粉尘主要来自两个方面：一是汽车行驶产生的扬尘；二是装载水泥、粉煤灰等在行进中防护不当导致物料失落或飘洒，对公路两侧的环境造成污染。

（三）对声环境的影响

水利工程施工产生的噪声主要包括：固定、连续式的钻孔和施工机械设备产生的噪声，定时爆破产生的噪声，车辆运输产生的流动噪声。

根据施工组织设计，按最不利情况考虑。选取施工噪声声源强、持续时间长的多个主要施工机械噪声源作为多点混合声源同时运行，待声能叠加后，得出在无任何自然声障的不利情况下的每个施工区域施工机械的声能叠加值。分别预测施工噪声对声环境敏感点的影响程度和范围。

（四）对地质条件的影响

水利工程尤其是大型水利工程，在施工过程中，因大坝、电厂、引水隧道、道路、料场、弃渣场等在内的工程系统的修建，会使地表的地形地貌发生巨大改变。而对山体的大规模开挖,往往使山坡的自然休止角发生改变,山坡前缘出现高陡临空面,造成边坡失稳。另外,大坝的构筑以及大量弃渣的堆放,也会因人工加载引起地基变形。这些都极易诱发崩塌、滑坡、泥石流等灾害。

二、水利工程绿色施工评价

绿色施工是指在保证质量、安全等基本要求的前提下,通过科学管理和技术进步,最大限度地节约资源,减少对环境的负面影响,实现"四节一环保"(节能、节材、节水、节地和环境保护)的水利工程施工活动。

水利工程绿色施工评价以水利工程施工过程为对象进行评价。施工项目应符合如下规定:

(1)建立绿色施工管理体系和管理制度,实施目标管理。

(2)根据绿色施工要求进行图纸会审和深化设计。

(3)施工组织设计及施工方案应有专门的绿色施工要求,绿色施工的目标明确,内容涵盖"四节一环保"要求。

(4)工程技术交底应包括绿色施工内容。

(5)采用符合绿色施工要求的新材料、新技术、新工艺、新机具进行施工。

(6)建立绿色施工培训制度,并有实施记录。

(7)根据检查情况,制订持续改进措施。

(8)采集和保存过程管理资料、见证资料和自检评价记录等绿色施工资料。

(9)在评价过程中,应收集反映绿色施工水平的典型图片或影像资料。发生下列事故之一,不得评为绿色施工合格项目:

①发生安全生产死亡责任事故;

②发生重大质量事故,并造成严重影响;

③发生群体传染病、食物中毒等责任事故;

④施工中因"四节一环保"问题被政府管理部门处罚;

⑤违反国家有关"四节一环保"的法律法规,造成严重社会影响;

⑥施工扰民造成严重社会影响。

(一)评价方法

(1)控制性指标,必须全部满足,如现场施工标牌应包括环境保护内容,施工现场应在醒目位置设环境保护标志等。控制项评分方法见表 4-13。

表 4-13 控制项评分方法

评分要求	结论	说明
措施到位,全部满足考评指标要求	符合要求	进入评分流程
措施不到位,不满足考评指标要求	不符合要求	一票否决,为非绿色施工项目

(2)一般项指标,应根据实际发生项执行的情况计分,如施工作业区和生活办公区应分开布置,生活设施应远离有毒有害物质,深井、密闭环境、防水和室内装修施工应有自然通风或临时通风设施等。一般项计分标准见表4-14。

表4-14　一般项计分标准

评分要求	评分	评分要求	评分
措施到位,满足考评指标要求	2	措施不到位,不满足考评指标要求	0
措施基本到位,部分满足考评指标要求	1		

(3)优选项指标,应根据实际的执行情况加分,如施工作业面应设置隔声设施,现场应有医务室,人员健康应急预案应完善等。优选项加分标准见表4-15。

表4-15　优选项加分标准

评分要求	评分	评分要求	评分
措施到位,满足考评指标要求	1	措施不到位,不满足考评指标要求	0
措施基本到位,部分满足考评指标要求	0.5		

(4)要素评价得分规定如下:

①一般项要素评价得分应按百分制折算,其计算公式为

$$A = \frac{B}{C} \times 100\% \tag{4-1}$$

式中:A 为折算分;B 为实际发生项目实得分之和;C 为实际发生项目应得分之和。

②优选项加分应按优选项实际发生条目加分求和。

③要素评价得分,即

$$F = A + D \tag{4-2}$$

式中:F 为要素评价得分;A 为一般项折算分;D 为优选项加分。

④工程评价得分,即

$$W = \sum (G \times 权重系数) \tag{4-3}$$

其中:

$$G = \frac{\sum E}{评价批次数} \tag{4-4}$$

$$E = \sum (F \times 权重系数) \tag{4-5}$$

式中:G 为阶段评价得分;E 为批次评价得分;F 为要素评价得分。

绿色施工评价框架体系见图4-1。

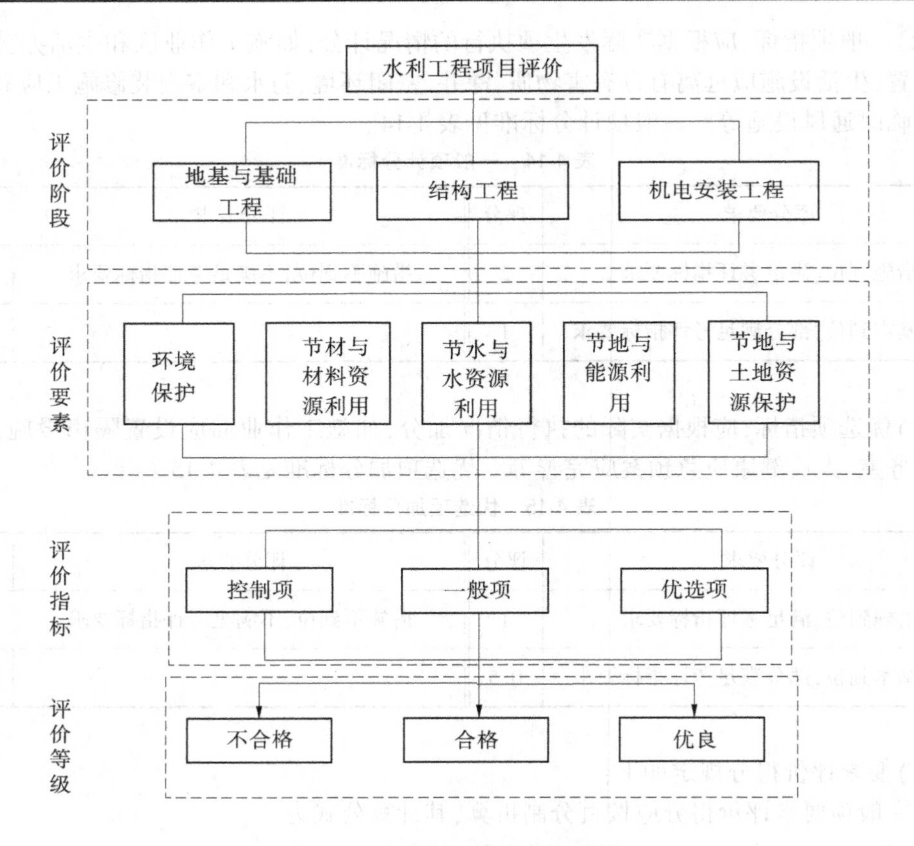

图 4-1　绿色施工评价框架体系

(5) 工程绿色施工等级应按下列规定进行判定：

有下列情况之一者为不合格：①控制项不满足要求；②单位工程总得分小于 60 分；③结构工程得分小于 60 分。

满足以下条件之一者为合格：①控制性全部满足要求；②单位工程总得分不小于 60 分且小于 80 分，结构工程得分不小于 60 分；③至少每个评价要素各有一项优选项得分，优选项总分不小于 5 分。

满足以下条件之一者为优良：①控制项全部满足要求；②单位工程总得分不小于 80 分，结构工程得分不小于 80 分；③至少每个评价要素各有一项优选项得分，优选项总分不小于 10 分。

(二) 评价组织和程序

单位工程施工批次评价应由施工单位组织，项目建设单位和监理单位参加，评价结果应由建设单位、监理单位、施工单位三方签认。项目部会同建设单位和监理单位应根据绿色施工情况，制订改进措施，由项目实施改进。

单位工程绿色施工评价应由施工单位书面申请，在工程竣工前进行评价。

三、水利工程环境保护措施

（一）水环境污染防治

水利工程施工期间产生的施工废水和生活污水，都是暂时性的，随着工程的建设其污染源也将消失。施工营地的生活污水采用化粪池处理；施工生产的废水设小型蒸发池收集；施工结束后将这些污水池清理掩埋。为减少护岸对水生生态环境的影响，要求尽可能采用绿色施工技术或生态护岸工程措施。

（二）空气污染防治

空气污染来源于工程施工开挖产生的粉尘与扬尘、水泥粉煤灰运输途中的泄漏、生产混凝土产生的扬尘、制砂产生的粉尘、燃煤烟尘、各种燃油机械设备在运行过程中产生的污染物。

空气污染的主要防治措施如下：

（1）增加烟囱高度，调整生产区与生活区之间的卫生防护距离，在拌和楼里生产混凝土并安装防尘设备。

（2）干法制砂。采用新的汽车能源，采用新燃料或对现有燃料进行改进。

（3）在发动机外安装废气净化装置。

（4）控制油料蒸发排放。

（5）加强施工作业船舶、车辆的清洗、维修和保养。

（6）在运输多尘物料时，应对物料适当加湿或用帆布覆盖，运送散装水泥的储罐车辆应保持良好的密封状态，运送袋装水泥必须覆盖封闭。

（7）在施工场地临时道路行驶的车辆应减速。

（8）在车流量大，靠近生活区、办公区的临时道路应进行洒水。

（9）坝基开挖、导流洞施工采用湿式除尘法。

（10）在较密集区域的施工场地无雨天时应采用人工洒水降尘等。

（三）噪声污染防治

水利工程施工主要噪声源包括：以砂石料系统和混凝土拌和系统为主的固定、连续式的噪声源；以大吨位运输系统为主的移动、间断式的噪声源；挖掘机、推土机、装载机以及大量的钻孔、振捣、焊接、爆破等噪声源。噪声污染的主要防治措施如下：

（1）详细调查隧道周围的工程地质构造，研究选择适当的爆破方法，实行全程跟踪量测，实现爆破信息化施工。

（2）采用噪声低、振动小的施工方法及机械。

（3）采用声学控制措施，例如对声源采用消声、隔振和减振措施，在传播途径上增设吸声、消声等措施。

（4）限制冲击式作业、缩短振动时间。

（5）对各种车辆和机械进行强制性的定期保护维修，以减少因机械故障产生的附加噪声和振动。

（6）通过动力机械设计降低汽车及机械设备的动力噪声。

（7）通过改善轮胎的样式降低轮胎与路面的接触噪声。

(8)禁鸣喇叭等。

(四)地貌保护措施

水利工程施工对施工迹地和弃渣场有较大的地貌环境影响,主要防治措施包括:

(1)施工迹地的景观恢复和绿化措施。

(2)施工开挖土石方除用于填筑外,所余弃渣的堆放必须要有详细的规划,不得对景观、江河行洪、水库淤积及坝下游水位抬升等造成不良影响。

(3)对土石方开挖坡面,应视地质、土壤条件,决定采取工程及生物保护措施,防止边坡滑塌和水土流失,并促进景观恢复和改善。

第十节　施工临时用电管理

一、施工临时用电安全隐患

码 4-5　PPT:施工用电安全生产管理

水利工程建设施工工地的外部环境条件是较恶劣的,在施工临时用电中存在安全隐患。施工中常存在的临时用电安全隐患有:

(1)工地环境复杂,如风吹日晒、尘土飞扬和季节性的阴雨潮湿,使工地用电设备的绝缘性能下降;同时,夏季炎热多雨、人体多汗绝缘阻抗下降,而且这些人多不是专业电气人员,缺乏用电安全知识,有的甚至不遵守安全规程违章作业,凡此种种,均易导致电气故障及触电伤亡事故。

(2)用电设备和机械的多样性和工作状态的不稳定性。

(3)很多施工企业项目部并未严格遵守《施工现场临时用电安全技术规范》(JGJ 46—2005),用电线路缺少保护接地或保护接零的设置,员工在临时用电过程中往往由于接触设备金属外壳而发生触电事故。

二、施工临时用电组织设计

(1)工程开始前,水利水电工程施工企业项目部应依据《施工现场临时用电安全技术规范》(JGJ 46—2005)、《建设工程施工现场供用电安全规范》(GB 50194—2014)和水利安全建设相关要求,结合施工现场实际情况,编制《施工临时用电组织设计》,对工程现场电气线路和装置进行设计,并交项目法人组织监理方和设计方审核,经批准后执行。

(2)现场电气线路、电气装设完毕后,由项目法人组织监理方、设计方、施工方共同进行验收,然后投入使用。

三、施工临时用电设施要求

(1)现场施工用电的配电柜(箱)、漏电保护器等应采用当地安监部门的推荐产品或标准配电柜(箱),电缆电线也应采用当地安监部门的推荐产品或合格产品,以保证使用质量。

(2)为保障用电安全,便于管理,现场施工用电应将重要负荷与非重要负荷、生产用电与生活区用电分开配电,使其在使用过程中互不干扰。配电箱应作分级设置,即在总配电箱下,设分配电箱,分配电箱以下设开关箱,开关箱以下就是用电设备,形成三级配电。照明配电与动力配电分别设置,自成独立系统,不致因动力停电影响照明。

(3)施工过程中必须与外电线路保持一定安全距离,当因受现场作业条件限制达不到安全距离时,必须采取屏护措施,防止发生因碰触造成的触电事故。如果因工程建设需要,必须对已建成的供、受电设施进行迁移、改造或者采取防护措施,由用电管理部门或与产权用户协商处理。

四、施工临时用电控制检查

水利水电工程施工企业项目部安全管理部门应根据《建设工程施工现场供用电安全规范》(GB 50194—2014)、《水利水电工程施工安全管理导则》(SL 721—2015)、《建筑施工安全检查标准》(JGJ 59—2011)等规范和施工现场实际情况制定出施工现场临时施工用电的控制制度,统一实行记录制度,各单位按要求执行,其内容包括:

(1)安全员在运行过程中对查出的事故隐患,应定人、定时间、定措施进行整改,跟踪验证并做好记录。

(2)电工应做好维修记录。

(3)在《水利水电工程施工安全管理导则》(SL 721—2015)、《建筑施工安全检查标准》(JGJ 59—2011)中要求有测量记录的,应分项测量,并做好记录。

施工单位应对电工维修记录、有关测量记录和事故隐患措施整改记录进行检查。

定期对施工现场用电进行检查,对临时用电情况做日常监督检查,检查内容按《水利水电工程施工安全管理导则》(SL 721—2015)、《建筑施工安全检查标准》(JGJ 59—2011)的有关内容执行。

(4)施工现场临时用电必须建立安全技术档案,其内容应包括:

①临时用电施工组织设计全部资料;

②修改临时用电施工组织设计资料;

③技术交底资料;

④临时用电工程检查验收表;

⑤电气设备的试、检验凭单和调试记录;

⑥接地电阻测定记录表;

⑦定期检(复)查表;

⑧电工维修工作记录。

第十一节　施工设备管理

一、设备基础管理

水利水电施工企业设备基础管理的主要内容包括:建立健全设备管理制度,设置设备管理机构设置或配备设备管理专(兼)职人员,建立设备台账及设备管理档案资料。

（一）设备管理制度

水利水电施工企业应建立健全下列设备管理制度：

(1)施工设备准入制度。

(2)施工设备作业人员和特种设备安装（拆除）队伍准入制度。

(3)施工设备安全检查制度。

(4)施工设备作业指导书和安全措施审查制度。

(5)施工设备调度、租赁和退场管理制度。

(6)施工设备维护保养管理制度。

(7)施工设备资料管理制度。

(8)特种设备安全管理制度等。

（二）设备安全管理网络

水利水电施工企业应设置设备管理机构或配备设备管理专（兼）职人员，形成设备安全管理网络，同时，应明确施工设备管理机构或设备专（兼）职人员的主要职责。

设备管理机构或配备设备管理专（兼）职人员主要有下列职责：

(1)负责建立健全本企业设备管理制度、设备安全操作规程。

(2)负责对进入工程现场施工设备的安全状况进行准入检查。

(3)负责配置、租赁施工设备，并组织运输、试验、验收，确认满足施工要求。

(4)负责对特种设备安装（拆除）单位或队伍资质和作业人员资格审查。

(5)组织审定特种设备和其他重要机械设备安拆、大修、改造方案。

(6)组织编制特种设备安装、拆卸、使用、维修、运输、试验等过程的危险源辨识、评价和控制措施。

(7)负责组织施工设备安全检查和机械重要作业、关键工序的旁站监督。

(8)负责组织编制特种设备事故应急预案，并组织应急培训和演练。

(9)负责对进入现场的施工设备作业人员进行资格审查，组织特种设备作业人员的培训及考核发证，建立特种设备作业人员台账，监督检查特种设备作业人员持证上岗情况。

(10)参与施工设备事故的调查处理。

(11)负责建立施工设备台账，保存施工设备档案资料，并实施动态管理。

(12)其他需要参与安全管理的工作。

码 4-6　文档：特种设备作业人员登记台账

（三）设备台账

水利水电施工企业应建立施工设备台账并及时更新，保存施工设备管理档案资料，确保资料的齐全、清晰。

施工设备管理档案由施工设备基本台账、施工设备履历、施工设备技术资料、施工设备运行记录、施工设备维修记录以及施工设备安全检查记录等施工设备安全技术资料组成，具体包括下列内容（但不限于）：

(1)施工设备基本台账应包括设备名称、编号、设备类别、型号、规格、制造厂（国）、出厂年月、安装完成日期、调试完成日期、投产日期、安装地点、合同号、设备原值和净值、厂家质保期和管理责任落实情况等。

(2)施工设备履历用于记载所有施工设备自投产运行以来该设备所发生的主要事件,如施工设备调动、产权变更、使用地点变化、安装、改造、重大维修、事故等。

(3)施工设备技术资料应包括该施工设备的主要技术性能参数,设备制造厂提供的设计文件、产品质量合格证明、安装及使用维修说明、监督检验证明等文件,安装、改造、维修施工企业提供的施工技术资料,与施工设备安装、运行相关的土建技术图纸及其数据,检验报告,安全保护装置的型式试验合格证明等。

(4)施工设备运行记录用于记载该设备日常检查、润滑、保养情况,以及设备运行状况,运行故障及处理和事故记录等。

(5)施工设备维修记录用于记载该设备的定期维修、故障维修和事故维修情况;设备维护检修试验的依据或文件号(含检修任务书、作业指导书、各类技术措施);设备维护检修时更换的主要部件;检修报告、试验报告、试验记录、验收报告和总结等。

(6)施工设备安全检查记录包括该设备定期进行的自行安全检查、全面安全检查的记录,以及专项安全检查记录;还包括根据安全检查所发现隐患的整改报告等。

(7)施工设备相关证书等。

施工设备信息资料档案可按每单机(台)设备整理,并按设备类别进行编号,档案的编号应与设备的编号一致。施工设备信息资料档案的各种记录应规范填写、技术资料应收集齐全。

二、设备运行管理

(一)设备检查

水利水电施工企业应在施工设备运行前、运行过程中进行检查。施工设备检查的方式:

(1)日常检查。日常检查是指设备操作人员每日(班前、班后)对设备状况的自行检查。

(2)巡检。巡检是指设备管理人员、安全管理人员、安全员随机在施工现场巡视检查设备运行作业的安全情况或违章违规情况并及时处置。

(3)专项检查。专项检查是指设备管理机构、安全管理机构根据特定情况组织的对施工设备技术状况和管理情况的检查(如特殊吊装前对起重设备的检查,大风、汛期对设备防风、防汛措施的检查等)。

(4)现场监督检查。现场监督检查是指设备管理人员、安全管理人员对施工设备、重要作业或关键工序的作业过程的监督检查。

(5)定期检查。定期检查是指水利水电施工企业按规定时间周期对设备安全状况的检查。

(二)施工设备检查的内容

由于施工设备种类很多,因此设备安全状况的具体检查内容烦琐复杂,具体可参考《施工现场机械设备检查技术规范》(JGJ 160—2016)、《起重机械安全技术规程》(TSG 51—2023)等标准。

(三)设备运行

施工设备操作人员上岗前,水利水电施工企业对其进行安全意识、专业技术知识和实际操作能力的教育培训,并组织现场实际操作和理论知识的考核,经考核合格的操作人员才能上岗进行操作。对于特种设备作业人员,必须首先向省级质量技术监督部门指定的特种设备作业人员考试机构报名参加考试,经考核合格取得《特种设备作业人员证》方可从事相应的作业。

施工设备启动运行前,设备操作人员应按操作规程做好各项检查工作,确认设备性能及运行环境满足设备运行要求后,方可启动运行。

施工设备运行过程中,水利水电施工企业应严格执行“三定”(定人、定机、定岗)制度、设备操作人员岗位责任制度,并按规定进行设备检查,保存相关检查记录。

设备运行过程中,设备操作人员应履行下列职责:

(1)必须遵守施工设备安全管理制度、“三定”和持证上岗的规定,严格按照操作规程运行设备。

(2)安全合理使用设备,充分发挥其效能,保证施工质量,完成规定指标,努力降低消耗。

(3)认真做好设备的日常检查和保养工作,保证附属装置、随机工具齐全,对于设备的维护保养,必须达到4项要求,即整齐、清洁、润滑、安全。

(4)及时、准确地填写设备点检记录、运行记录、交接班记录、故障记录、保养记录等。

(5)参加安全教育培训和考核。

(6)不带病运行设备,严禁违章操作,拒绝违章指挥。

(7)发现事故隐患或者其他不安全因素立即向现场管理人员和单位有关负责人报告;当发现危及人身安全时,应停止作业并且采取可能的应急措施。

(8)参加应急救援演练,掌握相应的基本救援技能。

(四)设备维护保养

为确保施工设备设施状况良好,水利水电施工企业在设备维护保养方面应做好的工作包括下列内容:

(1)水利水电施工企业应根据相关法律法规、标准规范的要求,编制设备维护保养制度和操作规程。

(2)水利水电施工企业应依据机械保养的要求保证设备维护保养所需的油料、备件和其他物资材料。

(3)水利水电施工企业结合本企业实际情况,制订设备维护保养计划,实施设备维修、保养。

(4)设备维修前,应根据实际情况制定检维修方案,确定风险防范措施,严格按照检维修方案开展维修工作。

(5)设备维修结束后应组织验收,合格后投入使用。

(6)为了保证设备维护保养计划的执行和设备维修质量,确保企业设备维修、保养后安全、稳定运行，水利水电施工企业应组织设备检查，加强过程监督、跟踪整改情况，相关人员应做好维修保养记录。

特种设备的重大维修、电梯的日常维护保养必须由国务院特种设备安全监督管理部门许可的单位进行。水利水电施工企业特种设备进行重大维修前应依法向直辖市或设区的市级人民政府负责特种设备安全监督管理部门书面告知，办理告知后方可维修。重大维修过程中应当接受检验检测机构的监督检验，经有关特种设备检验检测机构检验合格后投入使用。

三、设备报废管理

设备存在严重安全隐患，无改造、维修价值，或者超过规定使用年限，应及时报废；已报废的设备应及时拆除，并退出施工现场。

一般来讲，施工设备具备下列条件之一者应当报废：

(1)已达到规定使用年限或运行小时，并丧失使用价值的。

(2)磨损严重，基础件已损坏，再进行大修已不能达到安全使用要求的；或使用、维修、保养费用高，在经济上不如更新合算的。

(3)技术性能落后，耗能高、效率低，无改造价值的；或严重污染环境，危害人身安全与健康，进行改造又不经济的。

(4)属淘汰机型又无配件来源的。

(5)发生事故，且无法修复的。

(6)存在严重安全隐患的。

水利水电施工企业应重视施工设备报废处理过程的管理。在施工设备报废处理过程中应注意下列几点：

(1)已报废施工设备要将其及时拆除或退出施工现场，严禁擅自留用或出租，防止引发生产安全事故。

(2)已报废施工设备未处理前，应妥善保管，严禁擅自将零部件、辅机等拆作他用。

(3)施工设备的拆除应由具备相应实力和资质的单位进行。特种设备的拆除必须由取得经国务院特种设备安全监督管理部门许可资质的单位承担。

(4)需拆除的施工设备，在实施设备拆除施工作业前，应制订安全可靠的拆除计划或方案；办理拆除设施交接手续；拆除施工中，要对拆除的设备、零件、物品进行妥善放置和处理，确保拆除施工的安全；在拆除施工结束后要填写拆除验收记录及报告。

(5)对使用及存储易燃易爆、危险化学品的施工设备的拆除，水利水电施工企业应根据国家对易燃易爆、危险化学品处置的有关法律法规、标准规范制订可靠的拆除处置方案或实施细则；对拆除工作进行风险评估，针对存在的风险制订相应防范措施和应急救援预案。

(6)对特种设备、机动车辆等由国家监督管理范围内的施工设备的报废，企业还须按照国家有关规定，向有关政府部门办理使用登记注销手续或申请并办理报废或销户手续。

四、特种设备管理

(一)特种设备进场

特种设备进场后,水利水电施工企业应进行现场开箱检查验收。

(二)特种设备的安装、调试

特种设备的安装、调试必须由具有相应实力和资质的单位承担,安装、拆除施工人员应具备相应的能力和资格。

特种设备安装单位应在施工前将拟进行的特种设备安装情况书面告知直辖市或者设区的市级人民政府负责特种设备安全监督管理的部门。

水利水电施工企业在特种设备安装过程中,安排专人进行现场监督。特种设备安装完成后,应组织验收,在验收后30日内,特种设备安装单位应将相关技术资料和文件移交给水利水电施工企业,水利水电施工企业将其存入该特种设备的安全技术档案。

(三)特种设备的使用

特种设备在投入使用前或者投入使用后30日内,水利水电施工企业应当报所在地负责特种设备安全监督管理部门登记备案,取得使用登记证书。

水利水电施工企业应建立特种设备岗位责任制、隐患排查治理制度、应急救援制度等安全管理制度,制定特种设备安全操作规程和特种设备事故专项应急预案,配备特种设备安全管理人员,组织特种设备作业人员进行安全教育培训,确保特种设备作业人员取得“特种设备作业人员证”持证上岗。

水利水电施工企业应建立特种设备安全技术档案。特种设备安全技术档案应包括下列内容:

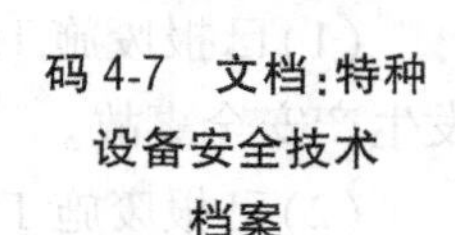

码4-7 文档:特种设备安全技术档案

(1)特种设备的设计文件、产品质量合格证明、安装及使用维护保养说明、监督检验证明等相关技术资料和文件。

(2)特种设备的定期检验和定期自行检查记录。

(3)特种设备的日常使用状况记录。

(4)特种设备及其附属仪器仪表的维护保养记录。

(5)特种设备的运行故障和事故记录。

水利水电施工企业应对特种设备进行经常性检查维护保养和定期自行检验,同时对特种设备的安全附件、安全保护装置进行定期校验、检修,并做好相应记录。

水利水电施工企业按照安全技术规范的定期检验要求,在安全检验合格有效期届满前1个月向特种设备检验检测机构提出定期检验申请,及时更换安全检验合格标志中的有关内容。安全检验合格标志超过有效期的特种设备不得使用。

在特种设备使用过程中,水利水电施工企业还应建立特种设备作业人员台账,监督特种设备作业人员持证上岗。

(四)特种设备的报废、注销

特种设备存在严重事故隐患,无改造、维修价值,或者超过规定使用年限,特种设备使用单位应及时予以报废,并向原登记的特种设备安全监督管理部门办理注销。

五、租赁设备和分包单位的施工设备管理

水利水电施工企业按照有关规定租赁设备或进行工程分包时,应签订设备租赁合同或工程分包合同,并明确下列内容:

(1)设备型号、规格、生产能力、数量、工作内容、进退场时间。

(2)设备的机容机貌、技术状况。

(3)设备及操作人员的安全责任。

(4)费用的提取及结算方式。

(5)双方的设备管理安全责任等。

租赁设备或分包单位的施工设备进入施工现场时,水利水电施工企业应根据合同对设备进行验收,验收内容包括:

(1)设备型号规格、生产能力、机容机貌、技术状况。

(2)核对设备制造厂合格证、役龄期。

(3)核对强制年检设备的检验证件的有效性。

不满足合同条件的设备,水利水电施工企业不予进场。经过验收合格的设备方可投入使用,并认真做好验收记录。

水利水电施工企业将租赁设备或分包单位的施工设备纳入本单位设备安全管理范围,按要求进行有效管理。

第十二节　特种作业管理

按照《特种设备作业人员监督管理办法》(国家质检总局第140号令)、《特种作业人员安全技术培训考核管理规定》(国家安全生产监督管理总局令第30号令)的规定,特种作业人员必须持证上岗。

特种作业类型主要包括:电工作业;金属焊接切割作业;起重机械(含电梯)作业;场内机动车辆驾驶,登高架设作业;锅炉作业(含水质化验);压力容器操作制冷作业;爆破作业;矿山通风作业(含瓦斯检验);矿山排水作业(含尾矿坝作业);由省、自治区、直辖市安全生产综合管理部门或国务院项目法人管理部门提出,并经国家经济贸易委员会批准的其他作业。

特种作业只能由具有上岗资质的特种作业人员完成,特种作业人员须取得培训合格证明,并具备合格操作技能;参加入场教育;接受作业安全技术交底;了解所操作设备性能;作业时由专人监护。

水利工程建设施工现场涉及的主要特种作业类型有电工作业、金属焊接切割作业、起重机械作业、登高架设作业、爆破作业、场内机动车辆驾驶和其他危险性较大的作业。严禁无证上岗,违章作业。特种作业人员实行入场登记管理,作为现场管理重点监控对象。

特种作业人员必须持证上岗,施工企业项目部应检查特种作业操作证原件,并将复印件加盖项目公章存档并向项目法人报备存档。项目法人监督监理和总包单位落实特种作业持证上岗的核查管控情况,发现无证上岗,项目法人有权要求清退违规作业人员。

第十三节 防洪度汛管理

根据《水利水电工程施工通用安全技术规程》(SL 398—2007)及《水利水电工程施工安全管理导则》(SL 721—2015)等有关规程规范,防洪度汛管理应遵循以下规定。

一、一般规定

(1)项目法人应根据工程情况和工程度汛需要,组织制定工程度汛方案和超标准洪水应急预案,报有管辖权的防汛指挥机构批准或备案。

(2)项目法人应和有关参建单位签订安全度汛目标责任书,明确各参建单位防汛度汛责任,并组织成立有各参建单位参加的工程防汛机构,负责工程安全度汛工作。

(3)设计单位应于汛前提出工程度汛标准、工程形象面貌及度汛要求。

(4)施工单位应按批准的度汛方案和超标准洪水应急预案,制订防汛度汛及抢险措施,报项目法人批准,并按批准的措施落实防汛抢险队伍和防汛器材、设备等物资准备工作,做好汛期值班,保证汛情、工情、险情信息渠道畅通。

(5)项目法人应做好汛期水情预报工作,准确提供水文气象信息,预测洪峰流量及到来时间和过程,及时通告各单位。

(6)项目法人在汛前应组织有关参建单位,对生活、办公、施工区域进行全面检查,围堰、子堤、人员聚集区等重点防洪度汛部位和有可能诱发山体滑坡、垮塌和泥石流等灾害的区域、施工作业点进行安全评估,制定和落实防范措施。

(7)防汛期间,施工单位应组织专人对围堰、子堤、人员聚集区等重点防汛部位巡视检查,观察水情变化,发现险情,及时进行抢险加固或组织撤离。

(8)防汛期间,超标准洪水来临前,施工淹没危险区的施工人员及施工机械设备,应及时组织撤离到安全地点。

(9)施工单位在汛期应加强与上级主管部门和地方政府防汛部门的联系,听从统一防汛指挥。

(10)洪水期间,如发生主流改道,航标漂流移位、熄灭等情况,施工运输船舶应避洪停泊于安全地点。

(11)施工单位在堤防工程防汛抢险时,应遵循前堵后导、强身固脚、减载平压、缓流消浪的原则。

(12)防汛期间,施工单位在抢险时应安排专人进行安全监视,确保抢险人员的安全。

(13)台风来临前由项目部组织一次安全检查。塔吊、施工电梯、井架等施工机械,要采取加固措施。塔吊吊钩收到最高位置,吊臂处于自由旋转状态。在建工程作业面和脚手架上的各种材料应堆放、绑扎固定,以防止被风吹落伤人。施工临时用电除保证生活照明外,其余供电一律切断电源。做好工地现场围墙和工人宿舍生活区安全检查,疏通排水沟,保证现场排水畅通。台风、暴雨后,应进行安全检查,重点是施工用电、临时设施、脚手架、大型机械设备,发现隐患,及时排除。

(14)项目法人应建立汛期值班和检查制度,建立接收和发布气象信息的工作机制,保证汛情、工情、险情信息渠道畅通。

(15)项目法人应至少每年组织一次防汛应急演练。

(16)施工单位应落实汛期值班制度,开展防洪度汛专项安全检查,及时整改发现的问题。

二、度汛方案和超标准洪水应急预案

(一)度汛方案的主要内容

度汛方案应包括防汛度汛指挥机构设置、度汛工程形象、汛期施工情况、防汛度汛工作重点,人员、设备、物资准备和安全度汛措施,以及雨情、水情、汛情的获取方式和通信保障方式等内容。防汛度汛指挥机构应由项目法人、监理单位、施工单位、设计单位主要负责人组成。

(二)超标准洪水应急预案的主要内容

超标准洪水应急预案应包括超标准洪水可能导致的险情预测、应急抢险指挥机构设置、应急抢险措施、应急队伍准备及应急演练等内容。

三、防汛检查的内容

(一)建立防汛组织体系与落实责任

(1)防汛组织体系。成立临时防汛领导小组,下设防汛办公室和抗洪抢险队(每个施工项目经理部均应设立)。

(2)明确防洪任务。根据建设工程所在地实际情况,明确防洪标准、计划、重点和措施。

(3)落实防汛责任。项目法人、设计、监理、施工等单位的防汛责任明确,分工协作,配合有力。各级防汛工作岗位责任制明确。

(二)检查防汛工作规章制度情况

(1)上级有关部门的防汛文件齐备。

(2)防汛领导小组、防汛办公室及抗洪抢险队工作制度健全。

(3)汛前检查及消缺管理制度完善,针对性、可操作性强。

(4)建立汛期值班、巡视、联系、通报、汇报制度,相关记录齐全,具有可追溯性。

(5)建立灾情(损失)统计与报告制度。

(6)建立汛期通信管理制度,确保信息传递及时、迅速,24 h 畅通。

(7)建立防汛物资管理制度,做到防汛物资与工程建设物资的相互匹配,在汛期应保证相关物资的可靠储备,确保汛情发生时相关物资及时到位。

(8)防汛工作奖惩办法和总结报告制度。

(9)制定防汛工作手册。手册中应明确防汛工作职责、工作程序、应急措施内容。

(10)上述制度、手册应根据工程建设所在地的实际情况制定,及时修编。

(三)检查建设工程度汛措施及预案

(1)江河堤坝等地区钻孔作业,要密切关注孔内水位变化,并备有必要的压孔物资(如沙袋等),严防管涌等事故的发生。

(2)江(河)滩中施工作业,应事先制订水位暴涨时人员、物资安全撤离的措施。

(3)山区施工作业,应事先制订严防泥石流伤害的技术和管理措施。

(4)现场临时帐篷等设施避免搭建在低洼处,实行双人值班,配备可靠的通信工具。

(5)检查在超标准暴雨情况下,保护建设工程成品(半成品)、机具设备和人员疏散的预案。预案应按规定报上级单位审批或备案。

(6)检查工程建设进度是否达到度汛要求,如达不到要求应制定相应的应急预案。

(四)生活及办公区域防汛

(1)工程项目部及材料库应设在具有自然防汛能力的地点,建筑物及构筑物具有防淹没、防冲刷、防倒塌措施。

(2)生活及办公区域的排水设备与设施应可靠。

(3)低洼地的防水淹措施和水淹后的人员转移安置方案。

(4)项目部防汛图(包括排水、挡水设备设施、物资储备、备用电源等)。

(5)防汛组织网络图(包括指挥系统、抢修抢险系统、电话联络等。)

(五)防汛物资与后勤保障检查

(1)防汛抢险物资和设备储备充足,台账明晰,专项保管。

(2)防汛交通、通信工具应确保处于完好状态。

(3)有必要的生活物资和医药储备。

(六)与地方防汛部门的联系和协调检查

(1)按照管理权限接受防汛指挥部门的调度指挥,落实地方政府的防汛部署,积极向有关部门汇报有关防汛问题。

(2)加强与气象、水文部门的联系,掌握气象和水情信息。

(七)防汛管理及程序

(1)每年汛前项目法人组织对本工程的防汛工作进行全面检查。

(2)项目法人对所属建设工程进行汛前安全检查,如发现影响安全度汛的问题,应限期整改,检查结果应及时报上级主管部门。

(3)上级部门根据情况对有关基建工程的防汛准备工作进行抽查。

第十四节 危险性较大的单项工程管理

根据《水利水电工程施工安全管理导则》(SL 721—2015)等有关规程规范,危险性较大的单项工程管理应遵循以下规定。

一、基本概念

(一)危险性较大的单项工程

危险性较大的单项工程指在施工过程中存在的、可能导致作业人员群死群伤或者造成重大不良社会影响的单项工程。

1. 达到一定规模危险性较大的单项工程

(1)基坑支护、降水工程。开挖深度达到3(含)~5 m或虽未超过3 m但地质条件或周边环境复杂的基坑(槽)支护、降水工程。

(2)土方和石方开挖工程。开挖深度达到3(含)~5 m的基坑(槽)的土方和石方开挖工程。

(3)模板工程及支撑体系。

①大模板等工具式模板工程。

②混凝土模板支撑工程:搭设高度5(含)~8 m,搭设跨度10(含)~18 m,施工总荷载10(含)~15 kN/m²,集中线荷载15(含)~20 kN/m,高度大于支撑水平投影宽度且相对独立无联系构件的混凝土模板支撑工程。

③承重支撑体系:用于钢结构安装等满堂支撑体系。

(4)起重吊装及安装拆除工程。

①采用非常规起重设备、方法,且单件起吊重量在10(含)~100 kN的起重吊装工程;

②采用起重机械进行安装的工程;

③起重机械设备自身的安装、拆卸。

(5)脚手架工程。

①搭设高度24(含)~50 m的落地式钢管脚手架工程;

②附着式整体和分片提升脚手架工程;

③悬挑式脚手架工程;

④吊篮脚手架工程;

⑤自制卸料平台、移动操作平台工程;

⑥新型及异型脚手架工程。

(6)拆除、爆破工程。

(7)围堰工程。

(8)水上作业工程。

(9)沉井工程。

(10)临时用电工程。

(11)其他危险性较大的工程。

2.超过一定规模的危险性较大的单项工程

(1)深基坑工程。

①开挖深度超过5 m(含)的基坑(槽)的土方开挖、支护、降水工程;

②开挖深度虽未超过5 m,但地质条件、周围环境和地下管线复杂,或影响毗邻建(构)筑物安全的基坑(槽)的土方开挖、支护、降水工程。

(2)模板工程及其支撑体系。

①工具式模板工程:滑模、爬模、飞模工程等。

②混凝土模板支撑工程:搭设高度8 m及以上,搭设跨度18 m及以上,施工总荷载15 kN/m²及以上,集中线荷载20 kN/m及以上。

③承重支撑体系:用于钢结构安装等满堂支撑体系,承受单点集中荷载700 kg以上。

(3)起重吊装及安装拆卸工程。

①采用非常规起重设备、方法,且单件起吊重量在100 kN及以上的起重吊装工程。

②起重量 300 kN 及以上的起重设备安装工程,高度 200 m 及以上内爬起重设备的拆除工程。

(4)脚手架工程。

①搭设高度 50 m 及以上落地式钢管脚手架工程;

②提升高度 150 m 及以上附着式整体和分片提升脚手架工程;

③架体高度 20 m 及以上悬挑式脚手架工程。

(5)拆除、爆破工程。

①采用爆破拆除的工程;

②可能影响行人、交通、电力设施、通信设施或其他建筑物、构筑物安全的拆除工程;

③文物保护建筑、优秀历史建筑或历史文化风貌区控制范围的拆除工程。

(6)其他。

①开挖深度超过 16 m 的人工挖孔桩工程;

②地下暗挖工程、顶管工程、水下作业工程;

③采用新技术、新工艺、新材料、新设备及尚无相关技术标准的危险性较大的单项工程。

(二)危险性较大的单项工程专项施工方案

施工单位在编制施工组织设计的基础上,针对危险性较大的单项工程应单独编制安全技术措施文件。

二、一般规定

(1)项目法人在办理安全监督手续时,应当提供危险性较大的单项工程清单和安全生产管理措施。

(2)项目法人及监理单位应建立危险性较大的单项工程验收制度;施工单位应建立危险性较大的单项工程管理制度。

(3)监理单位应编制危险性较大的单项工程监理规划和实施细则,制定工作流程、方法和措施。

(4)施工单位应当在施工前,对达到一定规模的危险性较大的单项工程编制专项施工方案;对于超过一定规模的危险性较大的单项工程,施工单位应当组织专家对专项施工方案进行审查论证。

(5)施工单位的施工组织设计应包含危险性较大的单项工程安全技术措施及其专项施工方案。

(6)专项施工方案应由施工单位技术负责人组织施工技术、安全、质量等部门的专业技术人员进行审核。经审核合格的,应由施工单位技术负责人签字确认。实行分包的,应由总承包单位和分包单位技术负责人共同签字确认。尤需专家论证的专项施工方案,经施工单位审核后应报监理单位,由项目总监理工程师审核签字,并报项目法人备案。

(7)施工单位应根据审查论证报告修改完善专项施工方案,经施工单位技术负责人、总监理工程师、项目法人单位负责人审核签字后,方可组织实施。

(8)施工单位应严格按照批准的专项施工方案组织施工,不得擅自修改、调整专项施工方案。

因设计、结构、外部环境等因素发生变化确需修改的,修改后的专项施工方案应当重新审核。对于超过一定规模的危险性较大的单项工程的专项施工方案,施工单位应重新组织专家进行论证。

三、专项施工方案的编制与审查

(一)编制原则

专项施工方案是施工组织设计不可缺少的组成部分,应是施工组织设计的细化、完善、补充,且自成体系。专项施工方案的编制,必须考虑现场的实际情况、施工特点及周围作业环境,措施要有针对性,凡施工过程中可能发生的危险因素及建筑物周围外部的不利因素等,都必须从技术上采取具体且有效的措施予以预防。专项施工方案应重点突出单项工程的特点、安全技术的要求、特殊质量的要求,重视质量技术与安全技术的统一。

(二)专项施工方案内容

(1)工程概况。危险性较大的单项工程概况、施工平面布置、施工要求和技术保证条件等。

(2)编制依据。相关法律法规、规章、制度、标准及图纸(国标图集)、施工组织设计等。

(3)施工计划。包括施工进度计划、材料与设备计划等。

(4)施工工艺技术。技术参数、工艺流程、施工方法、质量标准、检查验收等。

(5)施工安全保障措施。组织保障、技术措施、应急预案、监测监控等。

(6)劳动力计划。专职安全生产管理人员、特种作业人员等。

(7)设计计算书及相关图纸等。

(三)专项施工方案编制中应注意的事项

(1)编制专项施工方案应将安全和质量相互联系、有机结合;临时安全措施构建的建(构)筑物与永久结构交叉部分的相互影响统一分析,防止荷载、支撑变化造成的安全、质量事故。

(2)安全措施形成的临时建(构)筑物必须建立相关力学模型,进行局部和整体的强度、刚度、稳定性验算。

(3)相互关联的危险性较大工程应系统分析,重点对交叉部分的危险源进行分析,采取相应措施。

(四)专项施工方案标题与封面格式

(1)标题:“××工程××专项施工方案”,并标注“按专家论证审查报告修订”字样。

(2)封面内容包括编制、审查、审批3个栏目,分别由施工单位编制人签字,施工单位负责人审核签字,施工单位技术负责人审批签字。

(五)审查论证

(1)审查论证会应由下列人员参加:

①专家组成员;

②项目法人单位负责人或技术负责人;

③监理单位总监理工程师及相关人员；

④施工单位分管安全的负责人、技术负责人、项目负责人、项目技术负责人、专项方案编制人员、项目专职安全生产管理人员；

⑤勘察、设计单位项目技术负责人及相关人员等。

(2)专家组成员应当由5名及以上符合相关专业要求的专家组成。各参建单位人员不得以专家身份参加审查论证会。

(3)专家组成员应具备下列基本条件：

①诚实守信、作风正派、学术严谨；

②从事相关专业工作15年以上或具有丰富的专业经验；

③具有高级专业技术职称。

(4)审查论证会应就下列主要内容进行审查论证，并提交论证报告。审查论证报告应对审查论证的内容提出明确的意见，并经专家组成员签：

①专项施工方案是否完整、可行，质量、安全标准是否符合工程建设标准强制性条文规定；

②计算书是否符合有关标准规定；

③施工的基本条件是否满足现场实际等。

四、专项施工方案的实施、检查与验收

(1)监理、施工单位应指定专人对专项施工方案实施情况进行旁站监督。发现未按专项施工方案施工的，应要求其立即整改；存在危及人身安全紧急情况的，施工单位应立即组织作业人员撤离危险区域。

总监理工程师、施工单位技术负责人应定期对专项施工方案实施情况进行巡查。

(2)危险性较大的单项工程合成后，监理单位或施工单位应组织有关人员进行验收。验收合格的，经施工单位技术负责人及总监理工程师签字后，方可进行后续工程施工。

(3)监理单位发现未按专项施工方案实施的，应责令整改；施工单位拒不整改的，应及时向项目法人报告；如有必要，可直接向有关主管部门报告。

项目法人接到监理单位报告后，应立即责令施工单位停工整改；施工单位仍不停工整改的，项目法人应及时向有关主管部门和安全生产监督机构报告。

五、危险性较大的单项工程的安全保证措施

(1)为规避危险性较大的单项工程的安全风险，施工单位不仅要从法律法规及规程规范的要求出发，编制专项施工方案，还应从内部管理入手，加强安全观念教育，建立安全管理体系，完善安全管理制度，从而保证施工人员在生产过程中的安全与健康，严防各类事故发生，以安全促生产。

(2)建立安全管理体系，通过安全设施、设备与安全装置，安全检测和监测，安全操作程序，防护用品等，技术硬件的投入，实现技术系统措施的本质安全化。

(3)危险性较大的分部分项工程，施工单位各级领导要牢固树立“安全第一、预防为主”的思想，坚决贯彻“管生产必须管安全”的原则，把安全生产作为头等大事来抓，并认

真落实"安全生产、文明施工"的规定。

(4)建立健全并全面贯彻安全管理制度和各岗位安全责任制,根据工程性质、特点、成立三级安全管理机构。

(5)项目部安全领导小组,每周召开一次会议,部署各项安全管理工作和改善安全技术措施,具体检查各部门存在安全隐患问题,提出改进安全技术问题,落实安全生产责任制和严格控制工人按安全规程作业,确保施工安全生产。安全值日员,每天检查工人上下班是否佩戴安全帽和个人防护用品,对工人操作面进行安全检查,保证工人按安全操作规程作业,及时检查安全存在问题,消除安全隐患。

(6)安全技术要有针对性,现场的各种施工材料,须按施工平面图进行布置,现场的安全、卫生、防水设施要齐全有效。

(7)要切实保证职工在安全条件下进行作业,施工搭设的各种脚手架等临时设施,均要符合国家规程和标准,在施工现场安装的机电要保持良好的技术状态,严禁带"病"运转。

(8)加强对职工的安全技术教育,坚持制止违章指挥和违章作业,凡进入施工现场的人员,须戴安全帽,高空作业应系好安全带,施工现场的危险部位要设置安全色标、标语或宣传画,随时提醒职工注意安全。

(9)严肃对待施工现场发生的已遂、未遂事故,把一般事故当作重大事故来抓,未遂事故当成已遂事故来抓。对查出的事故、隐患,要做到"三定一落实",并要达到抓一个典型、教育一批的效果。

(10)建立安全生产管理制度,通过监督检查等管理方式,达到技术条件和环境达标,以及人员的行为规范和安全生产的目的。改善安全技术措施,具体检查各部门存在安全隐患问题,提出改进安全技术问题,落实安全生产责任制和严格控制工人按安全规程作业,确保施工安全生产。

①危险性较大的单项工程应建立安全生产责任制。施工单位各级领导在管理生产的同时,必须负责管理安全工作,逐级建立安全责任制,使落实安全生产的各项规章制度成为全体职工的自觉行动。

②建立安全技术措施计划,包括改善劳动条件,防止伤亡事故,预防职业病和职业中毒的各项技术组织措施,创造一个良好的安全生产环境。

③建立严格的劳动力管理制度。新入场的工人接受入场安全教育后方可上岗操作。特种作业人员全部持证上岗。

(11)建立安全生产教育、培训制度,通过对全员进行安全培训教育,提高全员的安全素质,包括意识、知识、技能、态度、观念等安全综合素质。执行安全技术交底,监督、检查、整改隐患等管理方法,保障技术条件和环境达标、人的行为规范,实现安全生产的目的。

①建立安全生产教育制度,对新进场工人进行三级安全教育,上岗安全教育,特殊工种安全技术教育(如架子工、机械操作工等工种的考核教育),变换工种须进行交换工种教育方可上岗。工地建立职工三级教育登记卡和特殊作业,变换工种作业登记卡,卡中必须有工人概况、考核内容、批准上岗的工人签字,进行经常性的安全生产活动教育。

②实行逐级安全技术交底履行签字手续,开工前由分公司技术负责人将工程概况施

工方法、安全技术措施等情况向项目负责人、施工员及全体职工进行详细交底，分部分项工程由工长、施工员向参加施工的全体成员进行有针对性的安全技术交底。

③建立安全生产的定期检查制度。施工单位在施工生产时，为了及时发现事故隐患，堵塞事故漏洞，防患于未然，须建立安全检查制度。项目部每周定期进行一次，班组每日上班领导检查。要以自查为主，互查为辅。以查思想、查制度、查执行、查隐患、查整改、查闭环为主要内容。要结合季节特点，开展防雷电、防坍塌、防高处坠落、防中毒等“五防”检查，安全检查要贯彻领导与群众相结合的原则，做到边检边改并做好检查记录。

④存在隐患严格按“三定一落实”整改反馈。

⑤根据工地实际情况建立班前安全活动制度，对危险性较大的单项工程，施工现场的安全生产要及时进行讲评，强调注意事项，表扬安全生产中的好人好事，并做好班前安全活动记录。

⑥施工用电、搅拌机、钢筋机械等在中型机械及脚手架、卸料平台要挂安全网、洞口临边防护设施等，安装或搭设好后及时组织有关人员验收，验收合格方准投入使用。

⑦建立伤亡事故的调查和处理制度，强调在处理伤亡事故要做到“三不放过”，即事故原因分析不清不放过，事故责任者和群众没有受到教育不放过，没有防范措施不放过，对事故和责任者要严肃处理。对于那些玩忽职守、不顾工人死活、强迫工人违章冒险作业而造成伤亡事故的领导，一定要给予纪律处分，严重的应依法惩办。

第十五节　安全技术交底

安全技术交底应依据国家有关法律法规和有关标准、工程设计文件、施工组织设计和安全技术规划、专项施工方案和安全技术措施、安全技术管理文件等的要求进行。施工单位应建立分级、分层次的安全技术交底制度。

一、概念

安全技术交底，是指交底方向被交底方对预防和控制生产安全事故发生及减少其危害的技术措施、施工方法等进行说明的技术活动。

二、程序和要求

(1)工程开工前，施工单位技术负责人应就工程概况、施工方法、施工工艺、施工程序、安全技术措施和专项施工方案，向施工技术人员、施工作业队(区)负责人、工长、班组长和作业人员进行安全交底。

(2)单项工程或专项施工方案施工前，施工单位技术负责人应组织相关技术人员、施工作业队(区)负责人、工长、班组长和作业人员进行全面、详细的安全技术交底。

(3)各工种施工前，技术人员应进行安全作业技术交底。

(4)每天施工前，班组长应向工人进行施工要求、作业环境的安全交底。

(5)交叉作业时，项目技术负责人应根据工程进展情况定期向相关作业队和作业人员进行安全技术交底。

(6)施工过程中,施工条件或作业环境发生变化的,应补充交底;相同项目连续施工超过一个月或不连续重复施工的,应重新交底。

(7)安全技术交底应填写安全交底单,由交底人与被交底人签字确认。安全交底单应及时归档。

(8)安全技术交底必须在施工作业前进行,任何项目在没有交底前不得进行施工作业。

(9)项目法人、监理单位和施工单位应当定期组织对安全技术交底情况进行检查,并填写检查记录。

三、主要内容

(1)工程项目和单项的概况。

(2)施工过程的危险部位和环节及可能导致生产安全事故的因素。

(3)针对危险部位采取的具体防范措施。

(4)作业中应注意的安全事项。

(5)作业人员应遵守的安全操作规程和规范。

(6)作业人员发现事故隐患后应采取的措施。

(7)发生事故后应及时采取的避险和救援措施。

第十六节　安全生产档案管理

码 4-8　PPT:水利工程建设档案管理

根据《水利水电工程施工安全管理导则》(SL 721—2015)等有关规程规范,安全生产档案管理应遵循以下规定。

一、一般规定

(1)各参建单位应将安全生产档案管理纳入日常工作,明确管理部门、人员及岗位职责,健全制度,安排经费,确保安全生产档案管理正常开展。

(2)项目法人在签订有关合同、协议时,应对安全生产档案的收集、整理、移交提出明确要求。检查施工安全时,应同时检查安全生产档案的收集、整理情况。进行技术鉴定、阶段验收和竣工验收时,应同时审查、验收安全生产档案的内容与质量,并做出评价。

(3)项目法人对安全生产档案管理工作负总责,应做好自身安全生产档案的收集、整理、归档工作,并加强对各参建单位安全生产档案管理工作的监督、检查和指导。

(4)专业技术人员和管理人员是归档工作的直接责任人,应做好安全生产文件材料的收集、整理、归档工作。如遇工作变动,应做好安全生产档案资料的交接工作。

(5)监理单位应对施工单位提交的安全生产档案材料履行审核签字手续。凡施工单位未按规定要求提交安全生产档案的,不得通过验收。

(6)项目法人、监理单位、施工单位的安全生产档案目录详见《水利水电工程施工安全管理导则》附录 B~附录 D。

各参建单位施工安全管理常用表格格式应采用《水利水电工程施工安全管理导则》附录E所列的施工安全管理表格。

二、施工单位安全生产档案目录

(一)相关文件、证件及人员信息

(1)主管部门、项目法人、监理单位的安全生产文件。

(2)施工单位及相关单位印发的安全生产文件。

(3)企业法人资质证书、营业执照、安全生产许可证。

(4)主要负责人、项目负责人、安全生产管理人员安全考核合格证,特种作业人员操作资格证。

(5)分包企业资质证书、营业执照、安全生产许可证。

(6)人身意外伤害保险及工伤保险证明。

(7)安全防护用品允许使用相关证明。

(8)机械设备允许使用相关证明。

(9)安全生产管理人员登记表。

(10)特种作业人员登记表。

(11)现场施工人员登记表。

(12)安全生产档案审核表。

(13)其他文件及证件等。

(二)安全生产目标管理

(1)安全生产目标及相关文件。

(2)安全生产目标管理计划及相关文件。

(3)安全生产目标责任书。

(4)安全生产目标考核办法。

(5)安全生产目标完成情况自查报告。

(6)安全生产目标考核结果等。

(三)安全生产管理机构和职责

(1)项目部安全生产管理组织网络。

(2)安全生产领导小组组建文件。

(3)安全生产会议记录、纪要。

(4)安全生产责任制。

(5)安全生产责任制的考核结果等。

(四)施工现场安全生产管理制度

(1)施工单位的安全生产管理制度。

(2)适用的安全生产法律法规、规章、制度和标准清单。

(3)施工现场各工种安全技术操作规程。
(4)施工现场各机械设备安全操作规程。
(5)安全生产管理制度的学习记录。
(6)安全生产管理制度的检查评估报告。
(7)安全生产管理制度执行情况的检查意见及整改报告等。

(五)安全生产费用管理

(1)安全生产费用使用计划。
(2)安全生产费用使用台账。
(3)安全生产费用检查意见及整改报告等。

(六)安全技术措施和专项施工方案

(1)施工组织设计(含安全技术措施专篇)。
(2)危险性较大的单项工程汇总表。
(3)专项施工方案及相关审查、论证记录。
(4)安全技术交底记录。
(5)工程度汛方案、超标准洪水应急预案及演练记录。
(6)安全度汛目标责任书。
(7)消防设施平面布置图。
(8)施工现场消防安全检查记录等。

(七)安全生产教育培训

(1)安全生产教育培训计划。
(2)安全生产管理人员、特种作业人员教育培训记录。
(3)三级安全教育培训记录。
(4)日常安全教育培训记录。
(5)班组班前安全活动记录。
(6)安全生产教育汇总表。
(7)外来人员安全教育记录等。

(八)设施设备安全管理

(1)设施设备管理台账。
(2)劳动保护用品采购及发放台账。
(3)设施设备进场验收资料。
(4)特种作业人员进场审核材料。
(5)设施设备运行记录。
(6)设施设备检查记录。
(7)设施设备检修、维修记录等。

(九)作业安全管理

(1)安全标志台账。

(2)安全设施管理台账。

(3)动火作业审批表。

(4)危险作业审批台账。

(5)危险性较大作业安全许可审批表。

(6)相关方安全管理登记表等。

(十)事故隐患排查治理

(1)各级主管部门、项目法人、监理单位安全检查的记录、意见和整改报告等。

(2)施工单位隐患排查的记录、整改通知、整改结果等。

(3)事故隐患排查、治理台账。

(4)事故隐患排查治理情况统计分析月报表。

(5)重大事故隐患报告。

(6)重大事故隐患治理方案及治理结果。

(7)重大事故隐患治理验收及评估意见等。

(十一)重大危险源管理

(1)重大危险源辨识记录及相关文件。

(2)重大危险源安全评估报告。

(3)重大危险源管理台账。

(4)重大危险源管理的责任单位、责任部门、责任人。

(5)重大危险源检查记录。

(6)重大危险源监控、检测记录等。

(十二)职业卫生与环境保护

(1)有毒、有害作业场所管理台账。

(2)职业危害告知单。

(3)从业人员健康监护档案。

(4)职业危害场所检测计划、检测结果。

(5)接触职业危害因素作业人员登记表。

(6)职业危害防治设备、器材登记表。

(7)职业危害及治理情况有关资料。

(8)作业场所及周边环境监测、治理资料等。

(十三)应急管理

(1)施工现场安全事故应急救援预案、专项应急预案、应急处置方案及演练情况。

(2)生产安全事故快报。

(3)安全生产月报。

(4)生产安全事故档案等。

第十七节 案例分析

一、违章作业触电伤亡事故

(一)事故经过

1996年6月17日21时20分,某局一级高坝放空洞工程指挥部第二工程队,在放空洞无压段1+30~1+42号仓内浇筑混凝土,由于浇筑前预埋的两根直径为150 mm的回填钢管不够长,现场监理要求将回填管接长,队长刘某某派电焊班长高某某完成此项任务,并由其他班组的王某某、饶某某二人配合高某某焊接钢管。由于混凝土仓处于洞顶,电焊机又在仓外下方,高某某就先开电焊机开关通电,然后把电焊钳把线拉到混凝土仓内焊接处,随手将钳把线丢在浇筑混凝土的表面,然后高某某将1.5 m长的钢管扛到焊接处,王某某、饶某某二人协助将钢管上提就位,但就位工作较困难,这时高某某提醒王某某、饶某某二人注意安全,脚不要踩在钳把线上,以免触电。但是,就在他们提升钢管对位时,高某某换肩扛钢管左脚正好踩在电焊机钳把线上,高某某触电后呈蹲卧式倒在仓面上,王某某、饶某某二人立即伸手扶高某某起来,接触到高某某身体时发觉有电,就叫喊电工关掉电源,然后将高某某抬出仓外,立即进行人工呼吸,后用车运回指挥部,经医生抢救无效死亡。

(二)事故原因

1. 直接原因

操作者不小心踩在了电焊机通电后的钳把线上。高某某接受焊接任务后,准备工作还没有做好,就首先打开电焊机开关,使钳把线带电,而且将钳把线丢在潮湿的混凝土表面上。

2. 间接原因

(1)高某某虽然会电焊作业,但未经技术培训考试认可,队长刘某某安排其进行焊接作业,属于违章指挥。

(2)在工作中高某某穿的是湿透了的解放鞋,而未按规定穿绝缘鞋。

(3)混凝土仓内温度高、湿度大,场地窄小、施工条件差,且监督检查不力。

3. 主要原因

领导违章指挥,安排无证人员从事特种作业。

(三)预防措施

(1)加强对电焊、电工等特殊工种的安全技术培训,经考试合格,取得上岗证后方可持证上岗;不允许未经培训的无证人员上岗作业。

(2)加强对干部职工的安全操作规程教育,作业中必须遵守安全操作规程,对特殊工种作业不允许打破工种界线。

(3)用电线路及带电体必须符合安全要求,绝缘良好,电焊钳及手用电动工具不得随便乱丢,必须挂高或远离作业面;准备工作做好后,方能合闸。

(4)职工在上班时必须按规定穿戴好劳动保护用品,安全管理人员必须加强监督检查。

二、翻斗车倒车爬坡运土作业伤害事故

(一)事故经过

1994 年 10 月 28 日 10 时左右,某工程工地,混凝土工班长张某某率领民工负责清除涵洞出口处淤积土方,驾驶 FCY-15 翻斗车,将土方自明渠底至堤面运土(总坡长为 19 m,坡度 1:25,离渠底 10 m 处有 1.5 m^2 平台),采用倒车爬坡,第二次运土中,当翻斗车沿明渠北坡,即将到达堤面(两后轮已上堤面,两前轮仍在坡上)时,翻斗车突然下滑,当车滑到离渠底 2.2 m 高,坡长 6 m 时,翻斗车前后翻转 180°滑入渠底,张某某被压在车下,附近装土民工发现后,立即赶到事故现场,将车移开,张某某被救起,并立即找来某局建工处的吉普车,送往医院抢救,终张某某因内出血、多脏器衰竭抢救无效而死亡。

(二)事故原因

1. 直接原因

张某某不听劝阻,违章作业,并且在翻斗车即将到达堤面爬不上去时,张某某又操作失误,采取措施不当。据分析,踩离合器或换变速挡会致使翻斗车下滑速度加快,经过 1.5 m^2 平台后,采取制动,造成 180°翻转,这是事故发生的直接原因。

2. 间接原因

(1)管理不严,有令不行。事故前工地指挥对翻斗车爬坡运土认为不安全,指出用人力车或装袋往上背的方法,但张某某没有执行而是冒险蛮干。

(2)张某某对车辆性能了解不够,翻斗车允许爬坡能力满载只能上小于 12°的斜坡,而实际坡度为 21°。

3. 主要原因

张某某不听指挥劝阻,冒险违章作业,在操作中采取措施不当。

(三)预防措施

(1)加强安全管理,严格执行安全施工规程和安全管理制度。

(2)加强安全教育,增强安全意识,提高安全操作技能。对操作手必须要求全面了解机械性能,明确危险作业点。

第五章　水利水电工程建设职业健康

水利水电工程建设过程中存在着粉尘、毒物、红外辐射、紫外辐射、噪声、振动及高温等,这些职业危害对劳动者的健康损害极大。劳动者的安全与健康是企业和社会赖以生存和发展的基本要素,也是人类追求的共同目标。只有创造合理的劳动工作条件,才能使所有从事劳动的人员在体格、精神、社会适应等方面都保持健康;只有防止职业病和与职业有关的疾病,才能降低病伤缺勤,提高劳动生产率。加强职业卫生管理,保护劳动者安全已成为水利水电工程建设各单位持续健康发展的迫切需要。

第一节　危害基础知识

职业健康管理的任务是识别、评价和控制不良的劳动条件,使劳动者在其所从事的生产劳动过程中,有充分的安全和健康保障,为不断提高劳动生产率、促进经济发展提供科学保证。

一、职业危害因素的影响及作用条件

(一)职业危害因素的影响

(1)身体外表的改变,称为职业特征,如野外作业人员的皮肤色素沉着。

(2)对人生理、心理的影响,如噪声引起头晕、失眠、烦躁、焦虑,有害气体引起咳嗽等。降低身体对一般疾病的抵抗力,表现为患病率增高或病情加重等,称为职业性多发病(或工作有关疾病),如粉尘暴露场所工作人员易患尘肺病等。职业多发病具有三层含义:职业因素是该病发生和发展的因素之一,但不是唯一的直接病因;职业因素影响了健康,从而促使潜在的疾病显露或加重已有疾病的病程;通过改善工作条件,可使所患疾病得到控制和缓解。

(3)造成特定的功能或器质性改变,进而引起职业病,如尘肺病、工业噪声引起的职业性耳聋等。有害物质除对人体产生危害外,还对生产和环境造成影响,如粉尘会降低仪器设备的精度、加大零件的磨损和老化、降低光照度和能见度、造成空气污染,甚至有些粉尘在一定浓度、温度条件下会产生爆炸,造成人员伤亡和财产损失。

(二)职业危害的作用条件

职业危害是否能对人体造成职业性伤害,作用条件是非常重要的。职业危害的作用条件有:

(1)接触时间。偶然地、短期地或长期地接触有害物质,可导致不同的后果。

(2)作用强度。主要指接触量。有害物的浓度或强度越高,接触时间越长,则造成职业性损伤的可能性越大、后果越严重。

(3)接触方式。经呼吸道、皮肤和其他途径进入人体,或由于意外事故造成疾病。

(4)人的个体因素。如遗传因素、年龄、性别、对某些职业危害的敏感性、其他疾病和精神因素的影响、生活卫生习惯等。

二、职业危害的分类

(一)按来源分类

职业危害因素按其来源可以进行如下分类：

(1)生产过程中的职业危害因素。来源于原料、中间产物、产品、机器设备的工业毒物、粉尘、噪声、振动、高温、电离辐射及非电离辐射、污染性因素等职业性危害因素，均与生产过程有关。

(2)劳动过程中的职业有害因素。劳动过程中的职业有害因素主要包括劳动时间过长、劳动强度过大、生产定额不当、劳动组织制度不合理、长时间处于某种不良体位或从事某一单调动作的作业身体的有关器官和系统过度紧张等。

(3)生产环境中的有害因素。自然环境的因素，如夏季的太阳辐射；作业场所的设计、布置不合理，缺乏必要的卫生技术设施，安全防护设施缺乏或不完善；不合理生产过程所致的环境污染等。

(二)按性质分类

职业危害因素按其性质可以进行如下分类：

(1)物理性有害因素。施工场所异常的气象条件，如高温、低温；异常的气压；噪声、振动；电离辐射，如 X 射线、Y 射线；非电离辐射，如紫外线、红外线、激光等。

(2)化学性有害因素。生产性毒物，如铅、锰、汞、苯等；生产性粉尘，如硅尘、石棉尘等。

(3)生物性有害因素。如病原微生物或致病寄生虫等。

(4)与劳动过程有关的劳动生理、劳动心理方面的因素，以及与环境有关的环境因素。

(三)按有关规定分类

《卫生计生委等 4 部门关于印发〈职业病分类和目录〉的通知》(国卫疾控发〔2013〕48 号)将职业危害因素分为十大类：职业性尘肺病及其他呼吸系统疾病、职业性皮肤病、职业性眼病、职业性耳鼻喉口腔疾病、职业性化学中毒、物理因素所致职业病、职业性放射性疾病、职业性传染病、职业性肿瘤、其他职业病。

三、水利水电工程建设常见职业危害

水利水电工程建设中的职业危害主要有粉尘、毒物、红外线辐射、紫外线辐射、噪声、振动及异常气象条件。水利水电工程建设过程中受粉尘危害的工种主要有掘进工、风钻工、炮工、混凝土搅拌机司机、水泥上料工、钢模板校平工、河砂运料上料工等；受有毒物质影响的工种主要有驾驶员、汽修工、焊工、放炮工等；受辐射、噪声、振动危害的工种主要有电焊工、风钻工、模板校平工、推土机驾驶员、混凝土平板振动器操作工等。

此外，由于水利水电工程建设施工多为野外作业，自然环境恶劣，还易受到异常气象条件、蚊虫叮咬、野生动物袭击等其他有害因素的危害，此时除注意个体防护外还应根据具体情况选择合适的防护措施。

以上职业危害因素可能多种并存,加重危害程度,如水利水电工程建设施工过程中的振动与噪声的共同作用,可加重听力损伤;粉尘在高温环境下可增加肺通气量,增加粉尘吸入等。

第二节 水利水电工程建设职业危害分析

我国的职业卫生监管工作经历了由劳动部门监管、卫生部门负责、卫生和安监部门共同监管、安监部门监管的过程。2018 年机构改革后成立了国家卫生健康委员会,体现出职业健康监管工作的重要性和复杂性。水利行业的职业健康工作,也日益受到负有安全生产监督管理职责部门的重视。水利水电建设行业职业危害来源主要有以下几方面。

一、粉尘

能够较长时间浮游于空气中的固体微粒叫作粉尘。从胶体化学观念来看,粉尘是固态分散性气溶胶。其分散质是空气,分散相是固体微粒。在生产过程中形成,并能长时间悬浮在空气中的固体微粒叫作生产性粉尘。生产性粉尘对人体有多方面的不良影响,尤其是含有游离二氧化硅的粉尘能引起严重的职业病(矽肺)。水利水电工程建设接触的粉尘主要是岩尘、电焊尘、水泥尘等。吸入人体的粉尘有 97%~98%可通过人体呼吸道的清除功能排出体外,余下的沉积于肺内。粉尘对人体健康最普遍且严重的危害是引起各种尘肺病,其次是粉尘沉着症、粉尘性支气管炎、肺炎、支气管哮喘以及中毒等病症。

(一)粉尘的理化性质

粉尘对人体的危害程度与其理化性质有关,与其生物学作用及防尘措施等也有密切关系。在卫生学上,常用的粉尘理化性质包括粉尘的化学成分、分散度、溶解度、密度、形状、硬度、荷电性和爆炸性等。

(1)粉尘的化学成分。粉尘的化学成分、浓度和接触时间是直接决定粉尘对人体危害性质和严重程度的重要因素。根据粉尘化学性质的不同,粉尘对人体有致纤维化、中毒、致敏等作用,如游离二氧化硅粉尘的致纤维化作用。对于同一种粉尘,其浓度越高,接触的时间越长,对人体危害越大。

(2)分散度。粉尘的分散度是表示粉尘颗粒大小的一个概念,它与粉尘在空气中呈浮游状态存在的持续时间(稳定程度)有密切关系。在生产环境中,由于通风、热源、机器转动以及人员走动等因素,使空气经常流动,从而使尘粒沉降变慢,延长其在空气中的浮游时间,增加了被人吸入的机会。直径小于 5 μm 的粉尘对机体的危害性较大,也容易到达呼吸器官的深处。

(3)溶解度、密度。粉尘溶解度大小与对人体危害程度的关系因粉尘作用性质不同而异。主要呈化学毒性副作用的粉尘,随溶解度的增加,其危害作用增强;主要呈机械刺激作用的粉尘,随溶解度的增加其危害作用减弱。粉尘颗粒密度的大小与其在空气中的稳定程度有关。尘粒大小相同时,密度大的沉降速度快、稳定程度低。在通风除尘设计中,要考虑密度这一因素。

(4)形状、硬度。粉尘颗粒的形状多种多样,质量相同的尘粒因形状不同,在沉降时所受阻力也不同。因此,粉尘的形状能影响其稳定程度。坚硬且外形尖锐的尘粒,如某些纤维状粉尘(石棉纤维等),可能引起呼吸道黏膜的损伤。

(5)荷电性。高分散度的尘粒通常带有电荷,与作业环境的湿度和温度有关。荷电的尘粒在呼吸道可被阻留。尘粒带有相异电荷时,可促进凝集、加速沉降。粉尘的这一性质对选择除尘设备有重要意义。

(6)爆炸性。高分散度的煤炭、硫磺、铝、锌等粉尘具有爆炸性。发生爆炸的条件是高温(火焰、火花、放电)和粉尘在空气中达到足够的浓度。

(二)粉尘引起的职业病

生产性粉尘的种类繁多,理化性状不同,对人体所造成的危害也是多种多样的。粉尘引起的职业危害主要有全身中毒性、局部刺激性、变态反应性、致癌性、尘肺,其中以尘肺的危害最为严重。尘肺是目前我国工业生产中最严重的职业危害之一,是由于吸入生产性粉尘引起的以肺的纤维化为主的职业病。由于粉尘的性质、成分不同,对肺所造成的损害、引起纤维化程度也有所不同,从病因上分析,可将尘肺分为六类,矽肺(吸入含有游离二氧化硅粉尘)、硅酸盐肺、炭尘肺、金属尘肺、混合性尘肺、有机尘肺。

依据《卫生计生委等 4 部门关于印发〈职业病分类和目录〉的通知》(国卫疾控发〔2013〕48 号),法定尘肺包括矽肺、煤工尘肺、石墨尘肺、炭黑尘肺、石棉肺、滑石尘肺、水泥尘肺、云母尘肺、陶工尘肺、铝尘肺、电焊工尘肺、铸工尘肺及根据《职业性尘肺病的诊断》(GBZ 70—2015)和《职业性尘肺病的病理诊断》(GBZ 25—2014)可以诊断的其他尘肺。

二、毒物

毒物是指在一定条件下,接触较小剂量即可造成人体功能性或器质性损害的化学物质。劳动者在从事职业活动过程中由于接触毒物而发生的中毒称为职业中毒。毒物进入人体的途径主要是经呼吸道,也可经皮肤和消化道进入,不同的毒物使人体产生不同的症状。

毒物的毒性指引起机体损伤的能力,毒性大小可以用引起某种毒性反应的剂量来表示。毒物剂量越小,表明该毒物的毒性越大。例如,60 mg 的氯化钠一次进入人体,对健康无损害;60 mg 的氰化钠一次进入人体,就有致人死亡的危险。这表明,氯化钠的毒性很小,氰化钠的毒性很大。化学物质的危害程度分级为剧毒、高毒、中等毒、低毒和微毒五个级别。毒物的危害性,不仅取决于毒物的毒性,还受生产条件、劳动者个人等因素影响。因此,毒性大的物质不一定危害性大;毒性与危害性不能画等号。例如,氮气是一种惰性气体,本身无毒,一般不产生危害性。但是,当它在空气中含量高时,空气中的氧含量减少,吸入者便发生窒息,严重时导致死亡。

(一)毒物存在形态

生产过程中生产或使用的有毒物质称为生产性毒物。生产性毒物在生产过程中,可以在原料、辅助材料、夹杂物、半成品、成品、废气、废液及废渣中存在。生产性毒物的存在形式有气体,如氯、氨、一氧化碳和甲烷等;固体升华、液体蒸发时形成的蒸气,如水银蒸气和苯蒸气等;液体,混悬于空气中的液体微粒,如喷洒农药和喷漆时所形成的雾滴,镀铬和蓄电池充电时逸出的铬酸雾和硫酸雾等;固体,直径小于 0.1 μm 的悬浮于空气中的固体微粒,如熔镉时产生的氧化镉烟尘,电煤时产生的电焊烟尘等。

能较长时间悬浮于空气中的固体微粒,直径大多数为 0.1~10 μm。固体物质的机械加工、粉碎筛分、包装等可引起粉尘飞扬。悬浮于空气中的粉尘、烟和雾等微粒,统称为气溶胶。了解生产性毒物的存在形态,有助于研究毒物进入机体的途径、发病原因,且便于采取有效的防护措施。

(二)影响毒物毒性作用的因素

(1)化学结构。毒物的化学结构对其毒性有直接影响。具有不饱和键或游离键的低价化合物较高价化合物毒性大,如 $CO>CO_2$,三价砷>五价砷,乙炔>乙烯>乙烷;脂肪烃的毒性通常随分子中碳原子数增加而加强,但到一定程度后,由于水溶性降低,作用又趋减弱;在各类有机非电解质之间,其毒性大小依次为芳烃>醇>酮>环烃>脂肪烃;同类有机化合物中卤族元素取代氢时,毒性增加。

(2)物理特性。毒物的溶解度、分解度、挥发性等与毒物的毒性作用有密切关系,毒物在水中溶解度越大,其毒性越大;分解度越大,不仅化学活性增加,而且易进到呼吸道的深层部位而增加毒性作用;挥发性越大,危害性越大。一般情况下,毒物沸点与空气中毒物浓度和危害程度成反比。

(3)毒物剂量。毒物进入人体内需要达到一定剂量才会引起中毒。在生产条件下,与毒物在工作场所空气中的浓度和接触时间有密切关系。

(4)毒物联合作用。在生产环境中,毒物往往不是单独存在的,而是与其他毒物共存,同时对人体产生毒性作用,可表现为相加作用、相乘作用、拮抗作用。

(5)生产环境与劳动条件。生产环境的温度、湿度、气压、气流等能影响毒物的毒性作用。高温可促进毒物挥发,增加人体吸收毒物的速度;湿度可促使某些毒物(如氯化氢、氟化氢)的毒性增加;高气压可使毒物在体液中的溶解度增加;劳动强度增大时,人体对毒物更敏感,或吸收量加大。

(6)个体状态。接触同一剂量的毒物,不同个体所出现的反应不同。引起这种差异的个体因素包括健康状况、年龄、性别、营养、生活习惯和对毒物的敏感性等。一般情况下,未成年人和妇女生理变动期(经期、孕期、哺乳期)对某些毒物敏感性较高。烟酒嗜好往往增加毒物的毒性作用。

(三)毒物作用于人体的危害表现

(1)局部刺激和腐蚀。如人接触氨气、氯气、二氧化硫等,可出现流泪、睁不开眼、鼻痒、鼻塞、咽干、咽痛等表现,这是因为这些气体有刺激性,严重时可出现剧烈咳嗽、痰中带血、胸闷、胸痛。高浓度的氨、硫酸、盐酸、氢氧化钠等酸碱物质,还可腐蚀皮肤、黏膜,引起化学灼伤。

(2)中毒。如长期吸入汞蒸气,可出现头痛、头晕、乏力、倦怠、情绪不稳等全身症状,还可能有流涎、口腔溃疡、手颤等体征,实验室检查有尿汞高,这一切综合到一个人身上,就造成了汞中毒。中毒有急性、慢性之分,也可能以身体某个脏器损害为主,表现形式多种多样。此外,有的化学物质长期接触后,会造成怀孕女工自然流产、后代畸形;有的会增加群体肿瘤的发病率;有的改变免疫功能等。

三、红外线、紫外线辐射

(一)红外线

在作业环境中,加热金属、熔融玻璃、强发光体等可成为红外线辐射源,在水利水电建设工程过程中焊接工最易受到红外线辐射。

红外线引起的白内障是长期受到炉火或加热红外线辐射而引起的职业病,其原因是红外线所致晶状体损伤,职业性白内障已列入职业病名单。

(二)紫外线

生产环境中,物体温度达 1 200 ℃以上热辐射的电磁波谱中可出现紫外线。随着物体温度的升高,辐射的紫外线频率增高。常见的辐射源有冶炼炉(高炉、平炉、电炉)、电焊、氧乙炔气焊、氩弧焊、等离子焊接等。

紫外线对皮肤作用能引起红斑反应。强烈的紫外线辐射作用可引起皮炎,皮肤接触沥青后再经紫外线照射,能发生严重的光感性皮炎,并伴有头痛、恶心、体温升高等症状。长期受紫外线作用,可发生湿疹、毛囊炎、皮肤萎缩、色素沉着,甚至可发生皮肤癌。在作业场所比较多见的是紫外线对眼睛的损伤,即由电弧光照射所引起的职业病(电光性眼炎)。此外,在雪地作业、航空航海作业时,受到大量太阳光中紫外线照射,可引起类似电光性眼炎的角膜、结膜损伤,称为太阳光眼炎或雪盲症。

四、噪声

噪声可引起人头疼、头晕、心悸、血压波动、情绪不稳、视觉反应时间延长等反应,影响安全生产,严重的可对听力造成损伤。

(一)生产性噪声的分类

生产性噪声可分为空气动力噪声、机械性噪声和电磁性噪声三类。

(1)空气动力噪声是由气体压力变化引起气体扰动,以及气体与其他物体相互作用所致,如各种风机、空气压缩机、风动工具、喷气发动机和汽轮机等,由于压力脉冲和气体排放发出的噪声。

(2)机械性噪声是由于机械撞击、摩擦或质量不平衡旋转等机械力作用引起固体部件振动所产生的噪声,如各种车床、电锯、电刨、球磨机等发出的噪声。

(3)电磁性噪声是由磁场脉冲、磁致伸缩引起电气部件振动所致,如电磁式振动台和振荡器大型电动机、发电机和变压器等产生的噪声。

(二)生产性噪声的特性

生产性噪声一般声级较高,有的作业地点可高达 120~130 dB(A)。据调查,我国生产场所的噪声声级超过 90 dB(A)的占 32%~42%,中高频噪声所占比例最大。

(三)生产性噪声的危害

由于长时间接触噪声导致的听阈升高且不能恢复到原有水平的称为永久性听力阈移,临床上称为噪声聋。噪声不仅对听觉系统有影响,对非听觉系统,如神经系统、心血管系统、内分泌系统、生殖系统及消化系统等都有影响。

五、振动

(一)产生振动的机械

生产设备、工具产生的振动称为生产性振动。在水利水电建设过程中,产生振动的机械主要有冲压机、压缩机、振动机、振动筛、送风机、振动传送带、打夯机等。

(二)振动的危害

振动对人的神经系统、心血管系统、骨骼肌肉系统、听觉器官、免疫系统都有影响,如皮肤感觉迟钝,触觉、痛觉减退,心动过缓,肌无力、肌纤维颤动,免疫球蛋白改变等。

在生产中,手臂振动所造成的危害较为明显和严重,国家已将手臂振动病列为职业病。存在手臂振动的生产作业主要有下列几类:

(1)操作锤打工具,如操作凿岩机、空气锤、筛选机、风铲、捣固机和铆钉机等。

(2)手持转动工具,如操作电钻、风钻、喷砂机、金刚砂抛光机和钻孔机等。

(3)使用固定轮转工具,如使用砂轮机、抛光机、球机和电锯等。

(4)驾驶交通运输车辆和使用农业机械,如驾驶汽车、使用脱粒机等。

六、异常气象条件

(一)异常气象条件下的作业类型

1. 高温作业

水利水电工程建设施工多为野外作业,易受太阳的辐射作用和地面及周围物体的热辐射。高温作业对机体的影响主要是体温调节和人体水盐代谢的紊乱,机体内多余的热不能及时散发掉,产生蓄热现象而使体温升高。在高温作业条件下大量出汗,可使体内水分和盐大量丢失。一般生活条件下出汗量为每日 6 L 以下,高温作业工人日出汗量可达 8~10 L,甚至更多。汗液中的盐主要是氯化钠和少量钾,大量出汗可引起体内水盐代谢紊乱,对循环系统、消化系统、泌尿系统都可造成一些不良影响。

2. 低温作业

水利水电工程建设过程中接触低温环境主要见于冬天在寒冷地区从事野外作业。在低温环境中,皮肤血管收缩以减少散热,内脏和骨骼肌血流增加,代谢加强,骨骼肌收缩产热,以保持正常体温。如时间过长,超过了人体耐受能力,体温逐渐降低。全身过冷会使机体免疫力和抵抗力降低,易患感冒、肺炎、肾炎、肌痛、神经痛、关节炎等,甚至可导致冻伤。

3. 高气压作业

水利水电工程建设过程中高气压作业主要有潜水作业和潜涵作业。潜水作业常见于水下施工、沉船打捞等。潜涵作业主要出现于修筑地下隧道或桥墩等,工人在地下水位以下的深处或沉降于水下的潜涵内工作,为排出涵内的水,需通入较高压力的高压气。

高气压对机体的影响,在不同阶段表现不同。在加压过程中,可引起耳充塞感、耳鸣、头晕等,甚至造成鼓膜破裂。在高气压作业条件下,欲恢复到常压状态时,有个减压过程,在减压过程中,如果减压过速,则可引起减压病。

4. 低气压作业

高空、高山、高原均属低气压环境，在这类环境中进行运输、勘探、筑路等生产活动，属低气压作业。低气压作业对人体的影响主要是由于低氧性缺氧而引起的损害，如高原病。

(二) 异常气象条件引起的职业病

1. 中暑

中暑是高温作业环境下发生的一类疾病的总称，是机体散热机制发生障碍的结果。按病情轻重可分为先兆中暑、轻症中暑、重症中暑。重症中暑可出现晕倒或痉挛，皮肤干燥无汗，体温在 40 ℃以上等症状。

2. 减压病

急性减压病主要发生在潜水作业后，减压病的症状主要表现为皮肤奇痒、灼热感、紫绀、大理石样斑纹，肌肉、关节和骨骼酸痛或针刺样剧烈疼痛，头痛、眩晕、失明、听力减退等。

3. 高原病

高原病是发生于高原低氧环境下的一种疾病。急性高原病分为三种类型：急性高原反应、高原肺水肿、高原脑水肿等。

职业危害因素包括职业活动中存在的各种有害化学、物理、生物因素以及其他职业有害因素。有关学者等根据规范要求和相关依据，对照《职业病危害因素分类目录》，制定了水利行业职业危害因素辨识表（见表 5-1）。

表 5-1 水利行业职业危害因素辨识表

类别	名称	CAS 号	涉及职业病
粉尘	矽尘(游离 SiO_2 含量≥10%)	14808-60-7	矽肺
	电焊烟尘		尘肺
	木粉尘		尘肺
	其他粉尘		铝尘肺
化学因素	锰及其化合物	7439-96-5（锰）	慢性锰中毒及其他症状
	汞及其化合物	7439-97-6（汞）	汞及其化合物中毒及其他症状
	氯气	7782-50-5	氯气中毒及其他症状
	氮氧化合物		氮氧化物中毒及其他症状
	一氧化碳	630-08-0	一氧化碳中毒及其他症状
	硫化氢	7783-6-4	硫化氢中毒及其他症状
	苯	71-43-2	慢性苯中毒、苯致白血病及其他症状
	甲苯	108-88-3	甲苯中毒及其他症状

续表 5-1

类别	名称	CAS 号	涉及职业病
化学因素	二甲苯	1330-20-7	二甲苯中毒及其他症状
	氢氧化钠	1310-73-2	化学性皮肤灼伤及其他症状
	丙酮	67-64-1	急性中毒及其他症状
	臭氧	10028-15-6	急性化学物中毒性呼吸系统疾病及其他症状
	N,N-二甲基甲酰胺	68-12-2	急性中毒及其他症状
	过氧化氢	7722-84-1	中毒及其他症状
物理因素	噪声		噪声聋及其他症状
	高温		中暑等其他症状
	振动		手臂振动病及其他症状
	紫外线		电光性眼炎、电光性皮炎等症状
	红外线		职业性白内障及其他症状
放射性因素	X 射线装置(含 CT 机)产生的电离辐射		放射性疾病及其他症状

第三节　水利水电工程建设职业危害预防措施

一、粉尘危害的预防控制措施

(一)组织措施

用人单位应设置或制定职业卫生管理机构或组织,配备专职或兼职的职业卫生专业人员负责本单位的粉尘治理工作。有条件的单位应设置专职测尘人员,按照规范定时、定点检测;并定期由取得资质认证的卫生技术机构进行检测,评价劳动条件的改善情况和技术措施的效果;加强职业安全卫生知识的培训,指导并监督工人正确使用有效的个人防护用品;制定卫生清扫制度防止二次污染,从组织上保证防尘工作的经常化。

(二)技术措施

(1)做好预评价和控制效果评价工作。职业病防治法中预防为主、防治结合的方针,要求防尘工作从基础做起,防护设备的投资列入项目预算,并与主体工程同时设计、同时施工、同时投入生产和使用。

(2)革新工艺、革新生产设备。在投资防尘设备时,要做到安全有效,切不可为节省投资而降低设备性能。此外,主要工作地点和操作人员多的工段置于车间内通风与空气较为清洁的上风向,有严重粉尘逸散的工段置于车间内下风向。

(3)湿式作业。它是一种经济易行、安全有效的防尘措施,在生产和工艺条件允许的条件下,应首先考虑采用。

(4)设备除尘。对于不能采用湿式作业的粉尘或产尘部位应采用设备除尘,包括密闭措施和通风除尘措施。

(三)卫生保健措施

(1)个人防护和个人卫生。在工作场所粉尘浓度不能达到国家标准的要求时,加强防护和个人卫生是防尘的一个重要辅助措施。粉尘相关工作人员按规定佩戴符合技术要求的防尘口罩、面具、头盔和防护服等防护用品,这是防止粉尘进入人体的最后一道防线。此外,还需要注意个人卫生。

(2)职业健康监护。职业监护工作是对劳动者的身体状况及受职业病危害因素影响后健康状况的动态观察,对职业危害的早期发现、早期预防和早期治疗具有重要意义。其包括上岗前健康检查、定期健康检查、离岗前健康检查和应急健康检查。

(四)档案管理工作

用人单位应建立健全劳动者健康监护档案。这些档案资料不仅是反映工作场所粉尘危害程度、作业工人健康状况的重要资料,也是评价用人单位落实职业病防治法和防尘工作的依据。

码 5-1　文档:劳动者职业健康监护档案

二、生产性毒物危害的预防控制措施

生产性毒物种类繁多、接触面广,接触人数庞大,职业中毒在职业病中占有较大比例。作业环境中的生产性毒物是职业中毒的病因,因此预防职业中毒必须采取综合治理措施,从根本上消除、控制或尽可能减少毒物对职工的侵害。应遵循"三级预防"原则,推行"清洁生产",重点做好"前期预防"。

码 5-2　文档:职业病"三级预防"的原则

具体预防措施可概括如下:

(1)用无毒或低毒原料代替有毒或高毒原料。

(2)尽量减少与有害化学品的接触时间和程度。

(3)对使用或产生有毒物质的作业,尽可能采取密闭生产或采用自动化操作。

(4)采用通风排毒技术或湿式作业等。

(5)建筑布局和生产设备布局合理,符合国家《工业企业设计卫生标准》(GBZ 1—2010)的要求。

(6)对接触有毒有害工作的工人,应定期进行筛查和卫生检测,通过健康监护及时发现高危人群,及早预防。做好个人防护和个人卫生。

(7)建立健全职业卫生管理制度。对生产部门领导和车间工程技术人员及作业工人进行职业卫生教育和上岗前培训。加强安全卫生管理,防止生产过程中有毒物质的跑、冒、滴、涌。

三、防红外辐射措施

(1)工人佩戴能吸收热量的特制防护眼镜,如红外线防护眼镜、双层镀铬 GRB 套镜。

(2)注意对早期红外线白内障工人定期随访治疗。

四、防紫外辐射措施

(1)建立安全生产制度,合理使用防护用品。

(2)改进生产工艺,采用自动焊接、无光焊接或半自动焊接。

(3)采用能吸收紫外线的防护面罩及眼镜,绿色镜片可同时防紫外、红外及可见光线。

(4)为防止其他工种的作业工人受紫外线照射,应设立专用焊接作业区或车间。

(5)在电焊作业车间,室内墙壁及屏蔽上涂黑色或深色的颜色,吸收或减少紫外线的反射。

(6)对不发射可见光的人工紫外线辐射源安装警告信号。

五、噪声危害的控制

对观察对象和轻度听力损伤者,应加强防护措施,一般不需要调离噪声作业环境。对中度听力损伤者,可考虑安排对听力要求不高的工作,对重度听力损伤及噪声聋者应调离噪声环境。对噪声敏感者应考虑调离噪声作业环境。

控制生产性噪声危害的措施可概括如下:

(1)具有生产性噪声的车间应尽量远离其他作业车间、行政区和生活区。噪声大的设备应尽量将噪声源与操作人员隔开;工艺允许远距离控制的,可设置隔声操作室。

(2)消除、控制噪声源。采用无声或低声设备代替高噪声的设备,合理配置声源,避免高、低噪声源的混合配置。

(3)控制噪声传播。采用吸声、隔声、消声、减振的材料和装置,阻止噪声的传播。

(4)个人防护。对生产现场的噪声控制不理想或特殊情况下的高噪声作业,个人防护用品是保护听觉器官的有效措施。如防护耳塞、耳罩、头盔等。

(5)健康监护。每工作日 8 h 暴露等效于声级大于 85 dB 的职工,应当进行基础听力测定和定期跟踪听力测定。对在岗职工进行定期的体检,以便在早期发现听力损伤。

(6)听力保护培训。企业应当每年对每工作日 8 h 暴露等效于声级大于 85 dB 作业场所的职工进行听力保护培训,包括噪声对健康的危害、听力测试的目的和程序、噪声实际情况及危害控制一般方法、使用护耳器的目的等。

六、防止振动危害措施

防止振动危害的主要措施如下:

(1)从工艺和技术上消除或减少振动源。

(2)限制接触振动的强度和时间。

(3)改善环境和作业条件。

(4)加强个人防护和健康管理。

七、防暑降温措施

(一)技术措施

(1)工艺流程的设计宜使操作人员远离热源,同时根据其具体条件采取必要的隔热降温措施。

(2)对高温厂房的平面、朝向、结构进行合理设计,加强通风效果。

(3)采取合理的通风,主要有自然通风和机械通风两种方式。

(二)保健措施和个人防护

(1)供给饮料和补充营养。由于高温作业工人大量排汗,应为工人供应含盐清凉饮料。

(2)加强健康监护。对高温作业工人加强健康监护、合理安排作息制度。

(3)加强个人防护,包括头罩、面罩、眼镜、衣裤和鞋袜等。提高工人的身体素质,控制和消除中暑,并减少高温对健康的远期作用。

(三)组织措施

严格执行高温作业卫生标准,合理安排作息,进行高温作业前的热适应锻炼。

八、异常气压危害的预防

(一)高气压危害预防

(1)技术革新,采取新工艺、新方法,以便工人可在水面上工作而不必进入高压环境。

(2)加强安全生产教育,使潜水员了解发病的原因及预防方法,使其严格遵守减压规程。

(3)切实遵守潜水作业制度,必须做到潜水技术保证、潜水供气保证和潜水医务保证,三者要密切配合。

(4)保健措施,工作前防止过度劳累,严禁饮酒,加强营养。作业前做好定期及潜水员下潜前的体格检查。

(二)低气压危害预防

(1)加强适应性锻炼,实施分段登高,逐步适应,初入高原者应减少体力劳动,以后视情况逐步增加。

(2)需供应高糖、多种维生素和易消化饮食,多饮水。

(3)对进入高原地区的人员,应进行全面体格检查。

第四节　水利水电工程建设职业健康管理

水利水电工程建设与运行中的职业健康工作,事关水利职工的切身利益,事关水治理现代化与社会和谐稳定,水利水电建设和运行中的职业健康管理工作刻不容缓。水利水电工程参建单位和水利水电生产经营管理单位应高度重视水利水电工程建设与运行中职业危害因素的辨识,采取必要措施保障水利职工的职业健康。水利水电工程建设各单位日常职业健康管理主要包括以下内容。

一、组织机构和规章制度建设

水利水电工程建设各单位最高决策者应承诺遵守国家有关职业病防治的法律、法规，设置或者指定职业卫生管理机构或者组织；配备专职或者兼职的职业卫生管理人员；职业病防治工作纳入法人目标管理责任制；制定职业病防治计划和实施方案；在岗位操作规程中列入职业健康相关内容；建立、健全职业卫生档案和劳动者健康监护档案；建立、健全工作场所职业病危害因素监测及评价制度；确保职业病防治必要的经费投入；进行职业危害申报。

二、前期预防管理

（一）职业危害申报

2012 年，国家安全生产监督管理总局颁布《职业病危害项目申报办法》（国家安监总局令第 48 号），要求用人单位（煤矿除外）工作场所存在职业病目录所列职业病的危害因素的，应当及时、如实向所在地安全生产监督管理部门申报危害项目，并接受安全生产监督管理部门的监督管理。申报职业病危害项目时，应当提交“职业病危害项目申报表”和下列有关资料：

码 5-3　文档：职业病危害项目申报表

（1）用人单位的基本情况。

（2）工作场所职业病危害因素种类、分布情况以及接触人数。

（3）法律、法规和规章规定的其他文件、资料。

（二）建设项目职业健康“三同时”管理

新建、改建、扩建和技术改造、技术引进建设项目可能产生职业病危害的，建设单位应当按照有关规定，在可行性论证阶段进行职业病危害预评价，组织职业病危害预评价报告的评审。建设项目的职业病防护设施应当与主体工程同时设计、同时施工、同时投入生产和使用，职业病防护设施所需费用应当纳入建设项目工程预算。存在职业病危害的建设项目，建设单位应当在施工前按照职业病防治有关法律、法规、规章和标准的要求，进行职业病防护设施设计，并组织职业病防护设施设计的评审。建设项目在竣工验收前或者试运行期间，建设单位应当进行职业病危害控制效果评价，并组织职业病危害控制效果评价报告的评审。在职业病防护设施验收前，建设单位应编制验收方案，验收前 20 日将验收方案向管辖该建设项目的安全生产监督管理部门进行书面报告，组织职业病防护设施的验收，验收合格后，方可投入生产和使用。

三、建设过程中的防护与管理

（一）材料和设备管理

材料和设备管理主要管理工作内容包括：优先采用有利于职业病防治和保护劳动者健康的新技术、新工艺和新材料；不使用国家明令禁止使用的可能产生职业危害的设备和材料；不采用有危害的技术、工艺和材料，不隐瞒其危害；在可能产生职业危害的设备醒目位置，设置警示标识和中文警示说明；使用可能产生职业危害的化学品，要有中文说明书；

使用放射性同位素和含有放射性物质、材料的，要有中文说明书；不将职业危害的作业转嫁给不具备职业病防护条件的单位和个人；不接受不具备防护条件的有职业危害的作业。

（二）作业场所管理

作业场所管理主要管理工作内容包括：职业危害因素的强度或者浓度应符合国家职业卫生标准要求；生产布局合理，设置与职业危害防护相适应的卫生设施，施工现场的办公、生活区与作业区分开设置，并保持安全距离；膳食、饮水、休息场所等应符合卫生标准，在生产生活区域设置卫生清洁设施和管理保洁人员；对存在粉尘、有害物质、噪声、高温等职业危害因素的场所和岗位，应制定专项防控措施，并按规定进行专门管理和控制；明确具有职业危害的有关场所和岗位，制定专项防控措施，进行专门管理和控制；对可能发生急性职业损伤的有毒、有害工作场所，应设置报警装置、标识牌、应急撤离通道和必要的泄险区，制定应急预案，配置现场急救用品、设备；施工区内起重设施、施工机械、移动式电焊机及工具房、空压机房、电工值班房等应符合职业卫生、环境保护要求。对产生严重职业病危害的作业岗位，应当在其醒目位置，设置警示标识和中文警示说明。警示说明应当载明产生职业病危害的种类、后果、预防以及应急救治措施等内容。

（三）作业环境管理和职业危害因素检测

作业环境管理和职业危害因素检测主要管理工作内容包括：制定职业危害场所检测计划，定期对职业危害场所进行检测，并将检测结果公布、归档。

码 5-4　文档：职业危害防护设施台账

（四）防护设备设施和个人防护用品

防护设备设施和个人防护用品主要管理工作内容包括：配备符合国家或者行业标准的劳动防护用品；职业危害防护设施台账齐全；职业危害防护设施配备齐全；职业危害防护设施有效；有个人职业危害防护用品计划，并组织实现；按标准配备符合防治职业病要求的个人防护用品；有个人职业危害防护用品发放登记记录；及时维护、定期检测职业危害防护设备、应急救援设施和个人职业危害防护用品。

（五）履行告知义务

履行告知义务主要管理工作内容包括：在醒目位置公布有关职业病防治的规章制度；签订劳动合同，并在合同中载明可能产生的职业危害及其后果，载明职业危害防护措施和待遇；在醒目位置公布操作规程，公布职业危害事故应急救援措施，公布作业场所职业危害因素监测和评价的结果，告知劳动者职业病健康体检结果；对于患职业病或有职业禁忌证的劳动者，企业应告知本人。

（六）职业健康监护

职业健康监护是职业危害防治的一项主要内容。通过健康监护不仅起到保护员工健康、提高员工健康素质的作用，而且便于早期发现疑似职业病病人，使其早期得到治疗。

职业健康监护的主要管理工作内容包括：按职业卫生有关法规标准的规定组织接触职业危害的作业人员进行上岗前职业健康体检；按规定组织接触职业危害的作业人员进行在岗期间职业健康体检；按规定组织接触职业危害的作业人员进行离岗职业健康体检；禁止有职业禁忌证的劳动者从事其所禁忌的职业活动；调离并妥善安置有职业健康损害

的作业人员；未进行离岗职业健康体检，不得解除或者终止劳动合同；职业健康监护档案应符合要求，并妥善保管；无偿为劳动者提供职业健康监护档案复印件。

《职业健康监护技术规范》（GBZ 188—2014）对接触各种职业危害因素的作业人员职业健康体检周期与体检项目给出了具体规定。

（七）职业健康培训

职业健康培训主要管理工作内容包括：主要负责人、管理人员应接受职业健康培训，对上岗前的劳动者进行职业健康培训，定期对劳动者进行在岗期间的职业健康培训。

（八）职业危害事故的应急救援、报告与处理

职业危害事故的应急救援、报告与处理主要管理工作内容包括建立健全职业危害应急救援预案，应急救援设施应完好，定期进行职业危害事故应急救援预案的演练。发生职业危害事故时，应当及时向所在地安全生产监督管理部门和有关部门报告，并采取有效措施，减少或者消除职业危害因素，防止事故扩大。对遭受职业危害的从业人员，及时组织救治，并承担所需费用。

四、职业病诊断与病人保障

职业病诊断与病人保障主要管理工作内容包括：发现职业病病人或者疑似职业病病人时，及时向卫生行政部门和安全生产监督管理部门报告；向所在地劳动保障行政部门报告职业病患者；积极安排劳动者进行职业病诊断和鉴定；安排疑似职业病患者进行职业病诊断；安排职业病患者进行治疗，定期检查与康复；调离并妥善安置职业病患者；如实向职工提供职业病诊断证明及鉴定所需要的资料等。

第五节　案例分析

一、某水电站致4人死亡较大中毒窒息事故

（一）事故过程

2013年11月29日9:16许，某水电站（又称坝后电站）2号机组水轮机进行年度例行检修过程中，发生一起较大中毒窒息事故，造成4人死亡，直接经济损失260余万元。

2013年11月29日8:30左右，管理处副主任兼某水电站站长李某海电话请示管理处副主任李某伟（负责管理处全面工作）同意，带领电站职工邱某成、陈某国、李某兴、刘某强4人对水电站2号机组水轮机进行年度例行检修（因2号机组高程低，须从1号机组水轮机蜗室进人孔进入引水涵管中，将2号机组的引水涵管岔口堵住，方可对2号机组进行检修）。邱某成、陈某国用扳手将1号机组水轮机蜗室进人孔封闭盖（70 cm×70 cm）打开，将长约7 m的竹梯放入到水轮机蜗室底部（水深约1 m），李某兴从电站值班室拿来电风扇，向蜗室吹风通气（据李某海反映吹了15~20 min），李某海电话通知管理处职工陈某浩对大坝闸门进行调整，控制水流。8:50左右，邱某成想下去蜗室涵管内作业，李某海叫邱某成、陈某国、李某兴、刘某强等一下，并安排李某兴去对2号机组电线进行标号。李某海交代完后，就到电站值班室拿手电筒和卫生纸。9:00许，李某海从值班室出来，发现邱

某成已下到蜗室涵管内，陈某国、刘某强站在进人孔上面观察。过了约 2 min，陈某国看见邱某成脸朝上浮在水面，从引水涵管内慢慢漂浮出来。陈某国马上下到蜗室拉邱某成，因拉不动，叫人下来帮忙；李某海叫刘某强、李某兴不要再下去了，就到 2 号机组下面去拿绳子（电线）。约 2 min，李某兴发现陈某国也晕倒，怀疑是触电，李某海急忙将电站内的电闸及电站门外的变压器总闸关闭（整个过程用时约 10 min），回到电站内后，发现李某兴、刘某伟强也不在上面了，李某海从进人孔往下看，看到有人浮在水面上。9:16 左右，李某海分别打电话报告管理处李某伟、赖某杰副主任（分管管理处安全生产工作）。过了 2~3 min，赖某杰、陈某浩赶到现场，李某海叫赖某杰、陈某浩赶快打电话报警、叫救护车，赖某杰立即打电话给卫生院和派出所。9:26 左右，李某伟赶到现场，并立即向市水务局局长、分管副局长、办公室主任分别报告事故发生情况。接着李某伟脱下外衣和鞋袜，沿竹梯下到蜗室施救，闻到异味，感到头晕，就赶快撤回。随后李某伟、李某海等用电线绑住陈某浩腰部，让陈某浩沿竹梯下去救人，也感到头晕，赶快将陈某浩拉上来，发现陈某浩脸色苍白，只好放弃人工下去的施救方法。李某海随后找来长约 6 m 带钩的水管，钩住受害人员的裤腰带或衣服，依次将邱某成、刘某强、李某兴、陈某国从蜗室内拉到地面。9:22 许，镇卫生院接到急救电话。9:28 左右，镇卫生院 3 名医护人员赶到现场，立即对受伤人员采取了胸外心脏按压、心肺复苏等措施救治。随后，市人民医院 3 辆急救车赶到现场，将受伤人员紧急送往市人民医院抢救，于 11:50~12:40 陆续宣告 4 人抢救无效死亡。

（二）事故原因

1. 直接原因

（1）吸入沼气中含有的窒息性气体及环境缺氧。2013 年 11 月 29 日 15:00 左右，某市环境监测站、某市职业病防治院、某市职业病防治所技术人员携带相关检测仪器对事发电站 1 号机组水轮机蜗室内气体进行了检测，检测结果为甲烷 92.3 mg/m^3、二氧化碳 7 393 mg/m^3、一氧化碳 1.7 mg/m^3、氨气小于 0.76 mg/m^3、氧气含量 19.3%。水轮机蜗室内空气中甲烷、二氧化碳含量较高，含氧量较低。结合电站水源水体富营养化现象明显，在水轮机蜗室密闭空间内经过长时间发酵，可产生甲烷、二氧化碳、一氧化碳、硫化氢等有毒有害气体。2013 年 12 月 17 日至 2014 年 1 月 4 日，市公安局刑事侦查大队技术中队分别对 4 具死者尸体进行尸表检验（死者家属都拒绝解剖检验），头部、面部、颈部、躯干、四肢均未见明显外伤痕，排除机械性暴力打击致死。

（2）未按照有限空间危险作业场所先检测、后作业的要求规范操作。

（3）作业人员未采取有效防护措施。

（4）现场作业人员施救方法不当，加大了事故后果。

2. 间接原因

（1）管理处安全管理制度不健全，制度落实不到位，没有制定有限空间作业安全生产管理规章制度和操作规程，特别是“两票三制”制度不落实，导致长期以来电站有限空间作业检修工作流程不规范、随意性大。

（2）管理处安全教育培训工作不落实。未制定本单位安全教育培训计划、方案，未开展经常性安全教育，没有任何的教育培训记录。

（3）管理处检修工作组织混乱，准备工作不充分。未按照“先通风、先检测、后作业”

的原则进行前期准备工作,打开后只进行了短暂吹风,通风后未能对有限空间进行检测就开始作业,准备工作不充分。

(4)管理处防护用品配备不足。未配备检测、防护面具等有针对性的防护用品。

(5)管理处干部职工安全意识淡薄。从2012年开始,该电站蜗室、涵管内的气体较之前就发生了一定变化,异味较浓;2013年5—6月工人进入蜗室、涵管内作业时,蜗室、涵管内的异味比之前更浓,但未引起足够重视。

(6)某市水务局对监管行业企业隐患排查治理不到位。对水质污染没有引起足够重视,电站管理混乱、操作不规范、制度不落实、防护用品不足等问题没有及时督促整改。

(7)某市某镇镇政府开展安全生产大检查不深入、不细致,对辖区企业底数不清,没有按"全覆盖、零容忍、严执法、重实效"的要求进行检查。

(8)某市人民政府对水库环境污染整治力度不大,造成水库上游及周边畜牧养殖、水上植物(水浮莲)长期存在,导致水质变化严重。

(三)事故追责

1.建议依法追究刑事责任人员

李某海,某水库工程管理处副主任兼该水电站站长,现场冬修冬检负责人及监护人,在作业过程中组织混乱、违反操作规程、施救不当,造成4人死亡的较大生产安全责任事故。于2013年11月29日被某镇派出所控制,涉嫌重大责任事故罪,建议追究其刑事责任。

2.建议给予政纪处分人员

(1)李某伟,2013年1月任该水库工程管理处副主任(负责全面工作)。未建立健全本单位安全生产规章制度和操作规程,未配备并建立进入有限空间危险作业的安全设施(检测检验设备)和监管制度,未认真履行进入有限空间危险作业审批手续,未按规定认真组织本单位作业的负责人和从业人员安全生产培训和教育,未认真组织开展本单位事故隐患排查工作。对事故发生负有主要领导责任,建议给予撤职处分。

(2)赖某杰,该水库工程管理处副主任(负责管理处安全生产工作)。未认真组织开展本单位事故隐患排查工作,未认真组织本单位从业人员安全生产教育培训,未认真履行本单位安全生产工作的检查、指导、监督职责。对事故发生负有主要领导责任,建议给予撤职处分。

(3)何某伟,某市水务局局长。未认真组织开展水利水电工程管理和安全隐患排查工作,对水库污染影响水质变化问题没有引起足够重视,对分管领导和内设部门未认真履行职责的问题,督促检查不到位。对事故发生负有领导责任,建议给予行政警告处分。

(4)刘某强,某市水务局副局长,分管安全生产工作。未认真组织、指导、督促本部门业务股(室)、本行业领域开展安全生产检查工作,对某水库及水电站安全生产工作指导不到位,对该电站管理混乱、制度不落实、事故隐患排查不彻底、不到位等问题整改不到位。对事故发生负有主要领导责任,建议给予行政记过处分。

(5)余某文,某市水务局副局长,分管农电管理股。未认真组织、指导、督促业务股开展本行业领域安全生产检查工作,对某水库及水电站事故隐患排查指导不到位。对事故发生负有主要领导责任,建议给予行政记大过处分。

(6)陈某凌,某市水务局农电管理股股长。对水电站生产安全工作检查指导不到位、不深入,未发现该电站管理混乱、制度不落实、检修中长期操作不规范等安全隐患。对事故发生负有监督管理不到位责任,建议给予行政降级处分。

(7)唐某鹏,某市某镇人民政府镇党委书记,对镇安全生产工作负总责。对镇安全生产工作检查、督促、指导不到位,镇政府没有按全覆盖要求开展安全生产大检查。对事故发生负有领导责任,建议给予党内警告处分。

(8)吴某光,某市某镇人民政府党委副书记、镇长,对全镇安全生产工作全面负责。对镇安全生产检查、督促、指导不到位,镇政府没有按全覆盖要求开展安全生产大检查,对辖区企业安全生产隐患排查不到位。对事故发生负有领导责任,建议给予行政记过处分。

(9)李某荣,某市某镇人民政府党委常委,分管安全生产工作。对辖区企业未按全覆盖要求认真开展安全生产检查督查,企业底数不清,隐患排查不到位。对事故发生负有领导责任,建议给予行政记过处分。

(10)张某英,某市某镇人民政府安监所所长,负责镇行政服务中心和安监所工作。对辖区企业检查、隐患排查不到位。对事故发生负有监管不到位责任,建议给予行政警告处分。

(11)陈某飞,某市人民政府副市长,分管农、林、水工作。对分管工作检查指导不到位,对水库水质污染重视不够。对事故发生负有领导责任,建议给予行政警告处分。

二、电焊工岗位事故案例

(一)事故经过

2003 年 10 月,上海港局某机械加工厂电焊车间承担一批急需焊接的零部件。当时车间有专业电焊工 3 名,因交货时间较紧,3 台手工焊机要同时开工。由于有的零部件较大,有的需要定位焊接,电焊工人不能独立完成作业,必须他人协助才行。车间主任在没有配发任何防护用品的情况下,临时安排 3 名其他工人(金工)辅助电焊工操作。电焊车间约 40 m^2,高 10 m,3 台焊机同时操作,3 名辅助工在焊接时需要上前扶着焊件,电光直接照射眼睛和皮肤,他们距离光源大约 1 m,每人每次上前 30~60 min 不等。工作了半天,下班回家不到 4 h,除电焊工佩戴有防护用品没有任何部位灼伤外,3 名辅助工的眼睛、皮肤都先后出现了症状,其情况报告如下:

3 名辅助工均为男性,年龄为 25~40 岁。当电光灼伤 4 h 出现眼睛剧痛、怕光、流泪、上下肢皮肤有灼热感,痛苦难忍,疼痛剧烈,即日下午到医院救治。检查发现 3 人两眼球结膜均充血、水肿,面部、颈部等暴露部位的皮肤表现为界限清楚的水肿性红斑,其中 1 名辅助工穿着背心短裤上前操作,结果肩部、两颈及两腿内侧均出现大面积水泡,并且有部分已脱皮。3 人均按烧伤给予对症处理。主要采用局部用药和脱离现场休息等处理措施。眼部症状经治疗 2 d 痊愈,视力恢复。皮肤灼伤部位经门诊治疗痊愈,未留任何疤痕。

(二)事故原因

该车间属于专业车间,由机械厂统一安排生产。该厂领导在生产任务重的情况下,没有充分考虑车间实际情况,而一味要求按时完成任务,致使车间主任盲目组织,在辅助工没有任何防护用品的情况下作业，违反了《中华人民共和国职业病防治法》第二十八、二十九、三十六条规定。

尽管电光对眼睛、皮肤的灼伤在短期内可以治愈，但它给工人带来的痛苦确实极大，如果多次灼伤可以影响视力。此外，还有些毒物对机体的损伤是不可逆转的，可以给工人造成终身残疾。所以，在任何时候对工人的防护都是不可忽视的，这一点必须引起单位领导、职工个人、职业卫生管理人员的高度重视。

（三）防范措施

（1）严格按章作业，杜绝“三乎”“三惯”思想。

（2）配好劳动保护装备，如面罩、电焊手套、脚盖、眼镜等。

（3）严禁站在工件上焊接，如有需要采取绝缘措施。

（4）杜绝“三违”，做到自保互保。

（5）加强专业技能学习，提升责任心和业务技能。

第六章 水利水电工程应急管理

水利水电工程建设过程复杂,涉及危险源众多,可能发生大面积脚手架坍塌、火灾、爆炸、洪水、滑坡等事故。这些事故一旦发生,往往造成惨重的人身伤亡、财产损失和环境破坏。同时,施工现场存在一些常见事故,如高处坠落、物体打击、机械伤害、坍塌、触电等,这些事故发生后,如未进行及时有效抢救,同样造成严重后果。为了防止在水利水电工程建设过程中发生重大人身伤亡事故、设备事故及对社会有严重影响的其他事故,保证水利水电工程建设安全顺利进行,水利水电工程建设项目应在当地水行政主管部门、流域管理机构的指导下,根据应急救援相关法律法规,加强应急管理工作,建立有效的事故应急救援体系。

第一节 应急管理概述

一、基本概念

"应急管理"是指政府、企业以及其他公共组织,为了保护公众生命财产安全,维护公共安全、环境安全和社会秩序,在突发事件事前、事发、事中、事后所进行的预防、响应、处置、恢复等活动的总称。

近几十年,在突发事件应对实践中,世界各国逐渐形成了现代应急管理的基本理念,主要包括如下十大理念:

理念一:生命至上,保护生命安全成为首要目标。

理念二:主体延伸,社会力量成为核心依托。

理念三:重心下沉,基层一线成为重要基石。

理念四:关口前移,预防准备重于应急处置。

理念五:专业处置,岗位权力大于级别权力。

理念六:综合协调,打造跨域合作的拳头合力。

理念七:依法应对,将应急管理纳入法治化轨道。

理念八:加强沟通,第一时间让社会各界知情。

理念九:注重学习,发现问题比总结经验更重要。

理念十:依靠科技,从"人海战术"到科学应对。

这些理念代表了目前应急管理的发展方向,对水利工程的应急管理有着重要的启发作用。

2003 年"非典"之后,我国更加注重应急管理,2006 年国务院出台了《关于全面加强应急管理工作的意见》(国发〔2006〕24 号),2007 年 8 月出台了《中华人民共和国突发事件应对法》。此外,《安全生产法》《建筑工程安全生产管理条例》等均对应急管理有明确的规定。

二、基本任务

(1)预防准备。应急管理的首要任务是预防突发事件的发生,要通过应急管理预防行动和准备行动,建立突发事件源头防控机制,建立健全应急管理体制、制度,有效控制突发事件的发生,做好突发事件应对准备工作。

(2)预测预警。及时预测突发事件的发生并向社会预警是减少突发事件损失的最有效措施,也是应急管理的主要工作。采取传统与科技手段相结合的办法进行预测,将突发事件消除在萌芽状态。一旦发现不可消除的突发事件,及时向社会预警。

(3)响应控制。突发事件发生后,能够及时启动应急预案,实施有效的应急救援行动,防止事件的进一步扩大和发展,是应急管理的重中之重。特别是发生在人口稠密区域的突发事件,应快速组织相关应急职能部门联合行动,控制事件继续扩展。

(4)资源协调。应急资源是实施应急救援和事后恢复的基础,应急管理机构应在合理布局应急资源的前提下,建立科学的资源共享与调配机制,有效利用可用的资源,防止在应急过程中出现资源短缺的情况。

(5)抢险救援。确保在应急救援行动中及时、有序、科学地实施现场抢救,安全转送人员,以降低伤亡率、减少突发事件损失,这是应急管理的重要任务。尤其是突发事件具有突然性,发生后的迅速扩散以及波及范围广、危害性大的特点,要求应急救援人员及时指挥和组织群众采取各种措施进行自身防护,并迅速撤离危险区域或可能发生危险的区域,同时在撤离过程中积极开展公众自救与互救工作。

三、应急管理的内涵

应急管理是一个动态的过程,包括预防、准备、响应和恢复四个阶段。在实际情况中,这些阶段往往是交叉的,但每一阶段都有自己明确的目标,并且成为下个阶段内容的一部分。预防、准备、响应和恢复相互关联,构成了应急管理的循环过程。应急管理的阶段如图 6-1 所示。

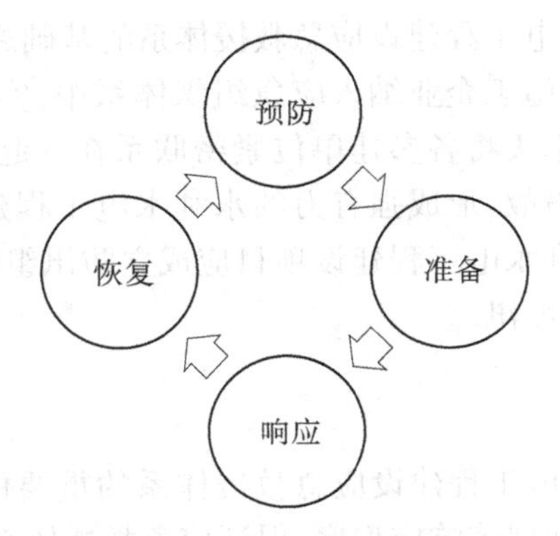

图 6-1 应急管理的阶段

在应急管理中，预防有两层含义：第一层是事故的预防工作，即通过安全管理和安全技术等手段，尽可能地防止事故的发生，实现本质安全化；第二层是在假定事故必然发生的前提下，通过预先采取的预防措施，达到降低或减缓事故的影响或后果严重程度。水利水电工程建设参建各方应高度重视事故预防工作，防患于未然。

预防阶段主要工作内容为：危险源辨识、风险评价、风险控制。准备的目标是保障事故应急救援所需的应急能力，准备阶段的主要工作内容为编制应急预案建立预警系统、进行应急培训和应急演练、与政府部门及社会救援组织签订应急互助协议等。响应的目的是通过发挥预警、疏散、搜寻和营救以及提供避难场所和医疗服务等紧急事务功能，及时抢救受害人员，保护可能受到威胁的人群；尽可能控制并消除事故，最大限度地减少事故造成的影响和损失，维护社会稳定和人民生命财产安全。响应阶段的主要工作内容为事故预警与通报、启动应急预案、展开救援行动、进行事态控制等。恢复工作应在事故发生后立即进行，应首先使事故影响地区恢复至相对安全的基本状态，然后继续努力逐步恢复到正常状态。要求立即开展的恢复工作包括事故损失评估、事故原因调查、清理废墟等；长期恢复工作包括受影响区域重建和再发展以及实施安全减灾计划。恢复阶段主要工作内容为影响评估、清理现场、常态恢复、预案复查等。

第二节　水利水电工程建设应急救援体系

构建水利水电工程建设应急救援体系，应贯彻顶层设计和系统论的思想，以事故为中心，以功能为基础，分析和明确应急救援工作的各项需求，在应急能力评估和应急资源统筹安排的基础上，科学地建立规范化、标准化的应急救援体系。水利水电工程建设应急救援体系主要由组织体系、运作机制、保障体系、法规制度等部分组成。水利水电工程建设应急救援体系框架如图6-2所示。

码6-1　PPT：生产安全事故的应急救援与调查处理

一、应急组织体系

应急组织体系是水利水电工程建设应急救援体系的基础之一。水利水电工程建设项目应将项目法人、监理单位、施工企业纳入应急组织体系中，实现统一指挥、统一调度、资源共享、共同应急项目法人牵头将各参建单位紧密联系在一起，明确各参建单位职责，明确相关人员职责，共同应对事故，形成强有力的水利水电工程建设应急组织体系，提升施工现场应急能力。同时，水利水电工程建设项目应成立防汛组织机构，以保证汛期抗洪抢险、救灾工作有序进行，安全度汛。

二、应急运作机制

应急运作机制是水利水电工程建设应急救援体系的重要保障，目标是加强应急救援体系内部的应急管理，明确和规范响应程序，保证应急救援体系运转高效、应急反应灵敏，取得良好的抢救效果。水利水电工程建设应急运作机制始终贯穿于预防、准备、响应和恢复这四个阶段的应急活动中，应急机制与这四个阶段的应急活动密切相关。涉及事故应

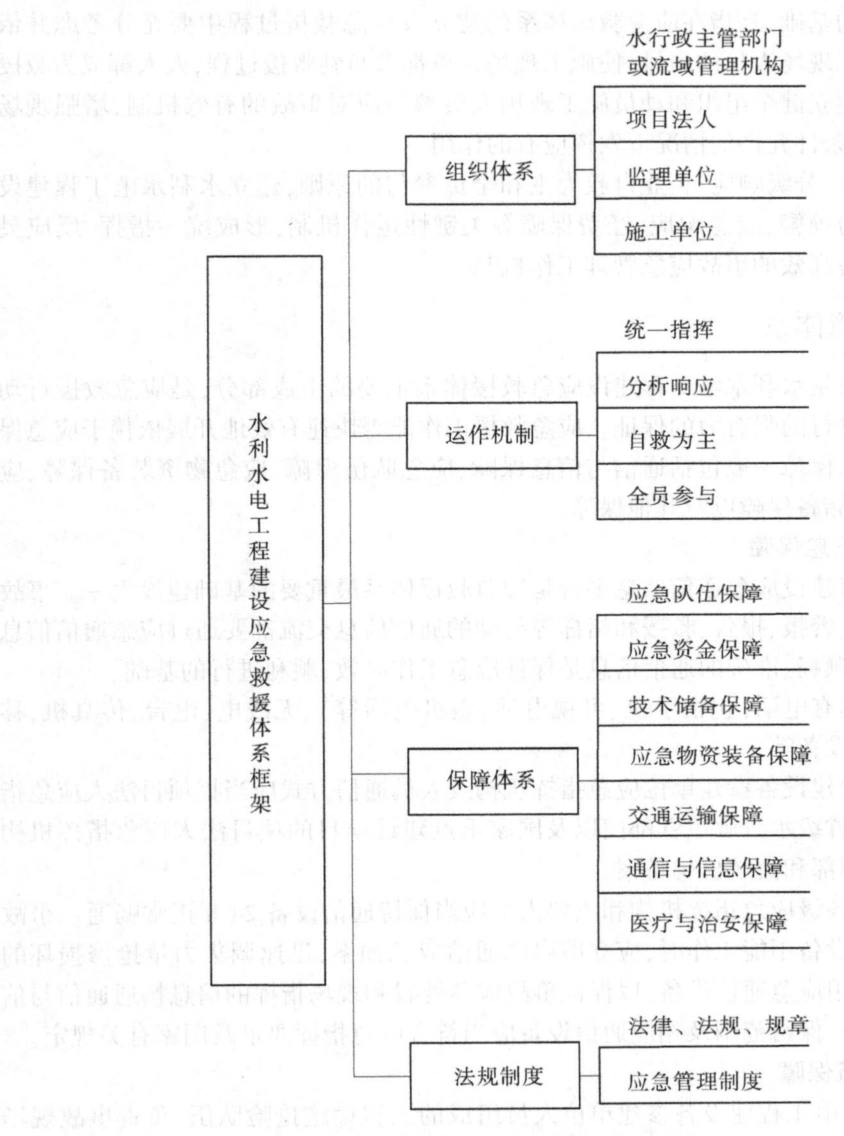

图 6-2　水利水电工程建设应急救援体系框架

急救援的运行机制众多,但最关键、最主要的是统一指挥、分级响应、自救为主和全员参与等机制。

统一指挥是事故应急指挥的最基本原则。应急指挥一般可分为集中指挥与现场指挥,或场外指挥与场内指挥。不管采用哪一种指挥系统,都必须在应急指挥机构的统一组织协调下行动,有令则行,有禁则止,统一号令,步调一致。

分级响应要求水利水电工程建设项目的各级管理层充分利用自己管辖范围内的应急资源,尽最大努力实施事故应急救援。

自救为主是强调“第一反应”的思想和以现场应急指挥为主的原则。

全员参与机制是水利水电工程建设应急运作机制的基础,也是整个水利水电工程建设应急救援体系的基础，是指在应急救援体系的建立及应急救援过程中要充分考虑并依靠项目组织及施工现场人员的力量，使施工现场人员都参与到救援过程，人人都成为救援体系的一部分。建立健全组织和动员施工现场人员参与应对事故的有效机制，增强现场人员应急意识，在条件允许的情况下发挥应有的作用。

按照统一指挥、分级响应、企业自救为主和全员参与的原则，建立水利水电工程建设参建各方事故预防预警、应急响应、经费保障等关键性运作机制，形成统一指挥、反应灵敏、协调有序、运转高效的事故应急管理工作机制。

三、应急保障体系

应急保障体系是水利水电工程建设应急救援体系重要的组成部分，是应急救援行动全面展开和顺利进行的强有力的保证。应急救援工作能否快速有效地开展依赖于应急保障是否到位。应急保障一般包括通信与信息保障、应急队伍保障、应急物资装备保障、应急资金保障、技术储备保障以及其他保障。

（一）通信与信息保障

水利水电工程建设应急通信信息平台是应急救援体系最重要的基础建设之一。事故发生时，所有预警、警报、报告、救援和指挥等行动的通信信息交流都要通过应急通信信息平台实现。快速、顺畅、准确的通信信息是保证应急工作高效、顺利进行的基础。

应急通信工具有电话（包括手机、可视电话、座机电话等）、无线电、电台、传真机、移动通信、卫星通信设备等。

水利水电工程建设各参建单位应急指挥机构及人员通信方式应当报项目法人应急指挥机构备案，其中省级水行政主管部门以及国家重点建设项目的项目法人应急指挥机构的通信方式报水利部和流域机构备案。

正常情况下，各级应急指挥机构和主要人员应当保持通信设备 24 h 正常畅通。事故发生后，正常通信设备不能工作时，应立即启动通信应急预案，迅速调集力量抢修损坏的通信设施，启用备用应急通信设备，以保证事故应急处置和现场指挥的信息畅通通信与信息联络的保密工作、保密范围及相应通信设备应当符合应急指挥要求及国家有关规定。

（二）应急队伍保障

建立由水利水电工程建设各参建单位人员组成的工程设施抢险队伍，负责事故现场的工程设施抢险和安全保障工作。

建立由从事科研、勘察、设计、施工、监理、质量检测等工作的技术人员组成的专家咨询队伍，负责事故现场的工程设施安全性能评价与鉴定，研究应急方案，提出相应应急对策和意见，并负责从工程技术角度对已发事故还可能引起或产生的危险因素进行及时分析预测。

（三）应急物资装备保障

根据可能突发的重大质量与安全事故性质、特征、后果及其应急预案要求，项目法人应当组织工程有关施工企业配备充足的应急机械、设备、器材等物资装备，以保障应急救援调用。

发生事故时，应当首先充分利用工程现场既有的应急机械、设备、器材。同时在地方应急指挥机构的调度下，动用工程所在地公安、消防、卫生等专业应急队伍和其他社会资源。

（四）应急资金保障

水利水电工程建设项目应明确应急专项经费的来源、数量、使用范围和监督管理措施，保障应急状态时应急经费能及时到位。

（五）技术储备保障

组织对水利水电工程事故的预防、预测、预警、预报和应急处置技术研究，提高应急监测、预防、处置及信息处理的技术水平，增强技术储备。水利水电工程事故预防、预测、预警、预报和处置技术研究和咨询依托有关专业机构。

（六）其他保障

水利水电工程建设项目应根据事故应急工作的需要，确定其他与事故应急救援相关的保障措施，如交通运输保障、医疗与治安保障和后勤保障等。

四、应急法规制度

水利水电工程建设应急救援的有关法规制度是水利水电工程建设应急救援体系的法治保障，也是开展事故应急活动的依据。我国高度重视应急管理的立法工作，目前，对应急管理有关工作作出要求的法律、法规、规章、标准主要有《安全生产法》《中华人民共和国突发事件应对法》《中华人民共和国防洪法》《生产安全事故报告和调查处理条例》《水库大坝安全管理条例》《中华人民共和国防汛条例》《生产安全事故应急预案管理办法》《突发事件应急预案管理办法》等。

同时，水利水电工程建设项目根据现场需要，制定本工程应急管理制度，明确应急职责、任务与相关惩罚，保障本工程建设项目应急救援体系的有效运行。

第三节　水利水电工程建设应急预案

一、基本要求

水利水电工程建设参建各方应结合本单位实际情况，编制相应的应急预案，且预案内容应满足下列基本要求：

（1）针对性。应急预案应结合危险分析的结果，针对重大危险源、各类可能发生的事故、关键的岗位和地点、薄弱环节重要工程进行编制，确保其有效性。

（2）科学性。编制应急预案必须以科学的态度，在全面调查研究的基础上，按照领导和专家相结合的方式，开展科学分析和论证，制定出决策程序、处置方案和应急手段先进的应急方案，使应急预案具有科学性。

（3）可操作性。应急预案应具有可操作性或实用性。即发生事故时，有关应急组织、人员可以按照应急预案的规定迅速、有序、有效地开展应急救援行动，降低事故损失。

(4)合法合规性。应急预案中的内容应符合国家相关法律法规、标准和规范的要求,应急预案的编制工作必须遵守相关法律法规的规定。

(5)权威性。救援工作是一项紧急状态下的应急性工作,所制定的应急预案应明确救援工作的管理体系,救援行动的组织指挥权限以及各级救援组织的职责和任务等一系列的行政性管理规定,保证救援工作的统一指挥。应急预案还应经上级部门批准后才能实施,保证预案具有一定的权威性。同时,应急预案中包含应急所需的所有基本信息,需要确保这些信息的可靠性。

(6)衔接性。水利水电工程建设应急预案应与上级单位应急预案、当地政府应急预案、水行政主管部门应急预案、下级单位应急预案等相互衔接,确保出现紧急情况时能够及时启动各方应急预案,有效控制事故。

二、应急预案的内容

根据《生产经营单位生产安全事故应急预案编制导则》(GB/T 29639—2020),应急预案可分为综合应急预案、专项应急预案和现场处置方案 3 个层次。

综合应急预案是应急预案体系的总纲,主要从总体上阐述事故的应急工作原则,包括应急组织机构及职责、应急预案体系、事故风险描述、预警及信息报告、应急响应、保障措施、应急预案管理等内容。

专项应急预案是为应对某一类型或某几种类型事故,或者针对重要生产设施、重大危险源、重大活动等内容而制定的应急预案。专项应急预案主要包括事故风险分析、应急指挥机构及职责、处置程序和措施等内容。

现场处置方案是根据不同事故类别,针对具体的场所、装置或设施所制定的应急处置措施,主要包括事故风险分析、应急工作职责、应急处置和注意事项等内容。水利水电工程建设参建各方应根据风险评估、岗位操作规程以及危险性控制措施,组织本单位现场作业人员及相关专业人员共同进行编制现场处置方案。

应急预案应形成体系,针对各级各类可能发生的事故和所有危险源制定专项应急预案和现场处置方案,并明确事前、事发、事中、事后各个过程中相关单位、部门和有关人员的职责。水利水电工程建设项目应根据现场情况,详细分析现场具体风险(如某处易发生滑坡事故),现场处置方案主要由施工企业编制,监理单位审核,项目法人备案;专项应急预案由监理单位与项目法人起草,相关领导审核,向各施工企业发布;综合应急预案编写应综合分析现场风险、应急行动、措施和保障等基本要求和程序,综合应急预案由项目法人编写、项目法人领导审批,向监理单位、施工企业发布。

由于综合应急预案是综述性文件,因此需要要素全面,而专项应急预案和现场处置方案要素重点在于制定具体救援措施,因此对单位概况等基本要素不作内容要求。

综合应急预案、专项应急预案和现场处置方案主要内容分别见表 6-1～表 6-3。

表6-1　综合应急预案主要内容

目录	具体内容
总则	编制目的、编制依据、适用范围、应急预案体系、应急工作原则
事故风险描述	
应急组织机构及职责	应急组织机构、应急组织机构职责
预警及信息报告	预警、信息报告
应急响应	响应分级、响应程序、处置措施、应急结束
信息公开	
后期处理	
保障措施	通信与信息保障、应急队伍保障、物资装备保障、其他保障
应急预案管理	应急预案培训、应急预案演练、应急预案修订、应急预案备案、应急预案实施

表6-2　专项应急预案主要内容

目录	具体内容
事故风险分析	
应急指挥机构及职责	应急指挥机构、应急指挥机构职责
处置程序	信息报告、应急响应程序
处置措施	

表6-3　现场处置方案主要内容

目录	具体内容
事故风险分析	
应急工作职责	
应急处置	事故应急处置程序、现场应急处置措施、事故报告
注意事项	

三、应急预案的编制步骤

应急预案的编制应参照《生产经营单位生产安全事故应急预案编制导则》(GB/T 29639—2020),预案的编制过程大致可分为下列6个步骤(见图6-3)。

(一)成立预案编制工作组

水利水电工程建设参建各方应结合本单位实际情况,成立以主要负责人为组长的应

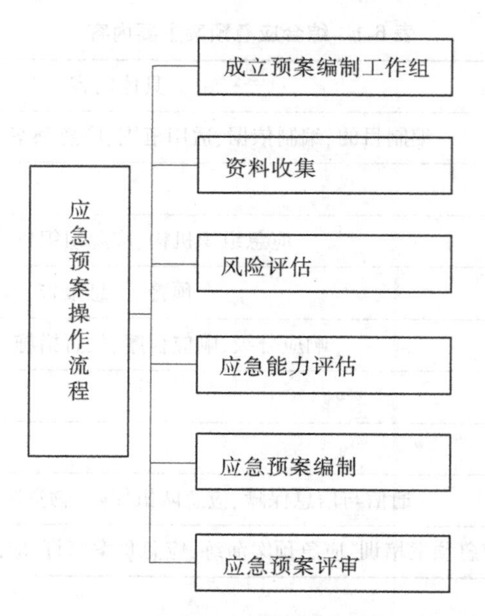

图 6-3 应急预案操作流程

急预案编制工作组，明确编制任务、职责分工，制定工作计划。应急预案编制需要安全、工程技术、组织管理、医疗急救等各方面的知识，因此应急预案编制工作组由各方面的专业人员或专家、预案制定和实施过程中所涉及或受影响的部门负责人及具体执笔人员组成。必要时，编制工作组也可以邀请地方政府相关部门、水行政主管部门或流域管理机构代表作为成员。

（二）资料收集

收集应急预案编制所需的各种资料是一项非常重要的基础工作。掌握相关资料的多少、资料内容的详细程度和资料的可靠性将直接关系到应急预案编制工作是否能够顺利进行，以及能否编制出质量较高的事故应急预案。

需要收集的资料一般包括：

（1）适用的法律、法规和标准。

（2）本水利水电工程建设项目与国内外同类工程建设项目的事故资料及事故案例分析。

（3）施工区域布局，工艺流程布置，主要装置、设备、设施布置，施工区域主要建（构）筑物布置等。

（4）原材料、中间体、中间和最终产品的理化性质及危险特性。

（5）施工区域周边情况及地理、地质、水文、环境、自然灾害、气象资料。

（6）事故应急所需的各种资源情况。

（7）同类工程建设项目的应急预案。

（8）政府的相关应急预案。

（9）其他相关资料。

(三)风险评估

风险评估是编制应急预案的关键,所有应急预案都建立在风险分析基础之上。在危险因素分析、危险源辨识及事故隐患排查、治理的基础上,确定本水利水电工程建设项目的危险源、可能发生的事故类型和后果,进行事故风险分析,并指出事故可能产生的次生、衍生事故及后果,形成分析报告分析结果,作为事故应急预案的编制依据。

(四)应急能力评估

应急能力评估就是依据危险分析的结果,对应急资源准备状况的充分性和从事应急救援活动所具备的能力评估,以明确应急救援的需求和不足,为应急预案的编制奠定基础。水利水电工程建设项目应针对可能发生的事故及事故抢险的需要,实事求是地评估本工程建设项目的应急装备、应急队伍等应急能力。对于事故应急所需但本工程建设项目尚不具备的应急能力,应采取切实有效的措施予以弥补。

事故应急能力一般包括:

(1)应急人力资源(各级指挥员、应急队伍、应急专家等)。

(2)应急通信与信息能力。

(3)人员防护设备(呼吸器、防毒面具、防酸服、便携式一氧化碳报警器等)。

(4)消灭或控制事故发展的设备(消防器材等)。

(5)防止污染的设备、材料(中和剂等)。

(6)检测、监测设备。

(7)医疗救护机构与救护设备。

(8)应急运输与治安能力。

(9)其他应急能力。

(五)应急预案编制

在做好以上工作的基础上,针对本水利水电工程建设项目可能发生的事故,按照有关规定和要求,充分借鉴国内外同行业事故应急工作经验,编制应急预案。应急预案编制过程中,应注重编制人员的参与和培训,充分发挥他们各自的专业优势,告知其风险评估和应急能力评估结果,明确应急预案的框架、应急过程行动重点以及应急衔接、联系要点等。同时,应急预案应充分考虑和利用社会应急资源,并与地方政府、流域管理机构、水行政主管部门以及相关部门的应急预案相衔接。

(六)应急预案评审

《生产安全事故应急预案管理办法》(国家安监总局令第88号)、《生产经营单位生产安全事故应急预案编制导则》(GB/T 29639—2020)等提出了对应急预案评审的要求。应急预案编制完成后,应进行评审或者论证。参加应急预案评审的人员应当包括有关安全生产及应急管理方面的专家。经评审合格后,由本单位主要负责人签署公布,并在公布之日起20个工作日内,按照分级属地原则,向安全生产监督管理部门和有关部门进行告知性备案。

水利水电工程建设项目应参照《生产经营单位生产安全事故应急预案评审指南(试行)》(安监总厅应急〔2009〕73号)组织对应急预案进行评审。该指南给出了评审方法、评审程序和评审要点,附有应急预案形式评审表、综合应急预案要素评审表、专项应急预案要素评审表、现场处置方案要素评审表和应急预案附件要素评审表五个附件。

1. 评审方法

应急预案评审分为形式评审和要素评审，评审可采取符合、基本符合、不符合三种意见简单判定。对于基本符合和不符合的项目，应给出具体修改意见或建议。

(1)形式评审。依据有关规定和要求，对应急预案的层次结构、内容格式、语言文字、附件项目以及编制程序等内容进行审查，重点审查应急预案的规范性和编制程序。

(2)要素评审。依据有关规定和标准，从合法性、完整性、针对性、实用性、科学性、操作性和衔接性等方面对应急预案进行评审。要素评审包括关键要素和一般要素。为细化评审，可采用列表方式分别对应急预案的要素进行评审。评审应急预案时，将应急预案的要素内容与表中的评审内容及要求进行对应分析，判断是否符合表中要求，发现存在问题及不足。

关键要素指应急预案构成要素中必须规范的内容。这些要素内容涉及水利水电工程建设项目参建各方日常应急管理及应急救援时的关键环节，如应急预案中的危险源与风险分析、组织机构及职责、信息报告与处置、应急响应程序与处置技术等要素。

一般要素指应急预案构成要素中简写或可省略的内容。这些要素内容不涉及参建各方日常应急管理及应急救援时的关键环节，而是预案构成的基本要素，如应急预案中的编制目的、编制依据、适用范围、工作原则、单位概况等要素。

2. 评审程序

应急预案编制完成后，应在广泛征求意见的基础上，采取会议评审的方式进行审查，会议审查规模和参加人员根据应急预案涉及范围和重要程度确定。

(1)评审准备。应急预案评审应做好下列准备工作：

①成立应急预案评审组，明确参加评审的单位或人员；

②通知参加评审的单位或人员具体评审时间；

③将被评审的应急预案在评审前送达参加评审的单位或人员。

(2)会议评审。会议评审可按照以下程序进行：

①介绍应急预案评审人员构成，推选会议评审组组长；

②应急预案编制单位或部门向评审人员介绍应急预案编制或修订情况；

③评审人员对应急预案进行讨论，提出修改和建设性意见；

④应急预案评审组根据会议讨论情况，提出会议评审意见；

⑤讨论通过会议评审意见，参加会议评审人员签字。

(3)意见处理。评审组组长负责对各位评审人员的意见进行协调和归纳，综合提出预案评审的结论性意见。按照评审意见，对应急预案存在的问题以及不合格项进行分析研究，并对应急预案进行修订或完善。反馈意见要求重新审查的，应按照要求重新组织审查。

3. 评审要点

应急预案评审应包括下列内容：

(1)合法性。符合有关法律、法规、规章和标准，以及有关部门和上级单位规范性文件要求。

(2)完整性。应急预案的要素具备评审表所规定的各项要素。

(3)针对性。紧密结合本单位危险源辨识与风险分析。

(4)实用性。切合本单位工作实际,与生产安全事故应急处置能力相适应。

(5)科学性。应急预案的组织体系、预防预警、信息报送、响应程序和处置方案等内容科学合理。

(6)操作性。响应程序和保障措施等内容切实可行。

(7)衔接性。综合应急预案、专项应急预案、现场处置方案形成体系,并与相关部门或单位应急预案相互衔接。

四、应急预案管理

(一)应急预案备案

依照《生产安全事故应急预案管理办法》(国家安监总局令第88号),应当在应急预案公布之日起20个工作日内,按照分级属地原则,向安全生产监督管理部门和有关部门进行告知性备案。

中央企业总部(上市公司)的应急预案,报国务院主管的负有安全生产监督管理职责的部门备案,并抄送国家安全生产监督管理总局;其所属单位的应急预案报所在省、自治区、直辖市或者设区的市级人民政府主管的负有安全生产监督管理职责的部门备案,并抄送同级安全生产监督管理部门。

水利水电工程建设项目参建各方申请应急预案备案,应当提交下列材料:

(1)应急预案备案申请表。

(2)应急预案评审或者论证意见。

(3)应急预案文本及电子文档。

(4)风险评估结果和应急资源调查清单。

受理备案登记的负有安全生产监督管理职责的部门应当在5个工作日内对应急预案材料进行核对,材料齐全的,应当予以备案并出具应急预案备案登记表;材料不齐全的,不予备案并一次性告知需要补齐的材料。逾期不予备案又不说明理由的,视为已经备案。

(二)应急预案宣传与培训

应急预案宣传与培训是保证预案贯彻实施的重要手段,是增强参建人员应急意识、提高事故防范能力的重要途径。

水利水电工程建设参建各方应采取不同方式开展安全生产应急管理知识和应急预案的宣传和培训工作。对本单位负责应急管理工作的人员以及专职或兼职应急救援人员进行相应知识和专业技能培训,同时,加强对安全生产关键责任岗位员工的应急培训,使其掌握生产安全事故的紧急处置方法,增强自救互救和第一时间处置事故的能力。在此基础上,确保所有从业人员具备基本的应急技能,熟悉本单位应急预案,掌握本岗位事故防范与处置措施和应急处置程序,提高应急水平。

(三)应急预案演练

应急预案演练是应急准备的一个重要环节。通过演练,可以检验应急预案的可行性和应急反应的准备情况;通过演练,可以发现应急预案中存在的问题,完善应急工作机制,提高应急反应能力;通过演练可以锻炼队伍,提高应急队伍的作战能力,熟悉操作技能;通过演练,可以教育参建人员,增强其危机意识,提高安全生产工作的自觉性。为此,预案管理和相关规章中都应有对应急预案演练的要求。

(四)应急预案修订与更新

应急预案必须与工程规模、机构设置、人员安排、危险等级、管理效率及应急资源等状况相一致。随着时间推移,应急预案中包含的信息可能会发生变化。因此,为了不断完善和改进应急预案并保持预案的时效性,水利水电工程建设各参建方应根据本单位实际情况,及时更新和修订应急预案,应就下述情况对应急预案进行及时修订:

(1)依据的法律、法规、规章、标准及上位预案中的有关规定发生重大变化的。

(2)应急指挥机构及其职责发生调整的。

(3)面临的事故风险发生重大变化的。

(4)重要应急资源发生重大变化的。

(5)预案中的其他重要信息发生变化的。

(6)在应急演练和事故应急救援中发现问题需要修订的。

(7)编制单位认为应当修订的其他情况。

应急预案修订前,应组织对应急预案进行评估,以确定是否需要进行修订以及哪些内容需要修订。通过对应急预案更新与修订,可以保证应急预案的持续适应性。同时,更新的应急预案内容应通过有关负责人认可,并及时通告相关单位、部门和人员;修订的预案版本应经过相应的审批程序,并及时发布和备案。

第四节　水利水电工程建设应急培训与演练

一、应急培训

生产经营单位应当组织开展本单位的应急预案、应急知识、自救互救和避险逃生技能培训活动,使有关人员了解应急预案内容,熟悉应急职责、应急处置程序和措施。应急培训的时间、地点、内容、师资、参加人员和考核结果等情况应当如实记入本单位的安全生产教育和培训档案。

(一)应急培训方式

培训应当以自主培训为主,也可以委托具有相应资质的安全培训机构(具备安全培训条件的机构),对从业人员进行安全培训。不具备安全培训条件的生产经营单位,应当委托具有相应资质的安全培训机构(具备安全培训条件的机构),对从业人员进行安全培训。应急培训可以纳入到安全教育培训,具体按照培训流程进行。

(二)应急培训实施过程

按照制定的培训计划,合理利用时间,充分利用各类不同的方式积极开展安全生产应急培训工作,让所有的人员能够了解应急基本知识,了解潜在危害和危险源,掌握自救及救人知识,了解逃生方式方法。

(三)应急培训目的

应急培训的最主要目的在于能够具有实用性,其效果反馈除可以通过一般的考试、实际操作的考核方式外,还可以通过应急演练的方式来进行,针对应急演练中发现的问题,及时进行查漏补缺,增强重点内容,不断增加培训的效果。应急培训完成后,应尽可能进行考核,真正达到应急培训的目的。

(四)应急培训的基本内容

应急培训包括对参与应急行动所有相关人员进行的最低程度的应急培训与教育,要求应急人员了解和掌握如何识别危险、如何采取必要的应急措施、如何启动紧急情况警报系统、如何安全疏散人群等基本操作。不同水平的应急者所需接受培训的共同内容如下所述。

1.报警

使应急人员了解并掌握如何利用身边的工具最快最有效地报警,比如用手机电话、寻呼、无线电、网络或其他方式报警。使应急人员熟悉发布紧急情况通告的方法,如使用警笛、警钟、电话或广播等。当事故发生后,为及时疏散事故现场的所有人员,应急人员应掌握如何在现场贴发警报标志。

生产安全事故受伤人员除本单位紧急抢救外,应迅速拨打"120"电话请求急救中心急救。

发生火灾爆炸事故时,立即拨打"119"电话,应讲清楚起火单位名称、详细地点及着火物质、火情大小、报警人电话及姓名。

发生道路交通事故拨打"122",讲清楚事故发生地点、时间及主要情况,如有人员伤亡,及时拨打"120"。

遇到各类刑事、治安案件及各类突发事件,及时拨打"110"报警。

2.疏散

为避免事故中不必要的人员伤亡,对应急人员在紧急情况下安全、有序地疏散被困人员或周围人员进行培训与教育。对人员疏散的培训可在应急演练中进行,通过演练还可以测试应急人员的疏散能力。

3.火灾应急培训与教育

由于火灾的易发性和多发性,对火灾应急的培训与教育显得尤为重要,要求应急人员必须掌握必要的灭火技术以便在起火初期迅速灭火,降低或减小发展为灾难性事故的危险,掌握灭火装置的识别、使用、保养、维修等基本技术。由于灭火主要是消防队员的职责,因此火灾应急培训与教育主要也是针对消防队员开展的。

4.防汛防台应急措施

(1)实施防汛防台工作责任制,落实应急防汛责任人。参建各方按照规定储备足够的防汛物资,组织落实抗灾抢险队。

(2)应急人员在汛期前加强检查工地防汛设施和工程施工对邻近建筑物的影响。

(3)指挥部成员在汛期值班期间保持通信24 h畅通,加强值班制度、检测检查和排险工作。

(4)汛情严重或出现暴雨时,由指挥部总指挥组织全面防汛防风及抢险救灾工作,做好上传下达,分析雨情、水情、风情,科学调度,随时做好调集人力、物力、财力的准备。

(5)视安全情况,发出预警信号,应急人员及时安排受灾群众和财产转移到安全地带,把损失减小到最低程度。

二、应急演练

应急演练是对应急能力的综合考验,开展应急演练,有助于提高应急能力,改进应急预案,及时发现工作中存在的问题,及时完善。

(一)演练的目的和要求

1. 演练目的

应急演练的目的包括:检验预案,通过开展应急演练,进而提高应急预案的可操作性;完善准备,检查应对突发事件所需应急队伍、物资、装备、技术等方面的情况;锻炼队伍,提高人员应急处置能力;完善应急机制,进一步明确相关单位和人员的分工;宣传教育,能够对相关人员有一个比较好的普及作用。

2. 演练原则

(1)符合相关规定。按照国家有关法律法规、规章来开展演练。

(2)契合工程实际。应按照当前工作实际情况,按照可能发生的事故以及现有的资源条件开展演练。

(3)注重能力提高。以提高指挥协调能力、应急处置能力为主要出发点开展演练。

(4)确保安全有序。精心策划演练内容,科学设计演练方案,周密组织演练活动,严格遵守有关安全措施,确保演练参与人员安全。

(二)演练的类型

根据演练组织方式、内容等可以将演练类型进行分类,按照演练方式可分为桌面演练和现场演练,按照演练内容可分为单项演练和综合演练。

1. 桌面演练

桌面演练是指由应急组织的代表或关键岗位人员参加的,按照应急预案及其标准运作程序讨论紧急情况时应采取的演练活动。桌面演练的主要特点是对演练情景进行口头演练,一般是在会议室内举行非正式的活动。其主要目的是锻炼演练人员解决问题的能力,以及解决应急组织相互协作和职责划分的问题。

桌面演练只需要展示有限的应急响应和内部协调活动,事后一般采取口头评论形式收集演练人员的建议,并提交一份简短的书面报告,总结演练活动,提出有关改进应急响应工作的建议。

2. 现场演练

现场演练是利用实际设备、设施或场所,设定事故情景,依据应急预案进行演练,现场演练是以现场操作的形式开展的演练活动。参演人员在贴近实际情况和高度紧张的环境下进行演练,根据演练情景要求,通过实际操作完成应急响应任务,以检验和提高应急人员的反应能力,加强组织指挥、应急处置和后勤保障等应急能力。

3. 单项演练

单项演练是涉及应急预案中特定应急响应功能或现场处置方案中一系列应急响应功

能的演练活动。注重针对一个或少数几个参与单位的特定环节和功能进行检验。其主要目的是针对应急响应功能,检验应急响应人员以及应急组织体系的策划和响应能力。例如指挥和控制功能的演练,其目的是检测、评价应急指挥机构在一定压力情况下的应急运行和及时响应能力,演练地点主要集中在若干个应急指挥中心或现场指挥所举行,并开展有限的现场活动,调用有限的外部资源。

4. 综合演练

综合演练针对应急预案中全部或大部分应急响应功能,检验、评价应急组织应急运行能力的演练活动。综合演练一般要求持续几个小时,采取交互方式进行,演练过程要求尽量真实,调用更多的应急响应人员和资源,并开展人员、设备及其他资源的实战性演练,以展示相互协调的应急响应能力。

(三)演练的组织实施

根据中华人民共和国应急管理部发布的《生产安全事故应急演练基本规范》(AQ/T 9007—2019),将应急演练的过程分为演练计划、演练准备、演练实施3个阶段。

1. 演练计划

演练计划应包括演练目的、类型(形式)、时间、地点,演练主要内容、参加单位和经费预算等。

2. 演练准备

(1)成立演练组织机构。综合演练通常应成立演练领导小组,下设策划组、执行组、保障组、评估组等专业工作组。根据演练规模大小,其组织机构可进行调整。

(2)编制演练文件。演练文件主要包括:

①演练工作方案。演练工作方案内容主要包括:应急演练的目的及要求;应急演练事故情景设计;应急演练规模及时间;参演单位和人员主要任务及职责;应急演练筹备工作内容;应急演练主要步骤;应急演练技术支撑及保障条件;应急演练评估与总结。

②演练脚本。根据需要,可编制演练脚本。演练脚本是应急演练工作方案具体操作实施的文件,帮助参演人员全面掌握演练进程和内容。演练脚本一般采用表格形式,主要内容包括:演练模拟事故情景;处置行动与执行人员;指令与对白、步骤及时间安排;视频背景与字幕;演练解说词等。

③演练评估方案。演练评估方案通常包括:演练信息,主要指应急演练的目的和目标、情景描述,应急行动与应对措施简介等;评估内容,主要指应急演练准备、应急演练组织与实施、应急演练效果等;评估标准,主要指应急演练各环节应达到的目标评判标准;评估程序,主要指演练评估工作主要步骤及任务分工;附件,主要指演练评估需要用到的相关表格等。

④演练保障方案。针对应急演练活动可能发生的意外情况制定演练保障方案或应急预案并进行演练,做到相关人员应知应会,熟练掌握。演练保障方案应包括应急演练可能发生的意外情况、应急处置措施及责任部门,应急演练意外情况中止条件与程序等。

⑤演练观摩手册。根据演练规模和观摩需要,可编制演练观摩手册。演练观摩手册通常包括应急演练时间、地点、情景描述、主要环节及演练内容、安全注意事项等。

(3)演练工作保障如下:

①人员保障。按照演练方案和有关要求，策划、执行、保障、评估、参演等人员参加演练活动，必要时考虑替补人员。

②经费保障。根据演练工作需要，明确演练工作经费及承担单位。

③物资和器材保障。根据演练工作需要，明确各参演单位所需准备的演练物资和器材等。

④场地保障。根据演练方式和内容，选择合适的演练场地。演练场地应满足演练活动需要，避免影响企业和公众正常生产、生活。

⑤安全保障。根据演练工作需要，采取必要的安全防护措施，确保参演、观摩等人员以及生产运行系统安全。

⑥通信保障。根据演练工作需要，采用多种公用或专用通信系统，保证演练通信信息通畅。

⑦其他保障。根据演练工作需要，提供其他保障措施。

3. 演练实施

（1）熟悉演练任务和角色。组织各参演单位和参演人员熟悉各自参演任务和角色，并按照演练方案要求组织开展相应的演练准备工作。

（2）组织预演。在综合应急演练前，演练组织单位或策划人员可按照演练方案或脚本组织桌面演练或合成预演，熟悉演练实施过程的各个环节。

（3）安全检查。确认演练所需的工具、设备、设施、技术资料，参演人员到位。对应急演练安全保障方案以及设备、设施进行检查确认，确保安全保障方案可行，所有设备、设施完好。

（4）应急演练。应急演练总指挥下达演练开始指令后，参演单位和人员按照设定的事故情景，实施相应的应急响应行动，直至完成全部演练工作。演练实施过程中出现特殊或意外情况，演练总指挥可决定中止演练。

（5）演练记录。演练实施过程中，安排专门人员采用文字、照片和音像等手段记录演练过程。

（6）评估准备。演练评估人员根据演练事故情景设计以及具体分工，在演练现场实施过程中展开演练评估工作，记录演练中发现的问题或不足，收集演练评估需要的各种信息和资料。

（7）演练结束。演练总指挥宣布演练结束，参演人员按预定方案集中进行现场讲评或者进行有序疏散。

（四）应急演练总结及改进

应急演练结束后，在演练现场，评估人员或评估组负责人对演练中发现的问题、不足及取得的成效进行口头点评。

评估人员针对演练中观察、记录以及收集的各种信息资料，依据评估标准对应急演练活动全过程进行科学分析和客观评价，并撰写书面评估报告。评估报告重点对演练活动的组织和实施、演练目标的实现、参演人员的表现以及演练中暴露的问题进行评估。

演练总结报告的内容主要包括演练基本概要、演练发现的问题、取得的经验和教训、应急管理工作建议。

应急演练活动结束后,将应急演练工作方案以及应急演练评估、总结报告等文字资料,以及记录演练实施过程的相关图片、视频、音频等资料归档保存。根据演练评估报告中对应急预案的改进建议,由应急预案编制部门按程序对预案进行修订完善,并持续改进。

第五节　水利水电工程建设现场急救

一、现场急救的基本步骤

(1)脱离险区。首先要使伤病员脱离险区,移至安全地带,如将因滑坡、塌方砸伤的伤员搬运至安全地带;对于急性中毒的病人,应尽快使其离开中毒现场,搬至空气流通区;对于触电的患者,要立即脱离电源等。

(2)检查病情。现场救护人员要沉着冷静,切忌惊慌失措,应尽快对受伤或中毒的伤病员进行认真仔细的检查,确定病情。检查内容包括:意识、呼吸、脉搏、血压、瞳孔是否正常,有无出血、休克、外伤、烧伤,是否伴有其他损伤等。检查时不要给伤病员增加无谓的痛苦,如检查伤员的伤口,切勿一见病人就脱其衣服,若伤口部位在四肢或躯干上,可沿着衣裤线剪开或撕开,暴露其伤口部位即可。

(3)对症救治。根据迅速检查出的伤病情,立即进行初步对症救治。如对于外伤出血病人,应立即进行止血和包扎;对于骨折或疑似骨折的病人,要及时固定和包扎,如果手头没有现成的救护包扎用品,可以在现场找适宜的替代品使用;对于那些心跳、呼吸骤停的伤病员,要分秒必争地实施胸外心脏按压和人工呼吸;对于急性中毒的病人,要有针对性地采取解毒措施。

在救治时,要注意纠正伤病员的体位,有时伤病员自己采用的所谓舒适体位,可能促使病情加重或恶化,甚至造成不幸死亡,如被毒蛇咬伤下肢,要使患肢放低,绝不能抬高,以减低毒汁的扩延;上肢出血要抬高患肢,防止增加出血量等。

救治伤病员较多时,一定要分清轻重缓急,优先救治伤重垂危者。

(4)安全转移。对伤病员,要根据不同的伤情,采用适宜的担架和正确的搬运方法。在运送伤病员的途中,要密切注视伤病情变化,并且不能中止救治措施,将伤病员迅速而平安地运送到后方医院做后续抢救。

二、现场常用急救方法

(一)心肺复苏术

码 6-2　PPT 心肺复苏指南

心肺复苏是指各种原因引起的心跳、呼吸骤停后的抢救。如果在心脏骤停 4~6 min 内,第一目击者当场为其进行心肺复苏抢救,其复苏的成功率比医生到来高 5~6 倍。心脏停搏 4~6 min,大脑就会发生不可逆死亡,所以这 4 min 被称作挽救生命的“黄金 4 min”。

1. 判断意识

首先应对伤员有无意识进行判断,对成人采用观察、呼唤、拍打等轻拍重唤的方法,看伤员有无反应;无反应则检查有无呼吸或是否呼吸异常。

2. 呼救

拨打“120”急救电话,情况紧急时应先抢救再拨打电话;大声呼唤周围的人来协助抢救。拨打“120”急救电话时要讲清楚伤员所在地点、病因、病情(意识、脉搏、呼吸)、求救人姓名及电话等。

3. 纠正伤员体位

将伤员双手上举,一腿屈膝一手托其后颈部,另一手托其腋下,使之头、颈、躯干整体翻成仰,抢救人员跪于伤员任一侧的肩腰部,两腿自然分开,与肩同宽。

4. 判断心跳

可检查颈动脉搏动,判断心跳。

5. 胸外按压,建立人工循环

对于成年人,按压部位为胸部正中,两乳头连线中点,即胸骨下 1/2 处,按压频率>100 次/min,按压幅度>5 cm,按压次数约为 30 次。

按压时,双手掌根重叠,手指互扣翘起,每次按压后必须放松,掌根不得离开胸部;肘关节伸直不弯曲,双臂与患者胸部垂直。

6. 开放气道

一般气道阻塞的原因有两种:一是异物(痰、呕吐物、活动假牙、血块、泥沙等)阻塞气道;二是昏迷患者最常见的舌肌松弛、舌根后坠堵塞气道,会厌也会堵住气道。因此,必须使舌根抬起,离开咽后壁,使气道畅通。对此可采取的方法有以下 3 种:

(1)清除异物。

(2)纠正头部位置——仰头抬额法。

(3)器械开放气道。

7. 人工呼吸

(1)救护人员将口紧贴病人的口(最好隔一纱布),另一手捏紧病人鼻孔以免漏气,救护者深吸口气,向伤员口内均匀吹气。

(2)吹气要快而有力。此时要密切注意病人的胸部,如胸部有活动后,立即停止吹气,并将伤员的头部偏向一侧,让其呼出空气。

(3)如果病人牙关紧闭,无法进行口对口呼吸,可以用口对鼻呼吸法(将伤员口唇紧闭),直到病人自动呼吸恢复。

(4)胸外按压与人工呼吸按 30:2的比例进行,即 30 次胸外按压后,进行 2 次人工呼吸。

(二)外伤出血止血技术

1. 指压止血法

指压止血的部位在伤口的上方,即近心端,找到跳动的血管,用手指紧紧压住。这是紧急的临时止血法,与此同时,应准备材料换用其他止血方法。

采用此法,救护人员必须熟悉人体各部位血管出血的压血点。

2. 加压包扎止血法

加压包扎止血法,主要用于静脉、毛细血管或小动脉出血,出血速度和出血量不是很快、很大的情况。止血时先用纱布、棉垫、绷带、布类等做成垫子放在伤口的无菌敷料上，再用绷布或三角巾适度加压包扎。松紧要适中，以免因过紧影响必要的血液循环，而造成局部组织缺血性坏死，或过松达不到控制出血的目的。

3. 止血带止血法

常用的止血带有橡皮和布制两种。在现场紧急情况下，可选用绷带、布带、裤带、毛巾作为代替品。

使用止血带应注意下列几点事项：

(1) 要严格掌握止血带的适用条件，当四肢大动脉出血用加压包扎不能止血时，才能使用止血带。

(2) 止血带不能直接扎在皮肤上，应用棉花、薄布片作为衬垫，以隔开皮肤和止血带。

(3) 止血带连续使用时间不能超过 5 h，以免发生止血带休克或肢体坏死。每 30 min 或 60 min 要慢慢松开止血带 1~3 min。

(4) 松解止血带之前，应先输液或输血，准备好止血用品，然后松开止血带。

(5) 上止血带松紧要适度。

(三) 搬运伤病员技术

搬运伤病员时，应根据伤病员的具体情况，选择合适的搬运工具和搬运方法。

必须强调，凡是创伤伤员一律应用硬直的担架，绝不可用帆布、软性担架，如对腰部、骨盆处骨折的伤员就要选择平整的硬担架。在抬送过程中，尽量少振动，以免增加伤员的痛苦。搬运病人应注意下列事项：

(1) 必须先急救，妥善处理后才能搬运。

(2) 运送时尽可能不摇动伤病员的身体。若遇脊椎受伤者，应将其身体固定在担架上，用硬板担架搬送。

(3) 运送病员，应随时观察呼吸、体温、出血、面色变化等情况，注意伤病员姿势，给予保温。

(4) 在人员、器材未准备好时，切忌随意搬运。

三、紧急伤害的现场急救

(一) 高空坠落急救

高空坠落是水利水电工程建设施工现场常见的一种伤害，多见于土建工程施工和闸门安装等高空作业。若不慎发生高空坠落伤害，则应注意下列几点：

(1) 去除伤员身上的用具和衣袋中的硬物。

(2) 在搬运和转送受伤者过程中，颈部和躯干不能前屈或扭转，而应使脊柱伸直，绝对禁止一个人抬肩另一个人抬腿的搬法。

(3) 应注意摔伤及骨折部位的保护，避免因不正确的抬送，使骨折错位造成二次伤害。

(4) 创伤局部妥善包扎，但对疑似底骨折和脑脊液漏患者切忌作填塞，以免导致颅内感染。

(5) 复合伤要求平仰卧位，保持呼吸道畅通，解开衣领扣。

(6)快速平稳地送医院救治。

(二)塌方伤急救

塌方伤是指包括塌方、工矿意外事故或房屋倒塌后伤员被掩埋或被落下的物体压迫之后的外伤,除易发生多发伤和骨折外,尤其要注意挤压综合征,即一些部位长期受压,组织血供受损,缺血缺氧,易引起坏死。故在抢救塌方多发伤的同时,要防止急性肾衰竭的发生。急救方法:将受伤者从塌方中救出,必须急送医院抢救,方可及时采取防治肾衰竭的措施。

(三)烧伤或烫伤急救

烧伤是一种意外事故。一旦被火烧伤,要迅速离开致伤现场。衣服若起火,应立即倒在地上翻滚或翻入附近的水沟中或潮湿地上。这样可迅速压灭或冲灭火苗,切勿喊叫、奔跑,以免风助火威,造成呼吸道烧伤。最好的方法是用自来水冲洗或浸泡伤患处,可避免受伤面扩大。

肢体被沸水或蒸汽烫伤时,应立即剪开已被沸水湿透的衣服和鞋袜,再将受伤的肢体浸于冷水中,可起到止痛和消肿的作用。如贴身衣服与伤口粘在一起,切勿强行撕脱,以免使伤口加重,可用剪刀先剪开,然后慢慢将衣服脱去。

不管是烧伤或烫伤,创面严禁用红汞、碘酒和其他未经医生同意的药物涂抹,而应用消毒纱布覆盖在伤口上,并迅速将伤员送往医院救治。

(四)电击伤急救

在水利水电工程建设施工现场,常常会因员工违章操作而导致被电击。电击伤急救方法如下所述:

(1)先迅速切断电源,此前不能触摸受伤者,否则会造成更多的人触电。若一时不能切断电源,救助者应穿上胶鞋或站在干的木板凳子上,双手戴上厚的塑胶手套,用干木棍或其他绝缘物把电源拨开,尽快将受伤者与电源隔离。

(2)脱离电源后迅速检查病人,如呼吸心跳停止,立即进行人工呼吸和胸外心脏按压。

(3)在心跳停止前禁用强心剂,应用呼吸中枢兴奋药,用手掐人中穴。

(4)雷击时,如果作业人员孤立地处于空旷暴露区并感到头发竖起,应立即双腿下蹲,向前屈身,双手抱膝自行救护。

处理电击伤伤口时应先用碘酒纱布覆盖包扎,然后按烧伤处理。电击伤的特点是伤口小、深度大,所以要防止继发性大出血。

(五)煤气中毒急救

(1)立即打开门窗,流通空气,同时应尽快让病人离开中毒环境,转移至空气新鲜流通处,并注意保暖。

(2)有自主呼吸的,充分给予氧气吸入。

(3)神志不清者应将头部偏向一侧,以防呕吐物吸入呼吸道引起窒息。

(4)对于昏迷者或抽搐者,可头置冰袋,切忌采用冷冻、灌醋或灌酸菜汤等错误做法。

(5)呼吸心跳停止,立即进行人工呼吸和心脏按压。

(6)呼叫“120”急救服务。

(7)运送伤员途中严密监控患者的神志、呼吸、心率、血压等方面的病情变化。争取尽早进行高压氧舱治疗,减少后遗症。

(六)中暑急救

(1)迅速将病人移到阴凉通风的地方,解开衣扣、平卧休息。

(2)用冷水毛巾敷头部,或用30%酒精擦身降温,喝一些淡盐水或清凉饮料,清醒者也可服人丹、十滴水、藿香正气水等。昏迷者用手掐人中或立即送医院。

(七)戳伤急救

戳伤是指用小刀或剪刀、钢针、钢钎等尖锐物品刺戳所造成的意外伤害。表面上看伤口不大,但皮内组织,甚至内脏可能损伤严重。伤后的紧急救治步骤如下:

(1)用清洁纱布或其他布料(干净手绢也可以)按在伤口四周以止血。如果利器仍插在伤口内切勿拔出来。

(2)将受伤部位抬高,要高过心脏。如果怀疑有骨折可能,切勿抬高受伤部位。

(3)如果刺入伤口的物体较小,可用环形垫或用其他纱布垫在伤口周围。

(4)用干净的纱布覆盖伤口,再用绷带加压包扎,但不要压及伤口。

(5)如果戳伤比较严重,则应及时送医院救治。

四、主要灾害紧急避险

(一)地震灾害紧急避险

目前,我国许多水利水电工程建设项目所在地都处于强地震区的影响范围内。为了减少可能发生的地震灾害损失,现场人员需要掌握地震灾害应急避险知识与技能。

接到政府发布的地震预报,要按照指定的路线,把现场人员迅速疏散到事先选定的较为空旷的安全地带。不要站在高大建筑物、烟囱、高围墙及大树旁边,不要站在高压电线、变压器的附近,不要站在靠河流太近的地方。

当强烈地震发生时,正处在建筑物内的人,应保持清醒的头脑。一般震动不明显时,不必外逃更不必跳楼。震动强烈时,是逃是躲,则要因地制宜。可酌情采取如下个人应急避险与防护措施:

(1)在房间内的人,应充分利用时间,迅速关闭煤气,扑灭炉火,拉下电闸以防止引起火灾。头顶沙发靠垫或戴上安全帽等能保护头部的物品,跑至屋外空旷宽敞地。若来不及离开房间或门窗由于震动扭曲打不开,可迅速蹲躲在桌、床等坚固家具旁及紧挨墙根下,保护头胸等要害部位,闭目并用毛巾或衣物捂住鼻口,以隔挡呛人的灰尘。

(2)正处于高层建筑内的人,要迅速远离外墙、门窗和阳台,选择厨房、卫生间、楼梯间等开间小而不易倒塌的空间避震,也可以躲在墙根、墙角、坚固家具旁等易于形成三角空间的地方避震。不能使用电梯,更不要盲目跳楼。

(3)处于室外的人要避开高大建筑物,把软物顶在头上,或用双手护住头部,防止被玻璃碎片、屋檐、装饰物砸伤,迅速跑到空旷场地蹲下;尽量远离高压线、变电器,以及化工设备、煤气设施。

(4)山区地震易引发滑坡、塌方或滚石伤人。地震时应迅速离开陡峭山坡。

(5)一次强烈地震后往往有多次高震级的余震发生,因此震后不要急于回屋,应快速到指定的应急避难场所。

(二)山体滑坡紧急避险

当遭遇山体滑坡时,首先要沉着冷静,不要慌乱,然后采取必要措施迅速撤离到安全地点。

(1)迅速撤离到安全的避难场地。避灾场地应选择在易滑坡两侧边界外围。遇到山体崩滑时要朝垂直于滚石前进的方向跑。切记不要在逃离时朝着滑坡方向跑。更不要不知所措,随滑坡滚动。

千万不要将避灾场地选择在滑坡的上坡或下坡。也不要未经全面考察,从一个危险区跑到另一个危险区。同时要听从统一安排,不要自择路线。

(2)跑不出去时应躲在坚实的障碍物下。遇到山体崩滑,无法继续逃离时,应迅速抱住身边的树木等固定物体。可躲避在结实的障碍物或蹲在地坎、地沟里。应注意保护好头部,可利用身边的衣物裹住头部。立刻将灾害发生的情况报告单位或相关政府部门。及时报告对减轻灾害损失非常重要。

(三)火灾事故应急逃生

在水利水电工程建设中,有许多容易引起火灾的客观因素,如现场施工中的动火作业以及易燃化学品、木材等可燃物,而对于水利水电工程建设现场人员的临时住宅区域和临时厂房,由于消防设施缺乏,都极易酿成火灾。发生火灾时,应注意下列几点:

(1)当火灾发生时,如果发现火势并不大,可采取措施立即扑灭,千万不要惊慌失措地乱叫乱窜,置小火于不顾而酿成大火灾。

(2)突遇火灾且无法扑灭时,应沉着镇静,及时报警,并迅速判断危险地与安全地,注意各种安全通道安全标志,决定逃生的办法。

(3)逃生时经过充满烟雾的通道时,要防止烟雾中毒和窒息。由于浓烟常在离地面约 30 cm 处四散,可向头部、身上浇凉水或用湿毛巾、湿棉被、湿毯子等将头、身裹好,低姿势逃生,最好爬出危险区。

(4)逃生要走楼道,千万不可乘坐电梯逃生。

(5)如果发现身上已着火,切勿惊跑或用手拍打,因为奔跑或拍打时会形成风势,加速氧气的补充,促旺火势。此时,应赶紧设法脱掉着火的衣服,或就地打滚压灭火苗;若能跳进水中或让人向身上浇水,喷灭火剂更有效。

(四)有毒有害物质泄漏场所紧急避险

发生有毒有害物质泄漏事故后,假如现场人员无法控制泄漏,则应迅速报警并选择安全逃生。

(1)现场人员不可恐慌,应按照平时应急预案的演练步骤,各司其职,井然有序地撤离。

(2)逃生时要根据泄漏物质的特性,佩戴相应的个体防护用品。假如现场没有防护用品,也可应急使用湿毛巾或湿衣物捂住口鼻进行逃生。

(3)逃生时要沉着冷静确定风向,根据有毒有害物质泄漏位置,向上风向或侧风向转移撤离,即逆风逃生。

(4)假如泄漏物质(气态)的密度比空气大,则选择往高处逃生;相反,则选择往低处逃生,但切忌在低洼处滞留。

(5)有毒气泄漏可能的区域,应该在最高处安装风向标。发生泄漏事故后,风向标可以正确指导逃生方向。还应在每个作业场所至少设置2个紧急出口,出口与通道应畅通无阻并有明显标志。

第六节　案例分析

一、应急预案演练案例

时间:某年冬夜。

地点:某项目部工人宿舍。

事件:火灾。

深夜两点钟,某工人宿舍员工大都处于熟睡状态中,突然一名工人发现宿舍内一处电线短路失火,顿时火势十分凶猛,这名工人当即发出喊叫。

现场基层应急专业组人员立即按照紧急预案的程序,积极组织自救:提醒大家不要慌乱,互相帮忙,撤离工棚;采取紧急救援措施,切断发生火灾宿舍电源,进行现场保护;迅速向现场内其他宿舍发出报警信号,向项目部安全领导小组报告,并拨打"119"报警电话,向消防部门求救;其他宿舍应急专业组人员获得报警信号后,立即参加援救;在消防车辆到来前,进行道路疏通、照明等救援准备工作。

项目部安全领导小组接到报警后,立即赶赴事故现场,并委派项目部值班员临时负责事故现场的指挥工作。项目部安全领导小组立即向上级安全领导机构报告,并接收上级安全领导机构的指令。

项目部值班员到达现场后,立即接手现场指挥工作。各应急专业组人员接受项目部安全领导小组的统一指挥,按照各自岗位职责采取措施,开展工作。

事故现场保护组开展保护事故现场、人员的疏散及清点工作。现场保护组人员指引无关人员撤到安全区,经清点,发现两名人员失踪,确认他们现被困火场。

事故现场抢险组立即投入抢救被困人员及灭火自救工作,指派出两名经验丰富的抢险队员,佩戴防毒面具,身披用水浇湿的棉被冲进火场,将两名被困人员救出火场,其他抢险队员兵分两组,一组人员采用现场备用的消防器材进行灭火,另一组人员转移附近仓库的氧气瓶、乙炔瓶、油漆和厨房的液化气瓶等易燃易爆危险品。

事故现场救护组立即开展对受伤人员的紧急救护工作。对两名已处昏迷状态的受伤人员,采取人工呼吸等方法进行紧急抢救,通过紧急救护两名受伤人员脱离了危险。对其他受轻伤人员进行包扎,因两名工人伤势较重,救护组向安全领导小组报告后,安全领导小组立即向急救中心求援,将两名烧伤人员护送急救中心进行治疗。

消防车辆赶赴现场后,项目部安全领导小组、各应急专业组紧密配合消防部门投入灭火战斗。通过30 min的紧张战斗,大火终于被扑灭。随后,项目部安全领导小组做好事故现场员工的住宿等安抚工作,安排恢复工程项目的正常施工秩序,配合上级安全领导机构及政府安全监督管理部门做好事故调查及处理工作。

此次火灾事故,因发现及时、指挥统一、措施得当,各应急小组成员职责明确、技能熟练,应急救援器材及设备数量充足、状态良好,从而未造成人员死亡,两名受伤较重员工很快治愈投入工作,将损失降到了最低限度,否则,后果不堪设想。

二、现场急救案例

(一)触电心肺复苏急救

2021 年 5 月 13 日中午 12 点左右,电工小李(化名)在施工过程中不慎触电倒地,不省人事,还出现了心脏骤停的情况。就在此危急关头,工友马上呼叫“120”求救,同时对小李进行心肺复苏。大概 10 min 之后,县人民医院急诊出车人员到达现场接手,继续抢救。医生为小李接上除颤仪,由于现场的抢救条件不太好,考虑到离医院也不算远,医生就在回医院的同时做心肺复苏。到达医院后,又经过 30 多 min 的抢救,小李终于恢复自主心跳,初步心脏复苏成功了。

小李能成功复苏,得益于自救、急诊院前救治、院内救治的无缝衔接。关键还是工友现场给他做心肺复苏,虽然他们可能不一定很规范,但是只要做了急救,小李的大脑就有微小的血流,能保障比较低的灌注,就不至于完全缺血缺氧。

(二)沼气中毒心肺复苏急救

2022 年 3 月 13 日,重庆某工地突发险情。几名工人在进行疏通下水道时,发生了沼气中毒。由于救护车无法及时赶到,工人们随时都会有生命危险。紧急关头,路过的女医生李某挺身而出,立刻跪地对工人们进行心肺复苏。最终,在李某的努力之下,三位工人都脱离了生命危险,被随后赶来的救护车拉走,前往就近医院接受进一步的治疗。

第七章　水利水电工程事故管理

事故管理是对事故的报告、调查、处理、统计分析、研究和档案管理等一系列工作的总称。事故管理是安全管理的一项重要工作,搞好事故管理,对掌握事故信息、认识潜在的危险隐患、提高安全管理水平、采取有效的防范措施、防止事故的发生,具有重要的作用。

第一节　事故的等级和分类

一、事故的分类

(一)事故定级的要素

事故定级要素的界定必须从各类事故侵犯的相关主体、社会关系和危害后果等方面来考虑。《生产安全事故报告和调查处理条例》(国务院令第 493 号)规定的事故分级要素有 3 个,即人员伤亡的数量(人身要素)、直接经济损失的数额(经济要素)、社会影响(社会要素),可以单独适用。

(二)通用的事故分级的规定

《生产安全事故报告和调查处理条例》(国务院令第 493 号)将一般的生产安全事故分为四级,详见第一章第一节。

(三)特殊的事故分级的规定

(1)补充分级。除对事故分级的一般性规定外,考虑到某些行业事故分级的特点,《生产安全事故报告和调查处理条例》(国务院令第 493 号)第三条规定,国务院安全生产监督管理部门可以会同国务院有关部门,制定事故等级划分的补充性规定。根据国家有关规定和水利工程建设实际情况,事故分级可适时做出调整。

(2)社会影响恶劣事故。《生产安全事故报告和调查处理条例》(国务院令第 493 号)第四十四条规定:没有造成人员伤亡,但是社会影响恶劣的事故,国务院或者有关地方人民政府认为需要调查处理的,依照本条例的有关规定执行。

二、水利水电工程建设常见事故类型

依据《企业职工伤亡事故分类》(GB 6441—86),事故可分为物体打击、车辆伤害、机械伤害、起重伤害、触电、淹溺、灼烫、火灾、高处坠落、坍塌、冒顶片帮、透水、放炮、瓦斯爆炸、火药爆炸、锅炉爆炸、容器爆炸、其他爆炸、中毒和窒息及其他伤害 20 个类别。

根据相关统计资料,水利水电工程建设多发事故类型包括坍塌事故、触电事故、高处坠落事故物体打击事故、车辆伤害事故、机械伤害事故、起重伤害事故。

结合水利水电工程建设的实际,按照生产安全事故发生的过程、性质和机制,水利水电工程建设常见重大安全事故包括:

(1)施工中土石塌方和结构坍塌安全事故。

(2)特种设备或施工机械安全事故。

(3)施工围堰坍塌安全事故。

(4)施工爆破安全事故。

(5)施工场地内道路交通安全事故。

(6)其他原因造成的水利水电工程建设安全事故。

第二节 事故报告、调查与处理

一、事故报告

(一)事故报告时限和程序

1. 事故发生单位事故报告

水利工程建设项目事故发生单位应立即向项目法人或项目部负责人报告,项目法人或项目部负责人应于1 h内向主管单位和事故发生地县级以上水行政主管部门报告。

部直属单位或者其下属单位(以下统称部直属单位)发生的生产安全事故信息,在报告主管单位的同时,应于1 h内向事故发生地县级以上水行政主管部门报告。

2. 水行政主管部门事故报告

水行政主管部门接到事故发生单位的事故信息报告后,对特别重大、重大、较大和造成人员死亡的一般事故以及较大涉险事故信息,应当逐级上报至水利部。逐级上报事故情况,每级上报的时间不得超过2 h。

部直属单位发生的生产安全事故信息,应当逐级报告水利部。每级上报的时间不得超过2 h。

情况紧急时,事故现场有关人员可以直接向事故发生地县级以上水行政主管部门报告,水行政主管部门也可以越级上报。

3. 水行政主管部门事故电话快报

发生人员死亡的一般事故的,县级以上水行政主管部门接到报告后,在逐级上报的同时,应当在1 h内电话快报省级水行政主管部门,随后补报事故文字报告。省级水行政主管部门接到报告后,应当在1 h内电话快报水利部,随后补报事故文字报告。

发生特别重大、重大、较大事故的,县级以上水行政主管部门接到报告后,在逐级上报的同时,应当在1 h内电话快报省级水行政主管部门和水利部,随后补报事故文字报告。

部直属单位发生特别重大、重大、较大事故、人员死亡的一般事故的,在逐级上报的同时,应当在1 h内电话快报水利部,随后补报事故文字报告。

(二)事故报告的内容及要求

1. 事故报告方式

事故报告要做到“快”和“准”,可采用电话、电报、电传、因特网或其他快速办法。

水利行业生产安全事故月报采用“水利生产安全事故月报表”方式上报。水利工程建设项目部直属单位应当通过“水利安全生产信息上报系统”将上月本单位发生的造成人员死亡、重伤(包括急性工业中毒)或者直接经济损失在100万元以上的水利生产安全事故和较大涉险事故情况逐级上报至水利部。省级水行政主管部门、部直属单位须于每月6日前,将事故月报通过"水利安全生产信息上报系统"报水利部安全监督司。

事故月报实行"零报告"制度,当月无生产安全事故也要按时报告。

2. 事故报告范围

水利生产安全事故信息包括生产安全事故信息和较大涉险事故信息。

水利生产安全事故等级划分按《生产安全事故报告和调查处理条例》(国务院令第493号)第三条执行。

较大涉险事故包括:涉险10人及以上的事故,造成3人及以上被困或者下落不明的事故,紧急疏散人员500人及以上的事故,危及重要场所和设施安全(电站、重要水利设施、危险品库、油气田和车站、码头、港口、机场及其他人员密集场所等)的事故,其他较大涉险事故。

3. 事故报告内容

事故的报告应及时、准确、完整,报告内容应当体现完整性原则。水利生产安全事故信息报告包括事故文字报告、电话快报、事故月报和事故调查处理情况报告。

(1)事故文字报告包括事故发生单位概况,事故发生时间、地点以及事故现场情况,事故的简要经过,事故已经造成或者可能造成的伤亡人数(包括下落不明、涉险的人数)和初步估计的直接经济损失,已经采取的措施,其他应当报告的情况。

(2)电话快报包括:事故发生单位的名称、地址、性质,事故发生的时间、地点,事故已经造成或者可能造成的伤亡人数(包括下落不明、涉险的人数)。

(3)事故月报包括事故发生时间、事故单位名称、单位类型、事故工程、事故类别、事故等级、死亡人数、重伤人数、直接经济损失、事故原因、事故简要情况等。

(4)事故调查处理情况报告包括负责事故调查的人民政府批复的事故调查报告、事故责任人处理情况等。

4. 事故发生对各参建单位的要求

水利水电工程建设发生安全事故后,在工程所在地人民政府的统一领导下,迅速成立事故现场应急处置机构负责统一领导、统一指挥、统一协调事故应急救援工作。事故现场应急处置指挥机构由到达现场的各级应急指挥部和项目法人、施工等工程参建单位组成。

在事故现场参与救援的各单位和人员应当服从事故现场应急指挥机构的指挥,并及时向事故现场应急处置指挥机构汇报重要信息。

水利水电工程建设发生重大安全事故后,项目法人和施工等工程参建单位必须迅速、有效地实施先期处置,防止事故进一步扩大,并全力协助开展事故应急处置工作。

二、事故调查

水利水电工程建设事故调查,是事故调查组为了查明水利水电工程建设事故原因、核定事故损失、认定事故责任和依法对水利水电工程建设事故肇事人的违法事实进行侦查、勘验的行为。各级水行政主管部门要按照有关规定,及时组织有关部门和单位进行事故调查,认真吸取教训、总结经验,及时进行整改。

事故调查的一般程序如下：

(1)保护好事故现场，抓紧时间向上级和有关部门报告，同时要积极抢救事故受伤者。

(2)发生事故的单位和有关上级主管单位要及时派出事故调查组赴事故现场调查。

(3)在事故现场收集事故各方面的情况与人证、物证，召开有关人员座谈会、分析会。

(4)明确事故原因，分清事故责任，提出事故处理意见。

(5)填写事故调查报告并提交。

(一)事故调查的准备

1. 成立事故调查组

事故调查是一项专业性极强的工作，不同类型、不同级别的事故，主持和参与调查的人员、人编制都会有很大差异。事故调查组参照《生产安全事故报告和调查处理条例》(国务院令第 493 号)关于事故调查组的成员单位和参加单位的要求来设立。

事故调查组的职责主要包括：

(1)查明事故发生的经过、原因、人员伤亡情况及直接经济损失。

(2)认定事故的性质和事故责任。

(3)提出对事故责任者的处理建议。

(4)总结事故教训，提出防范和整改措施。

(5)提交事故调查报告。

2. 事故调查所需设备准备

事故调查准备工作中一个重要的工作就是物资、器材上的准备，如指导事故调查用的有关规则标准，现场急救用的急救包，取证用的摄像设备、笔、纸、标签、样品容器，防护用的服装、器具，检测用的仪器设备等。

(二)事故调查取证

在进行事故调查取证的时候，要注意保护事故现场，不得破坏与事故有关的物体、痕迹和状态等。当进入现场或做模拟试验需要移动现场某些物体时，必须做好现场标识。事故调查取证工作包括物证与人证的收集、事故事实材料的收集。

物证包括现场的致害物、残留物、破损件、碎片及其具体位置。对这些物证均应贴上标签，注明时间、地点、管理者；所有物件均应保持原样，不得擦洗；对健康有害的物品，应采取不损坏原始证据的安全保护措施。

人证是指有关现场当事人的叙述事故的材料，应认真考证其真实性。事故事实材料的收集包括与事故鉴别、记录有关的材料和事故发生的有关事实材料。另外，在进行事故取证的时候可根据事故调查需要，做好事故现场的方位拍照、全面拍照、中心拍照、细目拍照和人体拍照等，绘出事故调查分析所必须了解的信息示意图。

码 7-1　PPT：人的不安全行为表现

(三)事故调查分析

事故调查分析一般包括事故原因分析、事故性质认定和事故责任分析三个方面。

1. 事故原因分析

(1)事故直接原因。事故直接原因,即直接导致事故发生的原因,又称一次原因。事故直接原因只有两个,即人的不安全行为和物的不安全状态,分别见表7-1、表7-2。

表7-1 常见的人的不安全行为

序号	内容
1	操作错误、忽视安全、忽视警告(如违反操作规程、规定和劳动纪律)
2	造成安全装置失效(如拆除了安全装置,因调整的错误造成安全装置失效等)
3	使用不安全设备(如使用不牢固的设备,使用无安全装置的设备)
4	手代替工具操作(如不用夹具固定,手持工件进行加工)
5	物体(指成品、半成品、材料、工具、生产用品等)存放不当
6	冒险进入危险场所
7	攀、坐不安全装置,如平台防护栏、汽车挡板等
8	在起吊物下作业、停留
9	机器运转时加油、修理、检查、调整、焊接、清扫等
10	有分散注意力的行为(如高位作业时接听手机)
11	在必须使用个人防护用品的作业或场合中,未正确使用
12	不安全装束(如穿拖鞋进入施工现场,戴手套操纵带有旋转零部件的设备)
13	对易燃易爆危险品处理错误

表7-2 常见的物的不安全状态

序号	内容
1	防护、保险、信号等装置缺乏或有缺陷(如起重机械的限速、限位、限重失灵等)
2	设备、设施、工具附件有缺陷(如起重千斤绳达报废标准未报废处理等)
3	个人防护用品、用具缺少或有缺陷(如安全带磨损、腐蚀严重未及时更换等)
4	生产(施工)场地环境不良(如作业场所光线不良、狭小、通道不畅等)

(2)事故间接原因。事故间接原因,则是指事故直接原因得以产生和存在的原因,也称管理原因。事故间接原因有下列六种:

①技术和设计上有缺陷,设施、设备、工艺过程、操作方法、施工措施和材料使用等存在问题;

②教育培训不够、未经培训,员工缺乏或不懂安全操作技术知识和技能;

③劳动组织、生产布置不合理;

④对现场工作缺乏检查或指导错误;

⑤没有安全操作规程或规章制度不健全,无章可循;

⑥没有或不认真实施事故防范措施,对事故隐患整改不力。

2. 事故性质认定

通过对事故的调查分析,明确事故性质,将事故分为责任事故与非责任事故。

(1)责任事故指由于管理不善、设备不良、工作场所不良或有关人员的过失引起的伤亡事故。生产中发生的各类事故大多数属责任事故,其特点是可以预见和避免。如水利水电工程建设中临边作业不挂安全带,导致高处坠落死亡事故;违反操作规程导致设备损坏或人员伤亡事故等。

(2)非责任事故指由于事先不能预见或不能控制的自然灾害而引起的伤亡事故,如地震、滑坡、泥石流、台风、暴雨、冰雪、低温、洪水等地质、气象、自然灾害引起的事故;由于一些没有探明科学方法和尖端技术的未知领域所引起的事故,如新产品、新工艺、新技术使用时无法预见的事故;由于科学技术、管理条件不能预见的事故,如规程、规范、标准执行实施以外未规定的意外因素造成的事故。其特点为不可预见或不可避免。

3. 事故责任分析

事故责任分析是在查明事故原因后,分清事故责任,吸取教训,改进工作。事故责任分析中,应通过对事故的直接原因和间接原因分析,确定事故的直接责任者和领导责任者及其主要责任者,从而根据事故后果和事故责任提出处理意见。

(1)直接责任者指其行为与事故的发生有直接关系的人员;主要责任者指对事故的发生起主要作用的人员。有下列情况之一的应由肇事者或有关人员负直接责任或主要责任:

①违章指挥、违章作业或冒险作业,造成事故的;

②违反安全生产责任制和操作规程,造成事故的;

③违反劳动纪律,擅自开动机械设备或擅自更改、拆除、毁坏、挪用安全装置和设备,造成事故的。

(2)领导责任者指对事故的发生负有领导责任的人员,有下列情况之一时,应负有领导责任:

①由于安全生产规章、责任制度和操作规程不健全,职工无章可循,造成事故的;

②未按照规定对职工进行安全教育和技术培训,或职工未经考试合格上岗操作,造成事故的;

③机械设备超过检修期限或超负荷运行,设备有缺陷又不采取措施,造成事故的;

④作业环境不安全,又未采取措施,造成事故的;

⑤新建、改建、扩建工程项目,安全设施不与主体工程同时设计、同时施工、同时投入生产和使用,造成事故的。

4. 不同安全职责人员分类及事故致因分析

1)安全决策人员的不安全行为分析

安全决策人员是指从组织整体的安全生产规划出发,对企业的整个安全生产的统一指挥和综合管理,并制定组织的安全生产目标以及实现安全生产目标,具有决策作用的人员。安全决策人员往往远离一线作业现场和具体的活动,其主要职责大多是对组织整体运行和安全生产方向的把控,多数停留在战略制定的层面。安全决策人员通过制定全面的安全生产计划，以及为安全监督人员和基层作业人员提供所需资源等方式来展示他们对安全生产的重视程度。安全决策人员的这些行为表现不仅能在企业的整体安全生产运行中起到带头作用，同时能表现他们对基层作业人员安全的关心，肯定安全监督人员在工作中的重要作用，给予他们支持，促进各层级人员对安全的重视，从而有利于形成良好的安全文化氛围。

安全决策人员的不安全行为是指制定的管理体系存在缺陷或漏洞导致安全监督人员和基层作业人员存在不安全行为以及作业现场存在不安全状态的决策类行为表现。通常包括规章制度制定、组织运行计划设计以及安全机构设置等内容。安全决策人员的不安全行为主要分为三个方面，即安全资源管理缺失、不良组织氛围的形成以及组织过程的漏洞。其中在安全资源管理的缺失方面未配备安全专职管理人员和安全设施配备不足的比重较高。

2）安全监督人员的不安全行为分析

安全监督人员是指通过执行上级制定的规章制度，对现场或某一特定环节、过程进行监视、督促，预防基层作业人员的不安全行为，使各个环节的各项要求均能达到安全生产的目的。安全监督人员在整个企业中作为安全管理人员和基层作业人员的重要纽带，有着承上启下的作用。他们不仅是安全工作的执行者，也是实施者。首先，任何新的安全生产计划和安全制度规范都需要依靠安全监督人员的参与来得以实现，当安全决策人员向基层作业人员传达指示和命令时，要经过安全监督人员的过滤；其次，基层作业人员需要依靠安全监督人员将他们在安全生产过程中的相关意见传递给安全管理人员。由此可见，安全监督人员在安全决策人员和基层作业人员之间起着至关重要的作用；再次，因为安全监督人员与基层作业人员的接触最频繁，使得他们具备了安全决策人员对基层作业人员没有的影响力和激励基层作业人员的能力，因此他们的行为在基层作业人员的安全行为表现中充当着催化剂的角色；最后，安全决策人员对基层作业人员的影响是间接且有条件的，条件之一就是需要有安全监督人员的支持。

安全监督人员的不安全行为是指由于没有对基层作业人员的不安全行为进行有效的监督以及现场作业环境中的不安全物态的有效监督或违规监督而导致事故发生的监督类行为表现。通常包括监督不充分以及违章监督等内容。

3）基层作业人员不安全行为分析

基层作业人员是指在生产现场作业劳动的人员。基层作业人员作为现场操作最直接的参与者，对安全生产结果具有重要的影响，他们的操作流程是否合规、作业动作是否安全直接关乎整个生产环节的质量、进度以及安全，因此基层作业人员被认为既是作业现场安全事故的造成者也是事故发生的直接受害者。国内外许多学者对基层作业人员的不安全行为进行了大量的研究，以期从不同的角度发现基层作业人员的不安全行为机制，为更加有效地防止事故的发生献计献策。

基层作业人员的不安全行为是指在生产现场劳动作业的人员由于有意或无意导致的不安全行为或造成作业现场的不安全物态进而导致事故的直接行为。通常包括对因缺乏安全知识而造成的错误操作或为提高效率故意违背安全规章制度的操作等内容。基层作业人员产生不安全行为主要存在于以下两个过程：一是作业前的准备工作；二是作业过程的直接行为。在作业前准备中,知识技能经验不足占比最高;在作业过程中的直接行为中,违章作业这一不安全行为占比最高。

(四)事故调查报告

事故调查报告是事故调查工作的结果,是事故调查水平的综合反映。事故调查报告的核心内容应反映对事故的调查分析结果,应包括下列内容:

(1)事故单位基本情况。

(2)调查中查明的事实。

(3)事故原因分析及主要依据。

(4)事故发展过程及造成的后果(包括人员伤亡、经济损失)分析、评估。

(5)采取的主要应急响应措施及其有效性。

(6)事故结论。

(7)事故性质若为责任事故,需报告责任单位、事故责任人并提出处理建议。

(8)调查中尚未解决的问题。

(9)经验教训和有关水利水电工程建设安全的建议。

(10)事故调查组成员名单和签名。

(11)各种必要的附件等。

(五)材料归档及事故登记

事故处理结案后,应将事故调查处理的有关材料按伤亡事故登记表的要求进行归档和登记,包括:事故调查报告书及批复,现场调查的记录、图纸、照片,技术鉴定、试验报告,直接经济损失和间接经济损失的统计材料,物证、人证材料,医疗部门对伤亡人员的诊断书,处分决定,事故通报,调查组人员姓名、职务、单位等。

三、事故处理

《安全生产法》明确规定了生产安全事故调查处理的原则:科学严谨、依法依规、实事求是、注重实效。事故处理包括事故善后处理、事故责任处理以及整改措施制定。

(一)事故善后处理

善后处理主要包括伤亡者的妥善处理、群众的教育、恢复生产、整改措施的落实。

(二)事故责任处理

根据事故处理"四不放过"原则(事故原因未查明不放过、责任人未处理不放过、整改措施未落实不放过、有关人员未受到教育不放过),对事故责任者要严肃处理,追究其相应的法律责任。

《国务院关于进一步加强企业安全生产工作的通知》(国发〔2010〕23号)中提出"实行更加严格的考核和责任追究",一方面加大了对事故单位负责人的责任追究力度,另一方面也加大了对事故单位的处罚力度。

《中共中央 国务院关于推进安全生产领域改革发展的意见》(中发〔2016〕32号)中提出"完善事故调查处理机制",坚持问责与整改并重,充分发挥事故查处对加强和改进安全生产工作的促进作用。

(三)整改措施制定

为预防类似事故再次发生,应该从技术、管理、教育三方面提出整改措施,并使其得到落实。制定和落实整改措施要求论证下列几个方面内容:

(1)整改措施是否可行、是否有效、是否还会带来危险因素,有必要的话可进行风险评估。

(2)落实责任:谁来落实,什么时候落实,谁保证人、财、物的资源的安全。

(3)跟踪监督完成情况等工作。

第三节　事故统计分析

一、事故统计分析的目的

事故的发生具有随机性,即事故发生的时间、地点、事故后果的严重性是偶然的。这说明事故的预防具有一定的难度。但事故的随机性在一定的范围内也遵循统计规律,从事故的统计资料中找出事故发生的规律性,这对制定正确的预防措施具有重大意义。

对水利水电工程建设安全事故进行统计分析,是掌握水利水电工程建设安全事故发生的规律性趋势和各种内在联系的有效方法,既对加强水利水电工程建设安全管理工作具有很好的决策和指导作用,又对加强水利安全生产体制机制建设和对事故预防应对工作有重大作用。

二、事故统计分析的作用

做好事故统计分析有助于提高安全管理水平,主要表现在下列几个方面:

(1)从事故统计报告和数据分析中,掌握事故发生的原因和规律,针对安全生产工作中的薄弱环节,有的放矢地采取避免事故发生的对策。

(2)通过事故的调查研究和统计分析,反映出安全生产业绩,统计的数字是检验安全工作好坏的一个重要标志。

(3)通过事故的调查研究和统计分析,为制定有关安全生产法律法规、标准规范提供科学依据。

(4)通过事故的调查研究和统计分析,让广大员工受到深刻的安全教育、吸取教训、提高安全自觉性,让企业安全管理人员提高对安全生产重要性的认识,从而提高安全管理水平。

(5)通过事故的调查研究和统计分析,使领导机构及时、准确、全面地掌握本系统安全生产状况,发现问题并做出正确的决策。

三、事故统计分析的指标

统计指标有绝对指标和相对指标。绝对指标反映事故情况的绝对数,如事故起数、死亡人数、重伤人数、直接经济损失等。相对指标用来评价事故的比较值,如伤害频率、伤害严重率等。

(1)从死伤人数方面对事故规模、严重程度和安全生产状况进行评价的统计指标主要有千人死亡率、千人重伤率、百万工时伤害率、伤害严重率、伤害平均严重率等,其计算方法见表7-3。

表7-3 事故统计指标及计算方法

名称	含义	计算方法
千人死亡率	一定时期内,平均每千名从业人员,因伤亡事故造成的死亡人数	$千人死亡率=\frac{死亡人数}{平均职工人数}\times10^3$
千人重伤率	一定时期内,平均每千名从业人员,因伤亡事故造成的重伤人数	$千人重伤率=\frac{重伤人数}{平均职工人数}\times10^3$
百万工时伤害率	一定时期内,平均每百万工时,因事故造成的伤害人数,伤害人数包括轻伤、重伤和死亡人数	$百万工时伤害率=\frac{伤害人数}{实际总工时数}\times10^3$
伤害严重率	一定时期内,平均每百万工时,事故造成的损失工作日数	$伤害严重率=\frac{总损失工作日数}{实际总工时数}\times10^3$
伤害平均严重率	每人次受伤害的平均损失工作日	$伤害平均严重率=\frac{总损失工作日数}{伤害人数}\times10^3$

(2)从经济角度出发,衡量安全生产状况,评价员工伤亡事故对经济效益影响的相对程度的统计指标。经济损失包括直接经济损失和间接经济损失,前者是指因事故造成人身伤亡及善后处理支出的费用和毁坏财产的价值;后者是指由直接经济损失引起和牵连的其他损失,包括失去的在正常情况下可以获得的利益和为恢复正常的管理活动或者挽回所造成的损失支付的各种开支、费用。经济损失用公式表示如下:

$$经济损失=直接经济损失(万元)+间接经济损失(万元)$$

常用经济损失指标包括:

①千人经济损失率。在全部职工中,平均每一千职工事故所造成的经济损失大小,反映事故给全部职工经济利益带来的影响,即

$$千人经济损失率=\frac{经济损失(万元)}{企业平均职工人数}\times10^3$$

②百万元产值经济损失率。平均每创造一百万元产值因事故所造成的经济损失大小,反映事故对经济效益造成的经济影响程度,即

$$百万元产值经济损失率=\frac{经济损失(万元)}{企业总产值(万元)}\times100\%$$

四、事故统计的方法

事故统计分析就是运用数理统计的方法,对大量的事故资料进行加工、整理和分析,

从中揭示事故发生的某些必然规律，为预防事故发生指明方向。常见的事故统计分析的方法有综合分析法、主次图分析法、事故趋势图分析法、相对指标比较法等，下面介绍几种。

（一）综合分析法

将大量的事故资料进行总结分类，将汇总整理的资料及有关数值，形成书面分析材料或填入统计表或绘制统计图，使大量的零星资料系统化、条理化、科学化。从各种变化的影响中找出事故发生的规律性。

（二）主次图分析法

主次图即主次因素排列图，是直方图与折线点的组合，直方图用来表示属于某项目的各分类的频次，而折线点则表示各分类的累积相对频次。排列图可以直观地显示出属于各分类的频数的大小及其占累积总数的百分比。

（三）事故趋势图分析法

事故趋势图又称事故动态图，它是将某单位或某地区的事故发生情况按照时间顺序绘制成的图形。它可以帮助人们掌握事故的发展规律或趋势，其横坐标多表示时间、年龄或工龄等时间参数，纵坐标可根据分析的需要选用不同的统计指标，如反映工伤事故规模的指标（包括事故次数、事故伤害总人数、事故损失工作日数、事故经济损失等）、反映工伤事故严重程度的指标（包括伤害严重率、伤害平均严重率、百万元产值事故经济损失值等）以及反映工伤事故相对程度的指标（包括千人死亡率、重伤率等）等。

五、事故统计分析资料整理

通过对事故的分析研究，促进科学技术的进步和社会的发展。事故资料的统计调查分析，是采用各种手段收集事故资料，将大量零星的事故原始时间、地点、受害人的姓名、性别、年龄、工种、伤害部位、伤害性质、直接原因、间接原因、起因物、致害物、事故类型、事故经济损失等项目填写到一起。

事故资料的整理是根据事故统计分析的目的进行恰当分组和事故资料的审核、汇总，并根据要求计算数值，统计分组。审核、汇总过程中要检查资料的准确性，看资料的内容是否符合逻辑、指标之间是否矛盾，最后将整理的事故资料及有关数据填入统计表，利用统计表中的事故统计指标研究分析各种事故现象的规律、发展速度和比例关系等。

统计分析的结果，可以作为基础数据资料保存，作为定量安全评价和科学计算的基础。

第四节　工伤保险

工伤保险也称职业伤害保险，是通过社会统筹的办法，集中用人单位缴纳的工伤保险费，建立工伤保险基金，对劳动者在工作中或在规定的特殊情况下，遭受意外伤害或患职业病导致暂时或永久丧失劳动能力以及死亡时，劳动者或其遗属从国家和社会获得物质帮助的一种社会保险制度。实行工伤保险的基本目的在于防止工伤事故、补偿职业伤害带来的经济损失、保障工伤职工及其家属的基本生活水准、减轻企业负担，同时保障社会经济秩序的稳定。

一、工伤保险的职能

(一)工伤补偿

根据因工负伤、致残、死亡的不同情况提供法定标准的经济补偿,主要是以现金支付的有关工伤保险待遇。

(二)事故预防与职业病防治

工伤保险制度的建立,可以促使企业和社会关注企业安全管理,积极采取事故预防措施,防止事故和职业病的发生。

(三)职业康复

因工伤残不仅需要一定的经济补偿和及时的救治,更需要对他们进行康复治疗与帮助。这种康复是现代意义的康复:既要有及时的医疗康复,尽快恢复其能力或降低伤残程度,通过矫形手术或矫形器具使其恢复自信心及生活能力;又要有必要的教育康复和职业康复,使伤残人员能够尽快重返工作岗位或是掌握适合自己现有能力的技能,为其再就业创造良好的条件;同时要有社会康复,使伤残人员无论在心理方面,还是在能力等诸方面能够自己生活,能够适应社会生活。职业康复的积极意义不仅在于减少了基金的开支,更重要的是促进了工伤职工的社会融合,减少了人力资源的浪费。

在我国的工伤保险中引入康复任务,是我国工伤保险事业的重要发展,也是我国向现代化迈进的重要措施。

二、我国现行工伤保险制度

依据《工伤保险条例》(国务院令第 375 号),工伤保险的申报和认定流程如图 7-1 所示。

(一)享受工伤保险待遇的资格条件及认定程序

在判定遭遇人身伤害的职工能否享受工伤保险待遇时,首先要对其进行资格认定。

1. 关于工伤认定的资格条件

《工伤保险条例》(国务院令第 375 号)第十四条规定的认定工伤的类型包括:

(1)在工作时间和工作场所内,因工作原因受到事故伤害的。

(2)工作时间前后在工作场所内,从事与工作有关的预备性或者收尾性工作受到事故伤害的。

(3)在工作时间和工作场所内,因履行工作职责受到暴力等意外伤害的。

(4)患职业病的。

(5)因工外出期间,由于工作原因受到伤害或者发生事故下落不明的。

(6)在上下班途中,受到非本人主要责任的交通事故或者城市轨道交通、客运轮渡、火车事故伤害的。

(7)法律、行政法规规定应当认定为工伤的其他情形。

《工伤保险条例》(国务院令第 375 号)第十五条规定的视同工伤的类型包括:

①在工作时间和工作岗位,突发疾病死亡或者在 48 小时之内经抢救无效死亡的;

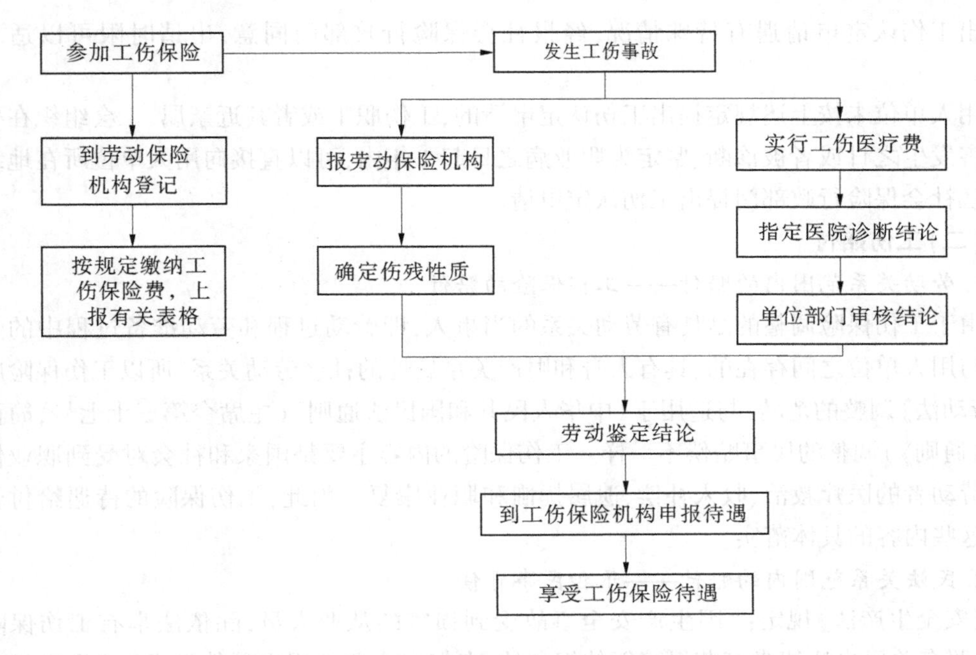

图 7-1　工伤保险的申报和认定流程

②在抢险救灾等维护国家利益、公共利益活动中受到伤害的；

③职工原在军队服役，因战、因公负伤致残，已取得革命伤残军人证，到用人单位后旧伤复发的。

2. 关于职业病认定的资格条件

职业病系指企业、事业单位和个体经济组织等用人单位的劳动者在职业活动中，因接触粉尘、放射性物质和其他有毒、有害因素引起的疾病。职业病认定与工伤认定的不同之处在于，它不是从事故条件而是从病因、病种和职业接触史等方面规定资格条件。职业病是由缓慢起作用的职业性病因引起的，而工伤的最大特征是病因是迅速作用的事故，两者均可享受工伤保险待遇。界定法定职业病必须具备下列 4 个要件：

(1) 患者必须是用人单位的劳动者，与用人单位发生了劳动关系。

(2) 职业病必须是在从事职业活动中产生的。

(3) 必须是接触了粉尘、放射性物质和其他有毒、有害物质等职业危害因素。

(4) 必须是国家公布的职业病分类和目录所列的职业病。

3. 关于因工致残认定的资格条件

《工伤保险条例》(国务院令第 375 号)专门设立有“劳动能力鉴定”一章，规定职工发生工伤，经治疗伤情相对稳定后存在残疾、影响劳动能力的，应当进行劳动能力鉴定。在此之后的伤残待遇的确定和对工伤职工的安置都要以该鉴定的结果为依据。

4. 工伤认定程序

发生事故伤害或者按照职业病防治法规定被诊断、鉴定为职业病，所在单位应当自事故伤害发生之日或者被诊断、鉴定为职业病之日起 30 日内，向统筹地区社会保险行政部门提出工伤认定申请遇有特殊情况,经报社会保险行政部门同意,申请时限可以适当延长。

用人单位未按上述规定提出工伤认定申请的,工伤职工或者其近亲属、工会组织在事故伤害发生之日或者被诊断、鉴定为职业病之日起1年内,可以直接向用人单位所在地统筹地区社会保险行政部门提出工伤认定申请。

(二)工伤赔付

1. 劳动关系范围内的赔付——工伤保险的赔付

由于工伤保险调整的是具有劳动关系的当事人,即劳动过程和劳动准备过程中的劳动者与用人单位之间存在的、具有人身和财产关系属性的社会劳动关系,所以工伤保险属于《劳动法》调整的范畴,与适用于《中华人民共和国民法通则》(主席令第三十七号,简称《民法通则》)调整的民事赔偿不一样。工伤保险的内容主要是国家和社会对受到职业伤害的劳动者的医疗救治、收入补偿、遗属抚恤和职业康复。因此,工伤保险的待遇给付就是对这些内容的具体落实。

2. 民法关系范围内的赔付——承担民事责任

《安全生产法》规定:"因生产安全事故受到损害的从业人员,除依法享有工伤保险外,依照有关民事法律尚有获得赔偿的权利的,有权向本单位提出赔偿要求","生产经营单位发生生产安全事故造成人员伤亡、他人财产损失的,应当依法承担赔偿责任;拒不承担或者其负责人逃匿的,由人民法院依法强制执行",单位在生产过程中如果发生了《民法通则》中规定的情况,造成对非企业生产人员的伤害时,应该承担相应的民事责任。

3. 工伤保险的补充——人身意外伤害保险

除依法参加工伤保险外,企业或职工个人还可以根据自身经济条件为全体或部分职工、为自己投保人身意外伤害险,将企业面临的人身风险和个人面临的意外伤害事故风险,通过人身保险的方式转嫁给保险公司。

4. 工伤死亡事故死亡职工一次性赔偿新标准

《国务院关于进一步加强企业安全生产工作的通知》(国发〔2010〕23号)规定:提高工伤事故死亡职工一次性赔偿标准。从2011年1月1日起,依照《工伤保险条例》(国务院令第375号)的规定,对因生产安全事故造成的职工死亡,其一次性工亡补助金标准调整为按全国上一年度城镇居民人均可支配收入的20倍计算,发放给工伤事故死亡职工近亲属。同时,依法确保工伤事故死亡职工一次性丧葬补助金、供养亲属抚恤金的发放。

(三)工伤保险待遇给付及程序

1. 工伤保险的待遇给付项目

工伤保险待遇及其部分待遇项目包含的主要内容如图7-2所示。

2. 工伤保险的待遇给付程序

依照《工伤保险条例》,工伤保险待遇的申请及给付程序如图7-3所示。

工伤认定时应依据的书面资料包括职工的工伤保险申请、指定医院或医疗机构初诊时的诊断证明书以及企业或劳动部门的工伤报告。

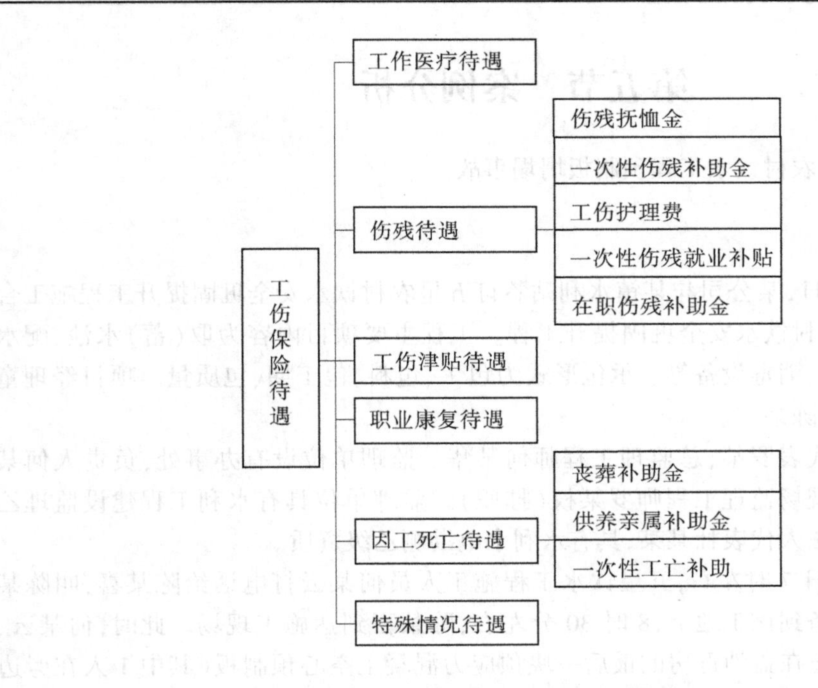

图 7-2　工伤保险待遇及其部分待遇项目

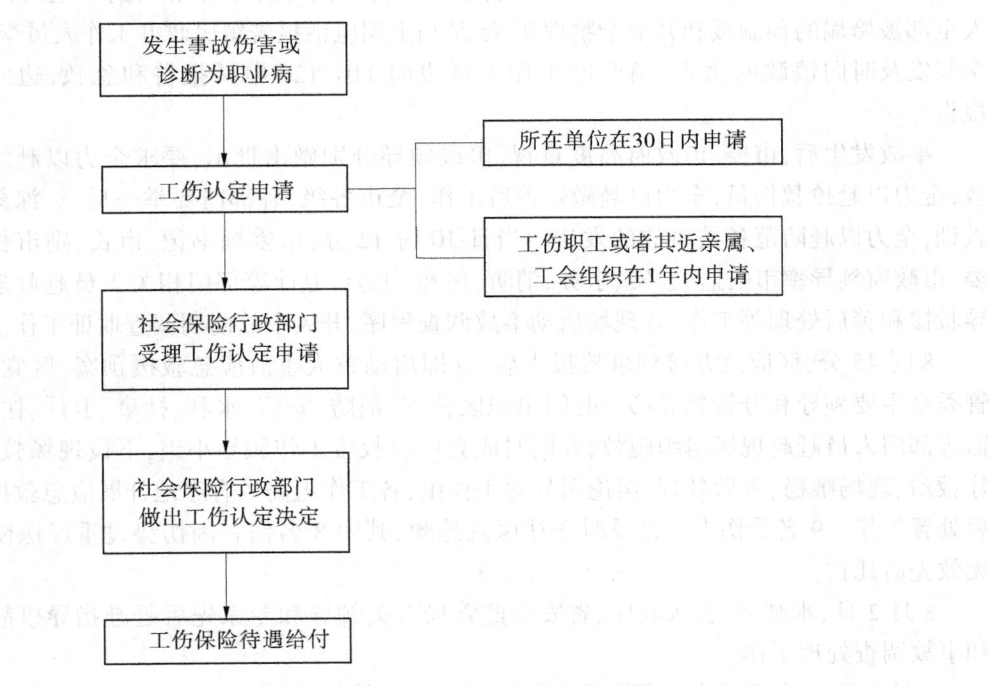

图 7-3　工伤保险待遇的申请及给付程序

第五节 案例分析

坍塌事故案例:农村饮水工程预制板坍塌事故。

一、事故概况

2016年6月6日,某公司与某镇水利站签订五星农村饮水安全巩固提升工程施工合同,承包某镇五星农村饮水安全巩固提升工程。工程主要项目内容为取(蓄)水池、配水管网、泵房供水设备、消毒设备等。承包形式为包工、包料、包工期、包质量。项目经理童某,授权委托代理人陈某文。

监理单位法人代表罗某,总监理工程师何某华。监理单位设有办事处,负责人何某宾。五星饮水工程现场监理工程师罗某权(挂职)。监理单位具有水利工程建设监理乙级资质。设计单位法人代表杜某某,具有水利水电勘测乙级资质。

2016年8月1日7时左右,五星饮水工程施工人员何某云打电话给陈某喜,叫陈某喜拉盖房子用的檩条到该工地上,8时30分左右,陈某喜到达施工现场。此时,何某云、李某兵等9名工人正在盖消毒房的最后一块预应力混凝土空心预制板(其中1人在旁边打杂),几分钟后,陈某喜离开现场准备回家,走出10 m左右,就听到身后施工现场“轰”一声,转过身去看,水池上的预制板和预制板上修建的消毒房全部垮塌到水池内,9名工人全部被垮塌的预制板和其他杂物埋压,于是马上用电话报告镇民政办工作人员李某发,李某发及时向镇政府报告,镇政府工作人员边向110、120电话报警和急救,边向上级报告。

事故发生后,市委、市政府高度重视,多级领导分别做出批示,要求全力以赴组织施救,全力以赴抢救伤员,全力以赴做好善后工作,全市各级、各部门要举一反三,深刻吸取教训,全力以赴防范各类事故的发生。当日10时12分,市委副书记、市长、副市长等市委、市政府领导率市安监、公安、水务、消防、住建、工会、卫计等部门相关人员赶赴现场指导救援和善后处理等工作,并现场启动事故调查程序,开展事故前期调查取证工作。

8时45分,区应急办接到事故报告后,立即启动重大事故应急救援预案,区党工委、管委会主要领导和分管领导第一时间组织区公安、消防、安监、水利、社事、卫计、住建、质监等部门人员赶赴现场组织施救,并同时成立应急救援工作领导小组,下设现场救援、医疗救治、现场维稳、善后处理、舆论引导等工作组,各工作组高效有序地开展应急救援和善后处置工作。9名受伤人员被及时送往医院抢救,其中8名伤者因伤势过重经医院抢救无效先后死亡。

8月2日,水利部、省水利厅、省安全监管局有关领导和专家先后赶赴指导事故善后和事故调查处理工作。

8月3日,8名遇难者全部火化;截至8月6日,按照当地风俗遇难者全部先后安葬,善后工作基本结束,社会秩序稳定。

二、事故原因

(一)直接原因

施工单位未按照设计实施方案组织施工,擅自改变原设计几何尺寸,擅自将原设计水池顶板 C20 钢筋混凝土现浇板(厚 120 mm)改为预应力混凝土空心板,现场预应力混凝土空心板上部荷载对其产生的弯矩大于其自身所能承受的弯矩,出现受弯破坏,导致预应力混凝土空心板断裂,引起水池盖板及上部消毒房整体垮塌,导致 9 名现场作业的工人全部被困在新建的蓄水池内。

(二)间接原因

(1)施工单位施工安全生产主体责任不落实,违法违规施工。

①现场安全管理缺失。施工单位负责人未依法履行公司安全生产主要责任人责任,违规出借资质;项目经理童某某、办事处负责人廖某某、委托代理人陈某文等未履行工程质量和安全管理职责,未在该工程中从事施工安全管理;施工现场无安全生产规章制度,未配备专职安全管理人员和施工技术人员,无安全施工防范措施。

②违法转包、分包工程。2016 年 5 月,陈某文(不具备投标资格)参与镇农村饮水安全工程投标,竞标获得 3 个饮水工程标的施工权后,通过挂靠该施工单位取得施工资质。2016 年 6 月 16 日开工建设后,陈某文就将水池施工及现场管理委托给何某云负责,又以 12 500 元的价格将消毒房以单包工方式发包给李某兵实施。

③施工人员未受到教育培训。施工单位未依法组织对参与施工的 9 名工人进行安全教育和操作技能培训,所有参与施工作业及施工管理人员均不具备与本岗位相适应的资质和操作技能;未依法为施工人员办理工伤保险、提供符合国家标准或者行业标准的劳动防护用品。

④未全面履行 2016 年 6 月 6 日与镇水利站签的安全协议中明确的责任。

(2)监理单位未履行项目监理职责。委托不具备监理资格的罗某权为现场监理人,未依法履行五星饮水工程项目监管职责;对关键部位既不履行监理责任也没有作监理记录,特别是施工单位将原设计水池顶板 C20 钢筋混凝土现浇板改为预应力混凝土空心板的行为,未及时发现并制止,致使隐患酿成事故,未履行监理方的责任,现场监理严重缺位失职。

(3)预制板厂非法生产经营。未依法办理生产、销售手续,非法生产、销售“三无”预应力空心板,且预应力空心板不符合相关质量要求。

(4)该镇水利站安全监管失职。一是违规招标。违反《农村饮水安全工程建设管理办法》的规定招标。二是安全管理不到位。项目发包后,对施工单位未按设计方案施工、施工现场安全管理缺失、监理单位不依法履职、施工单位(陈某文)违法转包、分包的行为失察。

(5)镇政府对 2016 年农村饮水安全工程建设立项审批、招标投标、质量和安全生产等方面的工作监管不力。

(6)该区农牧水利局行业监管责任未落实。组织领导行业安全生产工作不力,日常安全生产监督检查不到位,对五星农村饮水安全巩固提升工程建设、施工、监理等各方不依法履职的行为失察，对该镇水利站的业务指导和监督检查不力。

（7）该区质量监督管理部门监管不力。组织实施辖区内产品质量安全监督管理、产品质量风险监控、监督抽查等工作不力，致使预制厂生产、销售不符合国家技术标准的预应力混凝土空心板的行为长期未得到督促整改。

（8）该区工商管理分局对辖区内预应力混凝土空心板生产企业的清理排查有疏漏，致使预制厂违法生产、无照经营的行为长期存在。对工商执法大队的履职情况督促指导不力。

（9）该区住建局对预制厂非法、违法生产预应力混凝土空心板的行为未采取有效措施予以制止，对检查中发现生产现场无实验室、无质量保证体系、相关制度不落实等问题的跟踪、指导、督促整改不到位。

（10）该镇政府安全生产“打非治违”工作不扎实，对辖区内非法预应力混凝土空心板生产经营企业清理排查不到位，底数不清，治理不力，安全生产属地监管责任落实不到位。

（11）该区党工委、管委会安全生产“党政同责、一岗双责、失职追责”责任制落实不到位，安全生产“打非治违”等工作开展不扎实，对有关职能部门安全生产监管工作指导监督检查不力。

三、事故责任分析

（1）陈某锋，男，该镇水利站站长（法人），五星饮水工程建设单位负责人。未依法履行法定监管职责，组织领导、督促指导本单位安全生产工作不力，对本次事故的发生负有主要领导和监管责任。

（2）李某川，男，该县水务局职工，施工单位实际负责人。对施工单位的经营行为管理不到位，对该施工单位办事处违规出借资质、陈某文挂靠借用资质投标的行为失察，对本次事故的发生负有管理责任。

（3）童某，男，该区水务局职工，施工单位五星饮水工程项目经理。未依法履行项目经理责任，对该项目人员管理、安全施工和技术质量监管工作缺位，对本次事故的发生负有重要管理责任。

（4）彭某，男，该镇水利站副站长，分管全镇水利安全，该镇2016年农村饮水安全工程项目质量、技术指导具体负责人。对五星饮水工程承包单位、监理单位违法违规、主体责任履行不到位等行为失察，对本次事故的发生负有直接管理责任。

（5）杨某益，男，该镇副镇长，分管水利、林业等工作。该镇2016年农村饮水安全工程项目具体负责人，对水利站等部门履职情况指导、监督、检查不力，对辖区内饮水工程项目点的现场施工安全疏于检查，属地监管责任履行不到位，对本次事故的发生负有重要领导责任。

（6）蒲某，男，该镇武装部长，分管安全生产工作。指导协调、监督检查安全生产工作不力，对行业主管部门履行安全生产监管责任督查不到位，调度不及时，对本次事故的发生负有领导责任。

（7）杨某贵，男，该镇党委副书记、镇长，该镇2016年农村饮水安全工程项目总负责人。对镇水利站等部门安全生产工作开展情况的调度、监督、检查不力，安全生产第一责任人的责任履行不到位,对本次事故的发生负有领导责任。

(8)贺某,男,该镇党委书记。组织领导、监督检查安全生产和落实“党政同责、一岗双责”安全生产责任制不到位,对本次事故的发生负有领导责任。

(9)王某云,男,该区农牧水利局水利科科长。对辖区内农村水利水电建设安全生产监督检查不到位,对该镇水利站指导、督促、检查不力,对本次事故的发生负有重要监管责任。

(10)韩某,男,该区农牧水利局党组成员,农牧水利服务中心主任(事业编制),分管农村水利水电建设管理等工作。组织领导、统筹安排、监督指导辖区内农村水利水电建设安全生产工作不力,对该镇水利站指导、督办不到位,对本次事故的发生负有直接领导责任。

(11)青某,男,该区农牧水利局党组书记、局长,该区农牧水利安全生产第一责任人。对辖区内农牧水利安全生产工作监督检查不到位,对业务科室及有关人员未认真履行职责的问题督促不力,未认真落实“一岗双责”和“管行业必须管安全”的要求,对本次事故的发生负有领导责任。

(12)王某波,男,该镇经济发展办公室主任(事业编制)。未认真履行安全生产行业监管责任。对辖区内无照经营的预制板厂的清理检查不到位,对预制厂存在的隐患跟踪督促整改不力,对本次事故的发生负有监管责任。

(13)贺某,男,该镇党委委员、武装部长。2014 年 12 月,该镇参加了区质监、工商、住建等部门联合组织的预制板厂专项检查,但作为该镇当时分管安全生产、组织参与专项检查工作的分管领导,没有跟踪督促整改联合检查组对预制厂检查时发现的问题,开展“打非治违”等工作不力,对本次事故的发生负有领导责任。

(14)陈某华,男,该镇党委委员、副镇长,分管安全生产、经济发展等工作。对全镇安全生产“打非治违”和属地监管责任工作落实不到位,对本次事故的发生负有领导责任。

(15)黎某,男,该区质监分局稽查大队大队长。对预制厂未按国家技术标准生产预应力混凝土空心板的行为稽查执法不力,致使该厂非法生产、销售“三无”产品的行为长期存在,对本次事故的发生负有监管责任。

(16)甘某,男,该镇执法大队大队长。对辖区内无照经营市场主体的清理检查不细致,对预制厂无照生产经营的行为失察漏管,对本次事故的发生负有监管责任。

(17)胡某,男,该区工商分局党组成员、经检大队大队长。2014 年 12 月该镇片区预制厂专项检查组组长,对预制厂无照生产经营的行为检查不细致,跟踪执法查处不力,致使该厂非法生产销售“三无”产品的行为长期存在,对本次事故的发生负有监管责任。

(18)张某文,男,该区住建局建筑管理科科长,负责辖区内建筑市场的管理。对预制厂生产现场无实验室、质量保证体系及相关制度等问题查处不力,致使该厂非法生产、销售“三无”产品的行为长期存在,对本次事故的发生负有监管责任。

(19)黄某强,男,该区质监分局党组书记、局长。督促检查业务科室及有关人员履行职责不到位,对本次事故的发生负有领导责任。

(20)龚某,女,该区工商分局局长。督促检查业务科室及有关人员履行职责不到位,对本次事故的发生负有领导责任。

(21)娄某,男,该区住房和城乡建设局局长。督促检查业务科室及有关人员履行职责不到位,对本次事故的发生负有领导责任。

(22)陈某宽,男,该区管委会副主任,分管农牧水利工作。贯彻落实党工委和管委会安全生产工作部署和要求不到位,统筹协调、指导督促全区农牧水利安全生产大检查、隐患排查等工作不力,对本次事故的发生负有领导责任。

(23)谢某,女,该区管委会副主任,分管质监、工商等工作。指导、督促、检查全区质量安全、工商管理工作不到位,对本次事故的发生负有领导责任。

(24)付某,男,该区管委会副主任,分管安全生产工作。统筹协调、指导督促全区安全生产工作不到位,对本次事故的发生负有领导责任。

四、事故反思

(1)各级各部门要深刻吸取"8·1"较大农村饮水工程安全事故和近年来发生的群死群伤事故教训,牢固树立科学发展、安全发展理念,始终把人民群众生命安全放在第一位。正确处理好安全生产与经济发展的关系,严守发展决不能以牺牲人的生命为代价这条"红线",切实落实"党政同责、一岗双责、失职追责"和"三必须""三监管"的安全生产责任。坚持安全生产高标准、严要求,在新建项目上要严把安全生产关,防范出现安全生产条件"先天缺陷",埋下安全生产事故隐患。要切实加强在建农村饮水安全工程的监管,确保按设计实施方案组织施工,确保施工安全。

(2)全市建设工程施工企业要进一步强化法律意识,认真落实安全生产主体责任,建立健全安全生产管理制度,加强对危险性较大的工程安全管理,将安全生产责任落实到岗位,落实到人头,做到安全投入到位、安全培训到位、基础管理到位、应急救援到位;积极开展以岗位达标、项目达标和企业达标为重点的安全生产标准化建设,自觉规范安全生产行为,严守法律底线,确保安全生产。

(3)建设单位和建设工程项目管理单位要切实增强安全生产责任意识,依法申请建设项目相关行政审批及施工许可证,督促勘察、设计、施工、监理等单位落实安全责任,加强施工现场安全管理。

(4)施工单位不得违法出借资质证书或超越本单位资质等级承揽工程,不违法转包、分包工程,不擅自变更工程设计或不按设计图纸施工;按规定配备足够的安全管理人员,严格现场施工的安全管理。

第八章　水利水电工程建设智慧管理

近年来,在物联网、大数据、云计算等先进技术快速发展的背景下,智慧城市、智慧中国、智慧地球等概念不断诞生,共同促进智慧化发展。新技术的不断发展,为工程建设管理模式创新提供技术保障,水利水电工程建设智慧化管控旭日初升。在水利水电工程建设过程中,可以结合实际情况综合运用智慧化的管理方式,不断提高工程建设管理的总体水平,发挥水利工程项目建设的最大优势。

第一节　智慧管理概述

工程建设智慧化管理,是应用最新的大数据、云计算和物联网技术,对施工现场“人、料、机、法、环”等资源进行集中管理,以可控化、数据化以及可视化的智能管理系统对项目管理进行全方位立体化的实时监管。

一、智慧管理概念

智慧管理将各种生产要素的智能调控、施工风险全方位预判以及全生命周期管控作为主要目标,充分融合施工管理和信息技术,借助研发决策指挥系统、施工管控系统以及施工数据中心等,实现自动感知、预判以及自主决策。

二、关键特征

智慧管理系统是管理技术、信息技术以及工业技术全面融合的产物,也是水利水电项目施工企业的关键业务模块。

(1)智慧管理系统基于风险管控开展,构建智能管控系统、自动识别系统等,实现自动化风险识别以及智能化风险管控。与传统施工管理模式相比,智慧管理系统更重视风险防控工作。

(2)智慧管理系统保证物物相连,需要考虑人员因素,保证知识共享、人机交互、价值创造以及人人互通等。与传统施工管理模式相比,智慧管理系统更注重人员因素。

(3)智慧管理系统融合了管理技术、信息技术以及工业技术,能够有效提高管理层级的扁平化程度,精简设置机构,优化机制流程,科学进行专业分工,开展施工管理活动时更注重管理变革。

(4)智慧管理系统需要实现全面智能化、数字化以及网络化,需要根据全面创新要求开展规划以及建设工作,保证全面智能、互联、数字、感知,注重统筹布局。

三、建设目标

(1)各种要素的智能调控。施工活动中,建设相关部门、施工、监理、设计、业主以及其他相关方互联互通，充分协调、监理枢纽项目的施工进度、质量、安全、环保、投资和电力送出、移民搬迁以及物资供应等，建立专业间统一高效、智能协同的管理系统，实现全要素与全专业智能调控。

（2）全面的风险预判。开展施工活动时，依据相关管理模型分析以及风险信息管控，建立大分析、大计算、大数据、大储存、大传输以及大感知的管理系统，对风险进行全过程、全方位识别以及控制。

（3）全生命周期管理。借助信息化基础建设构建业务量化、流程规范以及标准统一的施工管控系统，建立全面智能、互联、数字、感知管理形态，对规划、立项、初期设计、施工建设、竣工验收以及运营等各个环节实现全周期、全阶段管理。

第二节　智慧管理系统建设

水利水电工程施工具有周期长、技术条件复杂、规模大等特点，在施工智慧化管理过程中，具有独特的功能需求，智慧化管理系统功能的完善，是水利水电工程施工智慧化建设的基础和重要保障。

一、智慧管理系统建立

水利工程施工材料、机械设备、工程车、人员各个环节管理相对复杂，安全管控尤为重要。施工单位想要保障安全生产，做好能源消耗管控降低生产成本，需要解决很多现状问题。主要问题如下：

（1）工地施工作业人员多、环境复杂，管理困难。

（2）安全管理制度不全，人员对风险的辨别能力较低。

（3）施工现场的人员、设备出现违规操作无法监测，缺少有效的监管手段。

（4）施工状态无法实时查看，无法了解现场进度。

（5）现场出现异常灾害情况无法及时发现。

结合智慧管理系统与项目的特点，可以借助先进的大数据互联网、物联网、智能化感应仪器等技术制定管理模式。借助智能化终端，结合“人、料、机、法、环”等方面，在施工计划、安全管理以及人员管理等方面，全面监管水利水电项目施工现场，充分提升施工质量，确保施工安全。

二、智慧管理系统功能

基于物联网平台搭建的智慧工地管理系统（见图8-1、图8-2），可以帮助施工单位实现现场的人员管理、工程进度管理、现场监控、安全管控，施工方通过7×24 h无限制的单个或多个项目同时管控，高质量数据可实现多项目共享。涵盖多种业务模式及使用场景，实现工地的智慧管理、高效节能，构建工程建设管理新生态。

（一）人员管理

人员管理一般包含人员信息总览、考勤统计、项目架构、班组管理和人员定位管理等功能（见图8-3）。

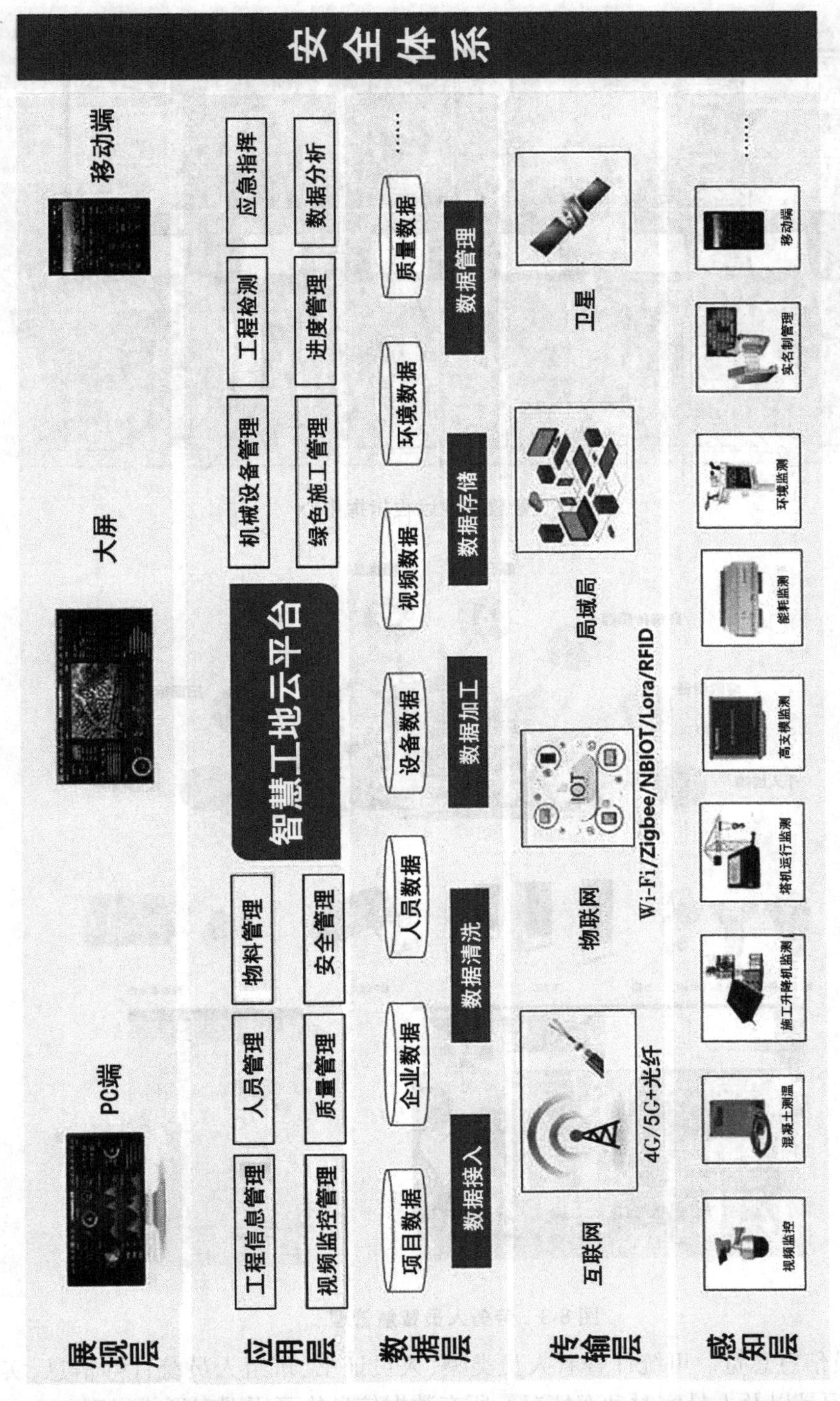

图 8-1　项目级智慧工地监管平台系统架构

图 8-2　智慧工地远程指挥中心

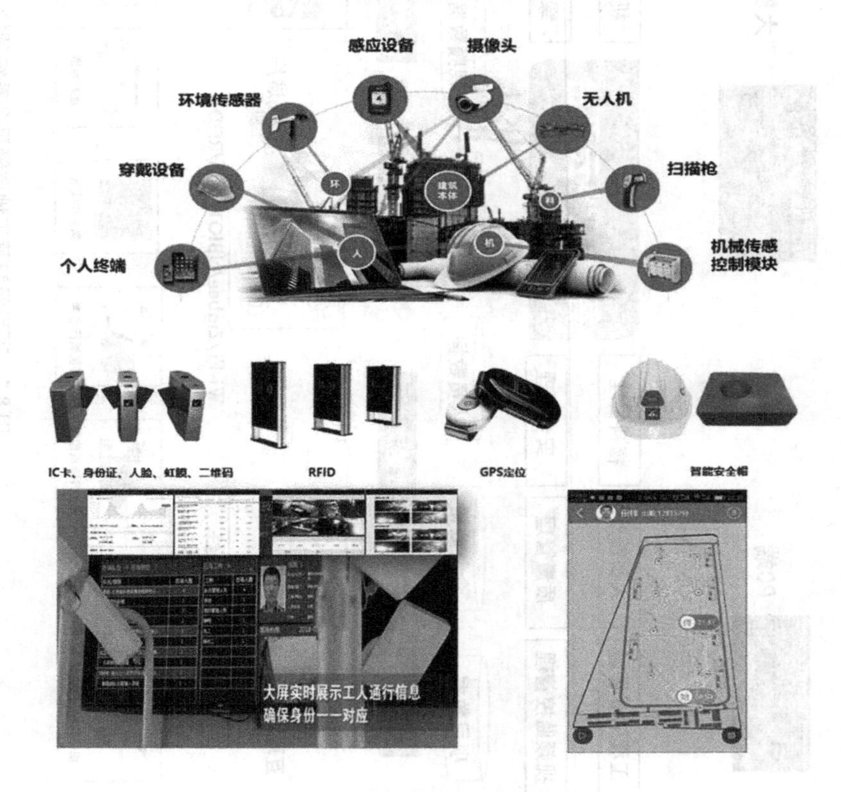

图 8-3　劳务人员智慧管理

(1)人员信息总览。可统计查看人员类型、人员证书、班组人员统计等信息,实时查看人员培训记录以及人员实时动态情况。所有数据信息均可用图表形式展现。

(2)考勤统计。可查看每个班组管理人员名单,大屏显示班组当月考勤记录、考勤异常记录提示,支持个人考勤记录情况查询,按月统计分析整体人员的出勤率。

(3)项目架构。整体项目的部门与人员组织架构图,包括项目每个层级的人员详细信息与负责业务板块。

(4)班组管理。可实时查看各班组人员情况、施工信息、工程进度等信息。

(5)人员定位管理。人员定位管理系统可以通过在工人出入通道及各施工区域部署的蓝牙信标或者 UWB 基站对工人安全帽、智能手环上安装的电子标签进行射频识别,并将读取到的人员身份信息和位置信息发送至工地现场管理终端和云平台后台处理数据,从而实现工人的考勤记录和区域定位。人员定位信息可以在地图上进行查看,也可以在三维建模中进行定位展示。

(二)工程管理

工程管理一般包含机械设备管理、物料统计、喷淋控制和能源管理等功能。

(1)机械设备管理(见图 8-4)。设备综合管理包括工程所需设备,可查看所有大型机械设备信息、监控画面以及设备状态数据,包括每辆设备的司机、安全员信息显示。进出车辆统计中包括当前园区车辆总数展示、卡口车流量分析、入园车流量分析、当前园区人员总数、车辆平均滞留时间分析、入园预约分析等信息,分别以多种分析图表形式展现。

(2)物料统计(见图 8-5)。物料统计包含工地收发物料的统计,其中包括当月出、入库材料数量与材料合格率。进场材料管理以及材料每日进场数量统计均以不同图表显示。

(3)喷淋控制。对施工现场环境进行监管。针对扬尘、噪声、温度、湿度设置压线监测,监测到任何指标超标时,自动启动喷淋系统,支持颗粒物(PM10/PM2.5/TSP)监测、噪声监测、气象五参数监测,视频监控录像取证。

(4)能源管理。可针对工地区域的用电量、用水量等数据进行统计和分析,并生成设备用电量、用水量的统计报表及趋势分析图,快速掌握设备能耗现状及能耗数据变化情况。可灵活自定义报表模板。若设备用能超标系统会实时自动报警。

(5)能流图。系统根据工地能源消耗情况,以设备、部门、班组等为用能单位,全面展示工地能源走向,从用能总量到分支用能,逐级展示能流图,使工地管理部全面了解各个环节能耗占比。

(三)智能分析

智能分析一般包含现场视频监控、AI 识别、智能门禁、BIM、报警管理以及环境监测等功能。

(1)视频监控。多画面轮询视频监控,将视频监控空间位置和监控范畴以列表的形式或者通过 GIS 在地图上进行展示,同时可以对监控区域进行分析。对云台和镜头远程实时控制,并具备预置位巡航功能。可以进行录像回放调取功能。

(2)AI 识别(见图 8-6)。通过点击安全帽、反光衣、烟火、裸土等识别功能按钮,可进入相应视频查看界面,实时监测人员着装、区域内烟火、裸土未覆盖情况,若有异常情况,系统则会实时分析产生报警,自动反馈给相应管理人员进行处理。

(3)智能门禁。与智能门禁系统连接,通过对门闸的人脸识别信息、IC 卡等信息采集,并生成时间记录,同时将信息传输至平台进行展示,对记录进行统计并与人员管理模块相关联。

图 8-4　机械设备管理

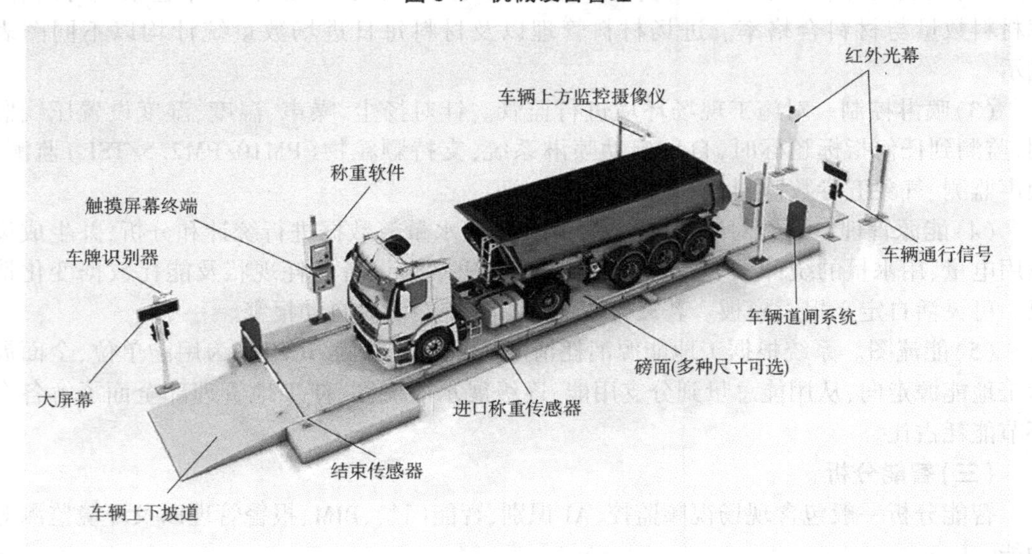

图 8-5　物料统计设备

(4)BIM 应用(见图 8-7)。展示工地的整体概况,包括各建筑主体的位置、布局、层高等,并且可以展示项目发生报警等其他信息。可以通过三维的组件自己搭建效果图,或导入已经制作好的模型进行引用,实现对其的操作控制。

(5)报警信息。记录所有报警消息,可查看报警详情及报警活动状态等信息,实现报警的全流程监管,及时处理报警问题。

(6)绿色施工管理。系统可实时监测施工过程中的环境与空气问题,其中包括工地颗粒物、噪声、大气压和风度、湿度等数据,根据数据情况进行图表式分析对比,若数值超限系统则会产生实时告警。

图 8-6　AI 隐患识别示意

图 8-7　BIM 应用示意图

(四)安全管理

安全管理一般包含信息共享平台、安全隐患管理、安全规范制度管理、安全培训等功能。

(1)信息共享。在系统中建立信息共享平台(见图 8-8),可对业务知识和业务相关经验等进行记录和共享,实现在线学习、测试,加强技术技能的培训;可作为业务人员日常工作的参考或指导,以提升业务人员的业务能力。

(2)安全隐患录入。企业及项目管理人员将日常巡视发现的安全隐患拍照上传,设定责任人整改,相关责任人可立即收到整改提醒,落实整改并反馈,通过隐患发现、整改、复查等流程,实现安全隐患动态跟踪,闭环管理。

(3)安全隐患分析。根据安全隐患排查数据库统计情况,对隐患排查治理工作的开展情况、一般及重大隐患、隐患分类等内容进行统计分析。

(4)安全规范。可设置规范的安全管理制度,提醒及强制要求人员在进场作业前必须注意的安全事项,提高现场工人的安全意识。

(5)安全学习会议。支持创建工作报表模块,可自行定义培训名称、培训时间、培训内容、培训人员等信息,可添加培训记录等文档信息,根据权限进行文档观看下载等。

图 8-8　信息共享平台

三、智慧管理系统应用意义

(一)劳务实名制管理

在人员管理方面对工作人员进行实名制管理,凡是工地内的劳务人员和管理人员都要进行登记记录,这样才能通过门禁;另外还可以计算工作时间方便工资的发放。劳务实名制管理需要工作人员将身份证、工种、入场安全教育等信息录入门禁系统,方可刷脸通过实名制入口,避免其他人进入工地。

(二)利于安全管控

对现场施工人员的安全和设备施工情况进行实时监测管理,极大地减少了安全事故的发生。后台安全管理员可以通过智慧工地管理系统实现安全检查,其检查得出的数据会被平台及时记录并分析,根据安全隐患发生的次数和类型制定有效的解决方案,降低安全隐患发生的可能。通过对施工现场的监控,能够及时发现问题,可以对整个施工场地的状况进行掌握,提高了工地的安全性和可管理性。

(三)提高施工质量

利用人工智能的信息采集能力,将施工现场各类质量问题及时上传到后台,再通过后台的数据分析和计算将问题反馈给后台管理人员,有利于及时发现问题并及时解决问题,通过实施智慧工地的管理,为工程的质量提供了一个保障。

(四)管控成本

为了能够确保管理工作的正常运行,并完成预期目标,需要加强制度建设,而制度建设对于成本的管理非常重要,制度建设要作为核心的内容,实施内部控制制度和全面预算管理成本风险管理的重要手段,严格把关各个工作方面的质量问题,完善的管理制度能够确保施工作业的安全性,从而将成本控制在合理的范围之内。

第三节　工程应用案例

以新疆大石峡水利枢纽工程智慧建设为例,结合物联网、云计算、大数据等新技术,基于多技术融合的工程建设智慧管理平台,以实现“数据一个源、施工一张图、业务一条线、管理一张网”全过程、全要素、全方位智慧化管控目标。

一、工程概况

新疆大石峡水利枢纽工程位于新疆维吾尔自治区阿克苏地区境内阿克苏河一级支流库玛拉克河中下游、温宿县与乌什县交界处的大石峡峡谷河段。工程建设任务是在保证向塔里木河干流生态供水总量目标的前提下,承担灌溉、防洪、发电等综合利用,并为进一步改善向塔里木河干流生态供水过程创造条件。拦河坝为混凝土面板砂砾石坝,最大坝高 247 m,为国内外同类型大坝最高坝。水库正常蓄水位 1 700 m,水库总库容 11.7 亿 m^3,电站装机容量 750 MW,多年平均发电量 18.93 亿 kW · h,工程等别为Ⅰ等大(1)型工程。工程完工形象如图 8-9 所示。

图 8-9　大石峡水利枢纽工程完工形象

二、智慧建设目标

基于大石峡水利枢纽工程特点和技术难点,结合信息化发展现状以及水利工程建设管理信息化研究与实践中的经验,建设基于“BIM+GIS+IOT+区块链+AR”等多技术融合的大石峡水利枢纽工程建设智慧管理云平台,实现大石峡水利枢纽工程数字孪生、数据驱动、情景模拟、动态管控、智慧决策等,主要目标具体体现在以下 6 个方面:

(1)为大石峡水利枢纽工程建设智慧化管理提供群体协同平台。

(2)为大石峡水利枢纽工程建设质量、进度、安全、成本的高效管控提供重要科技手段。

(3)为大石峡水利枢纽工程运行长效安全智慧管控提供科学保障。

(4)为大石峡水利枢纽工程提供全寿命期管控,保证数据的完整和可溯。

(5)为大石峡水利枢纽工程提供新一代信息技术支撑,保障新技术与工程实际无缝衔接,具备出色的应用、推广价值。

(6)为大石峡水利枢纽工程解决工程现场数据与填报数据“两张皮”问题,确保现场与智慧工程同时设计、同时建设、同时运行。

三、智慧建设框架设计

(一)顶层框架

基于物联网等新一代信息技术,秉承“泛在感知、BG为基、激活数据、多层互融、引领创新、协同共赢”建设理念,建设大石峡水利枢纽工程建设智慧管理云平台,实现大石峡水利枢纽工程建设全过程、全要素、全方位的智慧化管控和业务闭环管理,实现质量、进度、成本及安全的统筹优化,打造新时代的智慧水利示范精品。其智慧建设顶层架构如图8-10所示。

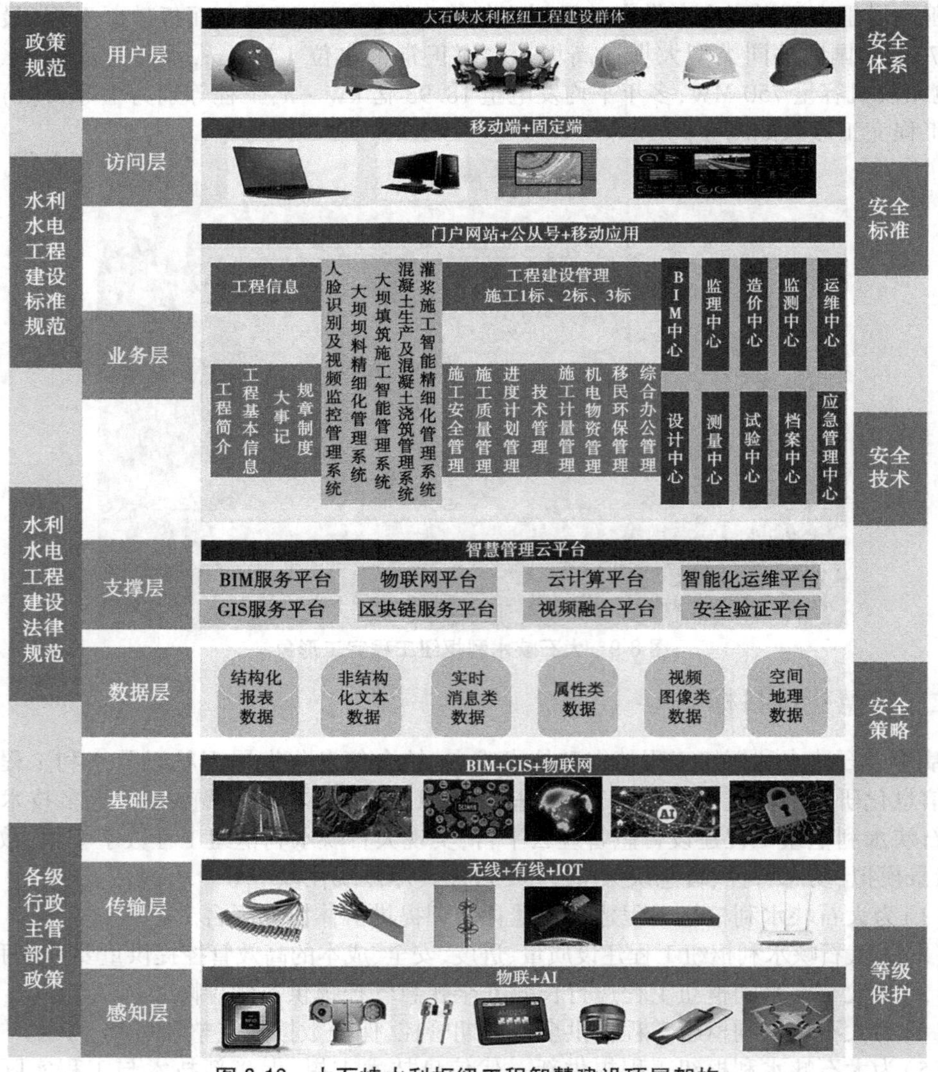

图8-10　大石峡水利枢纽工程智慧建设顶层架构

从图 8-10 可知:

(1)工程建设所依据的政策法规和安全体系是本平台开发建设的基础。

(2)感知层,主要通过 RFID、宽频定位、电子标签、摄像头、无人机、高精度定位、人工观测等手段,获取本平台的多源异构海量数据,为平台高效运行提供真实、可靠的基础资料。

(3)传输层,主要通过光纤、北斗、以太网、局域网、4G 等手段,构建全方位、多层次、全覆盖的网络通信系统,为本工程监测监控站、调度会商中心等之间的语音、数据、视频等各种信息提供高速可靠的传输通道,实现数据高效、精准地传递。

(4)基础层,主要以云平台的相关硬件和软件为载体,将现场和智慧化工程无缝衔接,确保智慧大石峡安全、可靠运行。

(5)数据层,主要将获得的数据、文本、图片、影像、视频、声音等资料,进行存储、规划、梳理、抽取、交换、发布、服务等数据管理与服务,为云平台业务应用提供数据服务。

(6)支撑层,主要通过 GIM、GIS、云计算、区块链、大数据等算法,为智慧化工程中不同的功能模块之间进行数据交互的数据交换平台,进行大数据处理的多源异构数据处理平台,以及储存源数据的数据存储平台,其中信息全过程管理标准中包括信息采集标准格式、数据存储与分析的标准结构与元数据设计,源数据将经过平台层进行清洗、甄别、稀疏、聚类、相关、预测、校验、转发等,是大数据中转、处理中心,还包括有支撑平台应用开发和支撑平台服务的多个平台系统,如 BIM Cloud 服务平台、GIS 服务平台、AI 训练平台等,是支撑整个云平台运行的必要服务平台,另外结合目前水利部正在推行的数字文档电子签证,保证工程建设过程中的重要数字文档的合理地位与法律效力。

(7)业务层,构建工程建设全过程的智慧业务应用系统,用以指导和控制工程建设过程,为工程顺利推进和“人、机、料、法、环”的全方位管理提供应用支撑,为工程协同化管理和工程智能决策提供支持和服务,实现工程信息的全方位分析与渲染,整体推进大石峡水利枢纽工程建设和管理智能化水平。

(8)访问层,包括大石峡水利枢纽工程建设管理云平台门户网站建设,多终端访问和用户角色划分等。

(9)用户层,即大石峡水利枢纽工程建设群体,包括建设管理者、设计、监理、施工、监督等相关人员。

(二)技术架构

拟采用 FWeb 平台(统一资源云服务平台),该平台是资源管理平台、网络应用开发平台、移动应用开发平台、云账号中心平台的总称。其技术架构如图 8-11 所示。

云平台遵循主流企业架构风格,设计遵循标准化、可扩展性、先进性、稳定性等系统总体设计原则,并且支持多语言,支持主流的微服务框架,支持前后端分离的开发模式,可扩展性高、系统开发效率高等多个特点,可兼容 WindowsServer、Linux、Unix 等多个主流操作系统。

云平台还能与国产及国外主流数据库保持极好的交互性,同时开发平台提供应用、数据、网络、终端、通信的安全管理,确保运行的可控性、可靠性,通过运行监控、集群管理、组件升级等运行维护的支持,满足平台的高可用性要求。

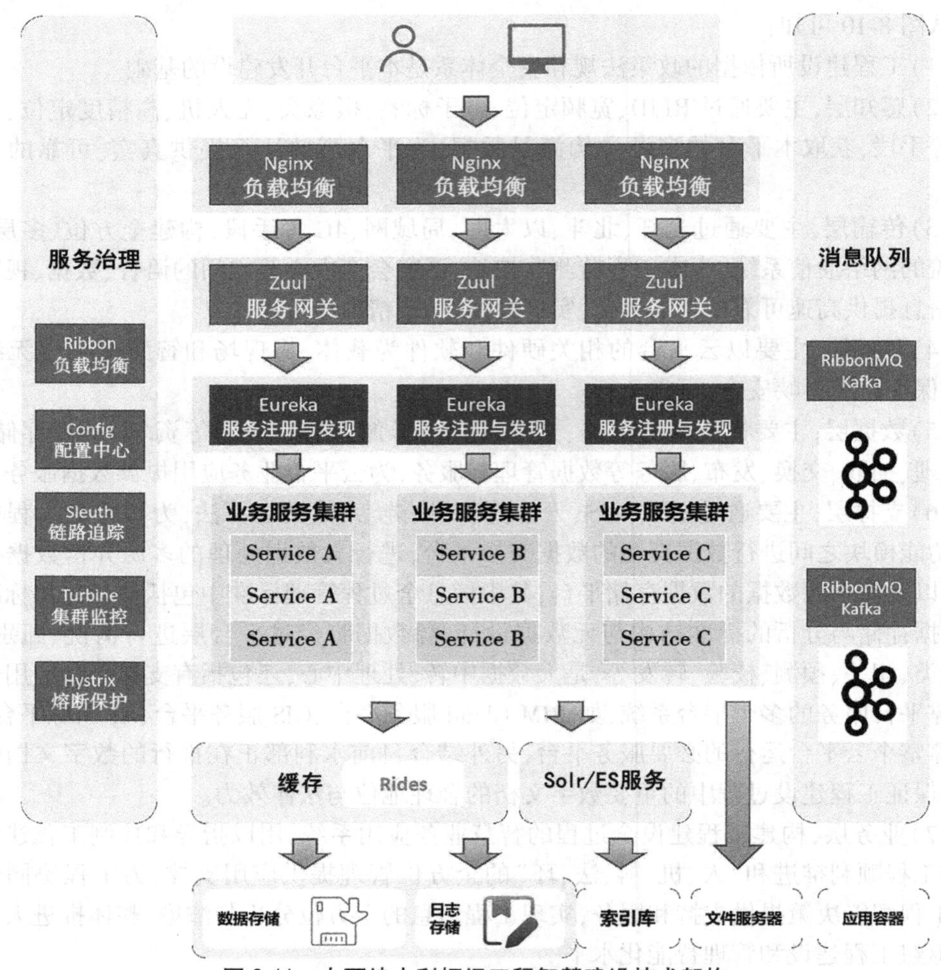

图 8-11　大石峡水利枢纽工程智慧建设技术架构

四、智慧建设功能与技术

(一)功能模块

大石峡水利枢纽工程建设智慧化管理,分为三大类功能模块,分别为分析决策类、工程建设类和现场施工类。

功能模块如图 8-12、图 8-13 所示。

从图 8-12、图 8-13 可见,分析决策类模块提供给管理者和系统使用各角色各单位进行项目整体浏览分析、实时全景查看项目进展、智能预警等功能,对项目决策和管理起到全方位支撑作用;工程建设类模块提供给管理者和系统使用各角色各单位进行项目运行全方位工作数字化支撑功能,使各角色各单位进行有效业务、数据、流程协同;现场施工类模块对工程施工现场提供支撑功能,包括各项施工环节的实时智能化监控、各项施工作业监控、外部环境及施工污染监控、农民工施工班组管理和现场材料的使用管理等。

大石峡水利枢纽工程建设管理云平台							
业主	角色看板	管理驾驶舱	工程全景沙盘	视频融合影像	BIM实时监控	项目对标分析	工程智能预警
	业主方看板	单位级看板	工程全景沙盘	视频融合影像浏览			
	监理方看板	工程级看板	现场作业告警	影像资料统计			
	设计方看板	构件级看板					
	施工方看板	自定义报表					
监理	角色看板	管理驾驶舱	工程全景沙盘	视频融合影像	BIM实时监控		工程智能预警
	业主方看板	单位级看板	工程全景沙盘	视频融合影像浏览			
	监理方看板	工程级看板	现场作业告警	影像资料统计			
	设计方看板	构件级看板					
	施工方看板	自定义报表					
设计	角色看板						
	业主方看板						
	监理方看板						
	设计方看板						
	施工方看板						
施工	角色看板	管理驾驶舱	工程全景沙盘	视频融合影像	BIM实时监控	项目对标分析	工程智能预警
	业主方看板	单位级看板	工程全景沙盘	视频融合影像浏览			
	监理方看板	工程级看板	现场作业告警	影像资料统计			
	设计方看板	构件级看板					
	施工方看板	自定义报表					

图 8-12　分析决策类功能模块全景

大石峡水利枢纽工程建设管理云平台					
业主	工程建设施工过程实时监控系统	农民工管理	环境监测	生产机械管理	现场材料管理
	大坝填筑施工过程实时智能化监控系统	农民工登记	气象监测	塔吊监控	材料进场
	灌浆工程施工过程实时智能化监控系统	进退场跟踪	有毒有害气体监测	施工电梯监控	材料加工
	混凝土施工过程实时智能化监控系统	工资发放	水位监测	龙门吊监控	材料使用
	工程建设运行阶段的安全监测与预警预报系统	农民工培训	水污染监测	大型施工机械	
	工程建设运行过程雨水情监控与测报系统			工器具管理	
	工程建设人员与工程车辆定位监控系统			拌和站管理	
	其他作业监控			试验机联网监测	
监理	角色看板		工程全景沙盘	视频融合影像	工程智能预警
	大坝填筑施工过程实时智能化监控系统		气象监测	塔吊监控	材料进场
	灌浆工程施工过程实时智能化监控系统		有毒有害气体监测	施工电梯监控	材料加工
	混凝土施工过程实时智能化监控系统		水位监测	龙门吊监控	材料使用
	工程建设运行阶段的安全监测与预警预报系统		水污染监测	大型施工机械	
	工程建设运行过程雨水情监控与测报系统			工器具管理	
	工程建设人员与工程车辆定位监控系统			拌和站管理	
	其他作业监控			试验机联网监测	
施工	角色看板	管理驾驶舱	工程全景沙盘	视频融合影像	工程智能预警
	大坝填筑施工过程实时智能化监控系统	农民工登记	气象监测	塔吊监控	材料进场
	灌浆工程施工过程实时智能化监控系统	进退场跟踪	有毒有害气体监测	施工电梯监控	材料加工
	混凝土施工过程实时智能化监控系统	工资发放	水位监测	龙门吊监控	材料使用
	工程建设运行阶段的安全监测与预警预报系统	农民工培训	水污染监测	大型施工机械	
	工程建设运行过程雨水情监控与测报系统			工器具管理	
	工程建设人员与工程车辆定位监控系统			拌和站管理	
	其他作业监控			试验机联网监测	

图 8-13　现场施工类功能模块全景

大石峡水利枢纽工程建设智慧化管理的典型功能模块全景如图 8-14 所示。

(二)关键技术

(1)利用云计算、物联网等技术,建立的水利工程建设管理云平台系统总体架构如图 8-15 所示,开展工程建设运行高效协同管理与监控,提高工程建设运行管理效率与水平。

(2)基于坝料级配、含水率的实时感知、碾压机械无人驾驶无损快速改装技术,能够实现大坝填筑的坝料级配与含水、路径规划、环境感知、动作执行及质量评判的智慧化施工,如图 8-16 所示。

(3)利用钻孔多源检测技术的地层综合感知技术与装备,如图 8-17 所示,依托"布-钻-灌-检"的灌浆施工全过程智能监控系统如图 8-18 所示;进行灌前地层精细感知、灌浆过程动态调控、灌浆质量实时评价的全过程的智能化监控,如图 8-19 所示。

(4)基于 BIM+GIS + Al+VR 技术的水利工程建设信息三维立体分析与渲染管理系统,进行参数化的 BIM 模型切割,形成施工过程管理最小单元和轻量化处理,如图 8-20 所示,构建 BIM 模型实时加载施工数据驱动模型,实现水利工程建设动态三维形象化精细化管控。

(5)基于区块链技术,通过拌和楼的要料单与配料单的建设与应用,逐步向前扩展到原材料供货商的重要信息、向后逐步扩展到混凝土浇筑养护以及质量检测等方面,进行混凝土拌和及浇筑全过程的数据管理,实现全节点、全过程的覆盖,从而实现混凝土施工全过程的精细化管控。

五、总结分析

本案例主要从新疆大石峡水利枢纽工程建设智慧管理需求出发,结合目前先进信息化技术发展现状,开展了该枢纽工程智慧建设总体规划与顶层设计,通过整个平台架构的设计,遵循标准化、可扩展性、先进性、稳定性等设计原则,并且将目前最新发展的信息化技术纳入其中,实现全过程、全方位的多维精细化管理。并将平台上与工程建设中关键的施工过程实时智能化监控系统作为单独的子系统进行建设,具有了既全面又重点突出,既全要素又关键突出的特点。

但是实际建设过程中,尚需要进一步结合大石峡水利枢纽工程实际,进行顶层设计与规划的动态调整与优化,真正做到平台的应用能够切实提高工程建设管理水平,保证工程施工质量,为工程建设运行的安全、智慧、高效提供重要支撑。

智慧管理平台需要结合各个行业的特点进行针对性建设,水利水电项目具有挡水构筑物施工强度大、防汛压力大、施工设备多、边坡支护多、施工面分散等特点,开发与应用水利水电项目施工智慧管理系统功能时,应该结合项目实际需求展开科学设置,实现施工智慧管理目标。探究促使智慧管理系统间高度集成与相互融合的方法是现阶段水利水电项目施工智慧管理系统的关键研究内容与方向。

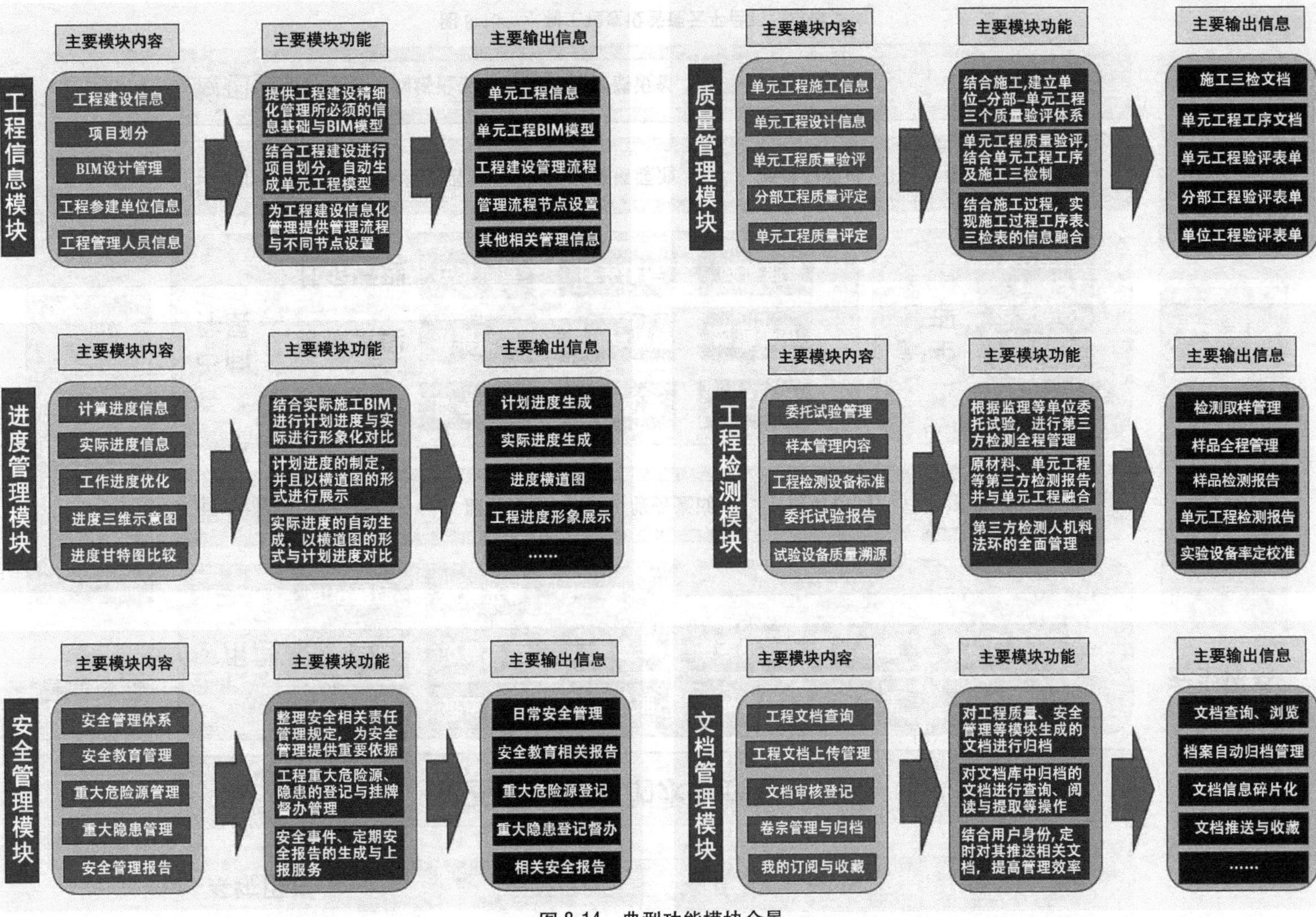

图 8-14　典型功能模块全景

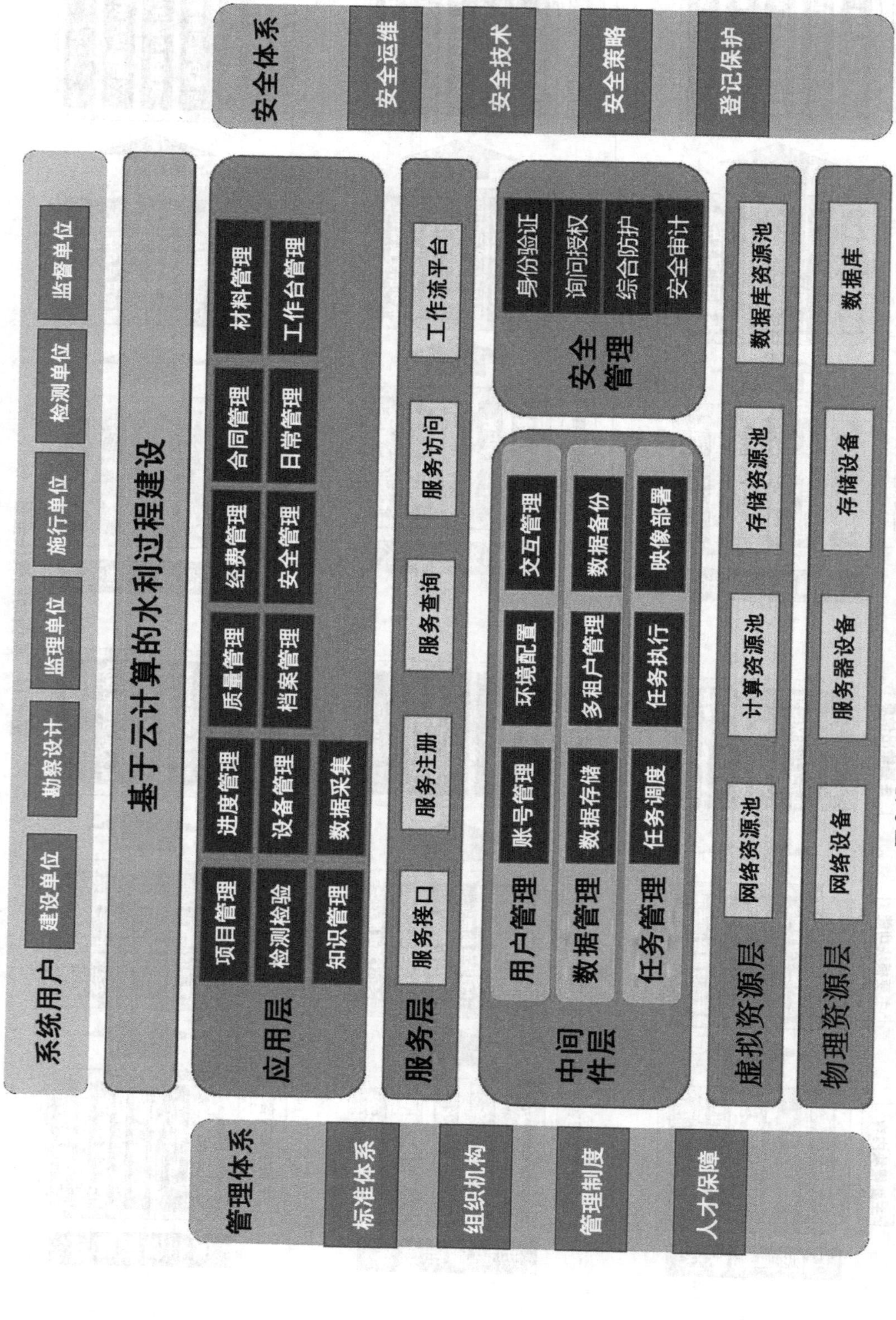

图 8-15 水利工程建设管理云平台系统总体架构

图 8-16　基于无人驾驶技术的智慧碾压施工机械

图 8-17　灌浆钻孔随钻信息实时感知系统与主要传感器测量信息

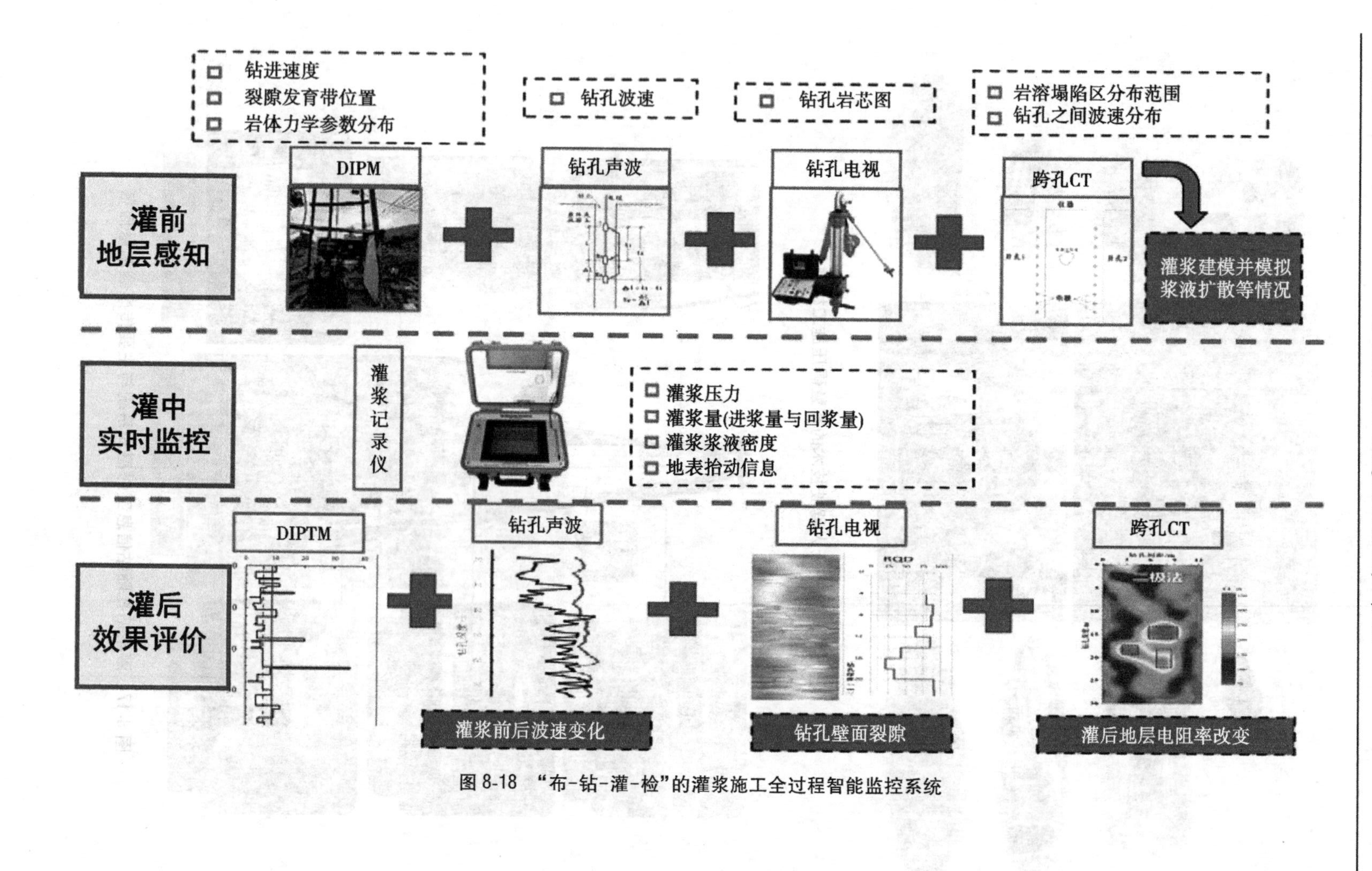

图 8-18 “布-钻-灌-检”的灌浆施工全过程智能监控系统

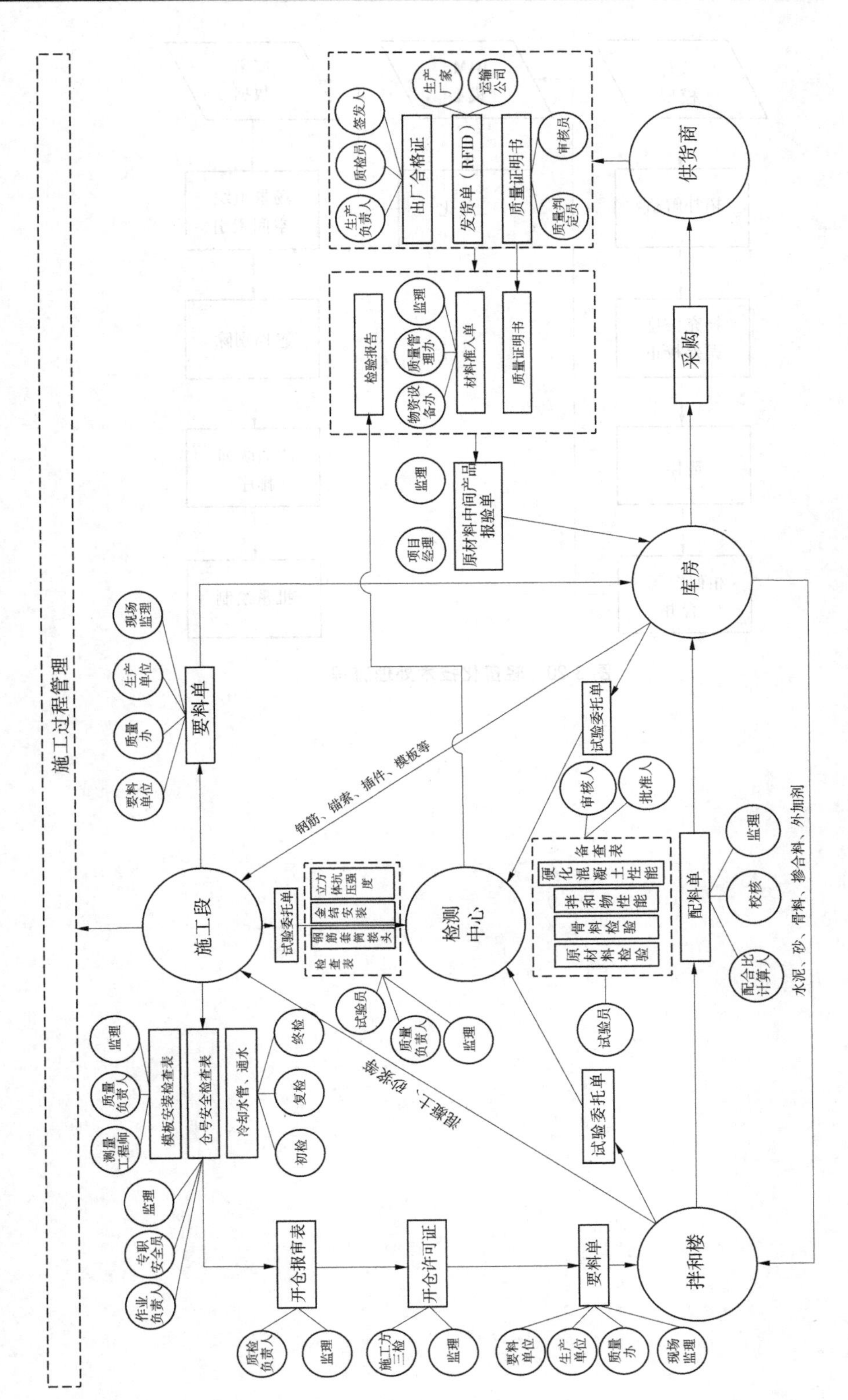

图 8-19　混凝土生产及混凝土浇筑智能管理流程

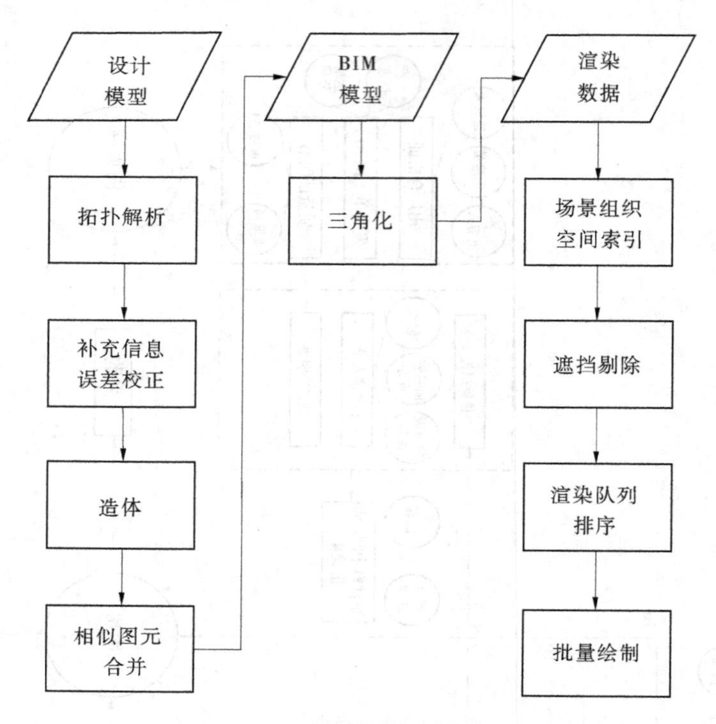

图 8-20　轻量化技术处理流程

参 考 文 献

[1] 朱锴,马辉. 安全生产法律法规简明教程[M]. 北京:应急管理出版社,2019.

[2] 王东升,杨松森. 水利水电工程安全生产法律法规[M]. 北京:中国建筑工业出版社,2019.

[3] 水利部建设管理与质量安全中心. 水利水电工程建设安全生产管理[M]. 北京:中国水利水电出版社,2018.

[4] 刘学应,王建华. 水利工程施工安全生产管理[M]. 北京:中国水利水电出版社,2017.

[5] 水利部安全监督司. 水利生产安全事故案例集(2009—2015)[M]. 北京:中国水利水电出版社,2016.

[6] 中国安全生产科学研究院. "全国中级注册安全工程师职业资格考试辅导教材"安全生产法律法规(2022 版)[M]. 北京:应急管理出版社,2022.

[7] 中国安全生产科学研究院. "全国中级注册安全工程师职业资格考试辅导教材"安全生产管理(2022 版)[M]. 北京:应急管理出版社,2022.

[8] 孙莉莎,贾丽. 生产安全事故应急救援与自救[M]. 北京:中国劳动社会保障出版社,2018.

[9] 陈元桥. 职业健康安全管理体系国家标准理解与实施(2011 版)[M]. 北京:中国质检出版社,中国标准出版社,2012.

[10] 张英明,刘锦. 特种作业安全生产知识[M]. 徐州:中国矿业大学出版社,2011.

[11] 谢中朋. 消防工程[M]. 北京:化学工业出版社,2011.

[12] 水利部建设与管理司. 水利工程建设安全生产文件汇编[M]. 北京:中国水利水电出版社,2007.

[13] 智慧水利科技创新发展联盟. 水利遥感与智慧水利探索实践[M]. 北京:中国水利水电出版社,2019.

[14] 温州市水利局,浙江水利水电学院. 水利水电工程安全文明施工标准化工地创建指导书[M]. 北京:中国水利水电出版社,2016.

[15] 闪淳昌. 建立新时代大安全大应急框架完善公共安全体系[J]. 中国减灾,2023(1):14-17.

[16] 李金鸥. 基于记忆遗忘曲线的施工安全培训模式研究:以某工程项目为例[D]. 沈阳:沈阳建筑大学,2020.

[17] 庞正崎. A 县水利工程项目安全生产"风险分级管控"监管研究[D]. 郑州:华北水利水电大学,2022.

[18] 王科,王军,罗丽,等. 基于党建+安全的水电厂特色安全文化建设[J]. 电力安全技术,2023,25(7):5-8.

[19] 程增建,杨志全,宋建文. 宁夏水利行业职业危害因素辨识现状研究[J]. 中国水能及电气化,2018(8):25-28.

[20] 王丽新. 安全教育培训对组织安全行为影响的实证研究[D]. 阜新:辽宁工程技术大学,2022.

[21] 周卫. 水利水电工程施工智慧化管理系统功能探讨[J]. 智能城市,2022,8(8):69-71.

[22] 陈平,冯笑. 关于水利水电工程施工智慧化管理系统功能的探讨[J]. 浙江水利科技,2020,48(5):78-80.

[23] 宋晓建,裴彦青,赵宇飞,等. 大石峡水利枢纽工程智慧建设总体规划与顶层设计[J]. 水利规划与设计,2021(5):5-13,40,93.